心理咨询与治疗系列

Children and Adolescents
Grief Healing

儿童青少年哀伤与干预

刘新宪

著

上海教育出版社
SHANGHAI EDUCATIONAL
PUBLISHING HOUSE

图书在版编目（CIP）数据

儿童青少年哀伤与干预 / 刘新宪著. — 上海：上海
教育出版社，2023.2
ISBN 978-7-5720-1784-1

Ⅰ. ①儿… Ⅱ. ①刘… Ⅲ. ①儿童 – 悲 – 心理干预
②青少年 – 悲 – 心理干预 Ⅳ. ①B844.2

中国国家版本馆CIP数据核字(2023)第019309号

责任编辑　徐凤娇
　　　　　谢冬华
封面设计　郑　艺

心理咨询与治疗系列
儿童青少年哀伤与干预
刘新宪　著

出版发行　**上海教育出版社有限公司**
官　网　www.seph.com.cn
地　址　上海市闵行区号景路159弄C座
邮　编　201101
印　刷　上海展强印刷有限公司
开　本　640×965　1/16　印张 21.75　插页 1
字　数　305 千字
版　次　2023年3月第1版
印　次　2023年3月第1次印刷
书　号　ISBN 978-7-5720-1784-1/B·0042
定　价　69.00 元

如发现质量问题，读者可向本社调换　电话：021-64373213

推荐语

本书所有的理论观点与大多数案例都有严谨权威的学术文献支持，书中汇集了当代最具影响的哀伤理论和对儿童青少年哀伤疏导的指导及案例。本书还第一次向国内读者介绍了一批儿童青少年哀伤症状信效度良好的评估量表或问卷，这对了解症状与干预评估将会有很大帮助。刘新宪的研究和实践，为改变我国在该领域的薄弱状况作出了重要贡献。

——孙时进

中国心理学会监事长

复旦大学心理研究中心主任、教授、博士生导师

刘新宪老师的这部新书系统介绍了国际上儿童青少年哀伤与干预的最新理论与实操信息，并填补了我国在这个领域的很多空白。此书不仅对我国在这个领域尚处于起步阶段的学术研究会有帮助，在实操方面还能为心理咨询师、社会工作者、志愿者以及丧亲家庭如何帮助儿童青少年应对哀伤提供指导。它对提升丧亲或离异家庭的儿童青少年心理健康水平将有直接的帮助。

——王建平

北京师范大学二级教授、博士生导师，著名哀伤学者

< 1 >

刘新宪先生这本珍贵的书是中国第一本专门针对儿童青少年丧亲的书。它始终强调复原力，解释了亲人的死亡会如何影响儿童青少年的整个成长，并为父母和专业人士提供最新的科学应对方法，以帮助儿童青少年在经历创伤性丧亲后更快地恢复适应。这本书可以满足中国丧亲儿童青少年及其关怀者的迫切需求。

——朱迪思·A.科恩(Judith A. Cohen)

美国德雷克塞尔大学教授，创伤认知行为疗法开发者

这是中国在这个领域具有开拓性的第一部著作，它由一位杰出的哀伤学者撰写，并为帮助儿童青少年应对丧亲之痛提供了明确的指导。刘新宪先生运用最新的心理学知识介绍了如何使用积极的方法来应对哀伤，帮助儿童青少年减轻丧亲之痛的影响并逐渐适应。无论是对专业的还是非专业的儿童青少年关怀者，这都是一本必读的书。

——玛格丽特·S.施特勒贝(Margaret S. Stroebe)

荷兰乌得勒支大学荣誉教授，双程模型开发者

< 2 >

序　言

国外研究发现，约20％的丧亲儿童青少年及相当多的离婚家庭孩子需要专业帮助才能降低日后可能出现的各种复杂心理问题风险，因为丧亲可能引发延长哀伤障碍，而父母离异可能引发象征性哀伤和适应障碍。国外从20世纪40年代起弗洛伊德的女儿安娜·弗洛伊德开始了儿童青少年哀伤方面的研究，经几代学者不懈努力，在这方面已有非常丰富和有价值的研究成果。仅谷歌学术网站就列出了百万种以上有关儿童青少年哀伤的文献与书籍，以及百万种以上有关儿童青少年受父母离异影响的文献与书籍。而国内这方面的研究才刚刚起步，我国最大的学术资源网站"中国知网"显示，截至2022年11月这两方面的文献加起来还不到六十篇（种），而且内容分散，未能显示当代最新的研究成果，远远不能满足国内数量巨大的丧亲儿童青少年或经历过父母离异孩子的心理关怀需求。儿童青少年的心理健康是祖国未来强盛的基础。因此，儿童青少年在这方面的心理关怀与干预是我国心理学需要高度关注并亟待填补空白的领域。

令人高兴的是，留学海外，在哀伤心理研究领域耕耘多年的刘新宪继2020年初出版了《哀伤疗愈》一书后，历时一年多，查阅三千多篇相关文献与书籍，撰写完成《儿童青少年哀伤与干预》一书。这本书中所有的理论观点与大多数案例都有严谨权威的学术文献支持，书后列出了三百多条与书中内容对应的参考文献，为读者进一步扩展阅读和研究提供了方便。本书汇集了当代最具影响的哀伤理论和对儿童青少年哀伤疏导的指导及案例，还详细介绍了当前最有影响的四种被普遍使用的成功的儿童青少年哀伤干预体系。此外，本书还第一次向国内读者介绍了一批

< 1 >

儿童青少年哀伤症状信效度良好的评估量表或问卷，这对了解症状与干预评估将会有很大帮助。这本书的出版可以说填补了我国在这方面的空白。

刘新宪除了著书之外，还在国内外期刊上发表了多篇理论联系实际的高质量的学术论文。我国首次发表在国际上最有影响的哀伤研究期刊 OMEGA 的、以实证数据为基础的哀伤干预学术论文就是刘新宪主笔的。该论文以他培训督导的一个国内团队关于新冠疫情哀伤干预项目的成功结果为基础。在国际上，这也是首篇对新冠疫情丧亲者进行成功干预的以实证数据为基础的论文，得到国际学者的关注。本书作者作为该论文主笔者，受邀参加了有关国际学者的研究工作。

刘新宪的研究和实践为改变我国在该领域的薄弱状况作出了重要贡献，《儿童青少年哀伤与干预》将是一个新的重要贡献。我作为一个心理学工作者，也借本书出版之际向他表示感谢，同时也对新书的出版发行表示祝贺！

孙时进

中国心理学会监事长

复旦大学心理研究中心主任、教授、博士生导师

2022 年 11 月 2 日

< 2 >

前　言

　　自从 2020 年初《哀伤疗愈》出版以后,我不断收到为儿童青少年哀伤寻求帮助的来信。有的来自刚刚失去父母的青少年,有的是童年经历丧失父/母或兄弟姐妹的成年人,有的是失去配偶后为子女的哀伤反应而担心的父亲或母亲,还有很多是工作在第一线的心理咨询师和社会工作者。在众多寻求帮助的来信者中,我印象最深的是一位唐山大地震的丧亲者,地震发生时,她才 5 岁。她告诉我,地震发生那晚,她不知道为什么感到害怕,便要求和她的小哥哥换床睡,结果她侥幸活了下来,她的小哥哥却不幸失去了生命。自那以后她一直生活在愧疚和自责中,很长一段时间,她甚至没有勇气和家人坐在饭桌上一起吃饭,总是缩在墙角。失去小哥哥后,她感到自己的生命和世界是冰冷的,直到结婚以及自己的孩子都成家了,她依然被巨大的阴影笼罩着,无法感受到生命的温暖。而我开始动笔写这本书是 2021 年 7 月 28 日,45 年前的这天是唐山大地震发生的日子。我时常会想,如果那位现在已经年过五十的"唐山女孩"可以得到及时有效的心理援助,今天她还会生活在巨大的阴影中吗? 又有多少个有着不同经历的"唐山女孩"经历了丧亲之痛却未能得到适当的哀伤关怀,从而一直生活在阴影中?

　　无论人们何等强烈地抗拒死亡和哀伤,一些意想不到的死亡依然会出现。纽约人寿保险基金会 2011 年支持的一项研究显示,美国约 7.1%的儿童青少年(18 岁前)有丧失父/母或兄弟姐妹的经历。由于我国的人口基数更大,经历丧亲之痛的儿童青少年和家庭是一个不可低估的群体。

　　哀伤研究早已揭示,儿童青少年的丧亲哀伤会极大地增加罹患心理

1

疾病的风险,尤其是延长哀伤障碍。有研究显示,约 20％失去父母的孩子需要科学的心理干预来降低出现严重心理疾病的风险,从而使他们在今后的成长过程中保持心理健康。

关注和提升我国民众的心理健康在党的十九大报告中就已经明确提出。心理健康是促进国民全面发展的必然要求,是社会经济发展的基础条件,是民族昌盛和国家富强的重要标志,也是广大人民群众的共同追求。儿童青少年是国家的未来和希望。帮助我国儿童青少年应对丧亲哀伤和提升心理健康水平,对国家和社会来说是一项极为重要的工作。我衷心希望撰写本书能为这项重要工作贡献绵薄之力。

本书共九章。第一章是关于哀伤研究与干预的历史沿革概述,其中还概括介绍了一些国外广泛使用的儿童青少年哀伤干预方法。第二章是关于儿童青少年在不同发展阶段的特征,其中重点介绍了在今天依然被广泛应用的皮亚杰学派的认知发展阶段理论和埃里克森的心理社会发展阶段理论。与成年人不同,儿童青少年正处于成长阶段,他们在不同成长阶段的哀伤反应、抗挫力和应对方法是不同的。了解这些特征有助于为儿童青少年提供更有针对性的哀伤干预和支持。第三章主要介绍儿童青少年在不同成长阶段(分为五个阶段)的哀伤反应特征。第四章主要介绍正常哀伤与延长哀伤障碍的区别、哀伤症状与抑郁症及创伤后应激障碍的区别,另外还较详细地介绍了创伤性哀伤,以及延长哀伤障碍的风险因素。第五章聚焦于延长哀伤障碍诊断与评估,介绍了世界卫生组织《国际疾病分类(第 11 版)》为延长哀伤障碍提供的诊断标准指导,美国精神医学学会(American Psychiatric Association)出版的《精神障碍诊断与统计手册(第 5 版)》(DSM - 5)为持续性复杂丧亲障碍提供的诊断标准指导,以及美国精神医学学会《精神障碍诊断与统计手册(第 5 版修订版)》(DSM - 5 - TR)为延长哀伤障碍提供的新的诊断标准指导,还介绍了如何使用《精神障碍诊断与统计手册(第 5 版)》诊断标准来看儿童青少年的哀伤症状,以及近二十年来开发的主要的儿童青少年哀伤评估工具。第六章聚焦于家长如何使用积极的方法帮助孩子。家长对丧亲儿童青少年哀伤疗愈的影响是最直接的,也是最大的。该章介绍了如何与孩子谈论死亡,以及如何使用可操作的具体方法帮助哀伤子女。第七章聚焦于当代有重要影响的哀伤理论和干预方法。这些理论已经被广泛且成功地应用于成人的哀伤干预,也被越来越多地应用于儿童青少年的哀伤干预。该章介绍了持续性联结理论、双程模型、认知行为疗法、四任务模型、意义中心心理治疗以及意义重建理论,并把这些理论与儿童青少年哀伤干预结合起来。第八章介绍了经过实证检验并在国外被广泛应用的儿童青少年哀伤干预体系,包括多维哀伤治疗、青少年创伤与哀伤模块治疗、创伤认知行为疗法和以预防为主的家庭丧亲课程。第九章介绍了父母离婚与孩子的象征性哀伤,主要讨论父母离婚对孩子会有什么负面影响,以及离婚父母如何减少对孩子负面影响的具体方法和案例。本书附录包括哀伤研究与干预的常用术语(附录一),部分常用的儿童青少年哀伤评估量表或问卷及其使用说明,以及少量成人哀伤问卷,供家庭哀伤干预参考使用(附录二)。为便于我国研究人员在儿童青少年哀伤研究与干预这个重要领域开展更深更广的探索,本书从大量文献中辑录了三百多条参考文献,希望这对我国专业人员的研究工作能够有所帮助。

本书既注重理论介绍,也有大量案例和实践操作方法介绍。通过学习案例和实践操作,读者不仅可以加深对基本概念的理解,而且可以获得能够借鉴的实用方法。

在本书写作过程中,我得到很多朋友和学者的帮助与支持,在此向他们表示由衷的感谢。

我向当代国际著名哀伤学者深表感谢。他们热情地为本书的写作提供了大量文献资料以及极为宝贵的不同的儿童青少年哀伤评估量表或问卷。他们是:双程模型(dual-process model)的开发者施特勒贝(Margaret S. Stroebe)博士,多维哀伤理论和青少年创伤与哀伤模块治疗的主要开发者莱恩(Christopher Layne)博士,创伤认知行为疗法的开发者科恩(Judith A. Cohen)博士,儿童哀伤问卷的开发者梅尔赫姆(Nadine M. Melhem)博士,儿童哀伤认知问卷、儿童延长哀伤问卷和青少年延长哀伤问卷的开发者斯普伊(Mariken Spuij)博士和博伦(Paul

< 3 >

A. Boelen)博士,霍根儿童青少年丧亲问卷简版的开发者霍根(Nancy Hogan)博士,青少年哀伤量表的开发者安德里森(Karl Andriessen)博士,意义中心心理治疗学者利希滕塔尔(Wendy Lichtenthal)博士和卡尼(Julia A. Kearney)博士等。施特勒贝博士和科恩博士还为本书撰写了热情洋溢的推荐语。

我向我国学者的支持和帮助深表谢意!感谢中国心理学会监事长、复旦大学心理研究中心主任孙时进教授为本书撰写了含义深刻的序言,也感谢王建平教授为本书撰写了热情洋溢的推荐语。

我向我国为儿童青少年哀伤群体辛勤工作的学者、关怀者和无数公益人士深表谢意!

我向上海教育出版社深表感谢,尤其是谢冬华先生对本书出版的大力支持和帮助。

最后欢迎读者提出您宝贵的意见和建议,我会认真记录,下一版时改进。我的邮箱地址为Benliu213@126.com,您也可以在"哀伤疗愈家园"网站(www.aishang61.com)留言。

刘新宪

2022年8月3日

< 4 >

目录 | Contents

< 1 >

< 2 >

< 3 >

< 4 >

< 6 >

< 7 >

< 8 >

< 9 >

第一章 概　　论

2019年5月,世界卫生大会正式批准通过《国际疾病分类(第11版)》。《国际疾病分类(第11版)》增加了一个新的疾病类型——延长哀伤障碍(prolonged grief disorder)。据统计,约10％的丧亲者在失去挚爱亲友后会罹患延长哀伤障碍,并严重影响身心健康。

根据美国2000年公布的统计数据(Social Security Administration, 2000),约3.5％的美国儿童青少年在18岁前会经历父/母死亡或父母双亡事件(其中父亲死亡73.9％,母亲死亡25％,父母双亡1.1％)。这里还没有包括兄弟姐妹和祖父母的死亡统计。

根据北京心理危机研究与干预中心提供的数据,中国每年约有16.2万名不满18岁的儿童青少年因父/母自杀死亡而成为丧亲者。考虑到其他更普遍的父/母死亡原因(如疾病、车祸、灾害等),以及兄弟姐妹及祖父母的死亡事件,可以预测,丧亲儿童青少年是一个不小的群体(徐洁,陈顺森,张日昇,张雯,2011)。

虽然多数儿童青少年可以逐渐适应丧亲之痛(Bonanno,2004),但丧失亲人给正处在成长期的儿童青少年造成的巨大心理冲击和伤害是不可忽略的,父/母死亡对儿童青少年来说是人生经历中的痛中之痛(Yamamoto, Davis, Dylak, Whittaker, Marsh, & Westhuizen,1996)。如果孩子的哀伤不能得到及时疏导和帮助,这对他们今后的生活可能产生不同程度的负面影响。有研究显示,大约20％丧失父母的儿童青少年需要心理咨询或治疗(Dowdney,2000),与没有丧亲经历的儿童青少年相比,经历过重大丧亲事件的儿童青少年更容易出现抑郁、焦虑、人际关系退缩、学校表现变差及学习成绩下降等问题，有少数孩子还会出现攻击性和犯罪行为（Ayers，Wolchik，Sandler，Twohey，Weyer，Padgett-Jones，Weiss，Cole，& Kriege，2013）。有研究显示，在失去父/母的儿童青少年中，有5%～10%的人会出现严重的和长期的精神障碍，包括抑郁症、焦虑症、创伤后应激障碍和延长哀伤障碍（Kacel，Gao，& Prigerson，2011；Spuij，2013）。此外，他们的自杀倾向明显高于没有此类经历的儿童青少年（Prigerson，1999b）。有研究显示，儿童青少年在经历父/母突发性死亡事件之后罹患延长哀伤障碍的概率约为10%（Melhem，Porta，Payne，& Brent，2013；Melhem，Porta，Shamseddeen，Payne，& Brent，2011；Andriessen，Draper，Dudley，& Mitchell，2016）。还有研究显示，部分成年人抑郁症等精神疾病以及不健康的生活方式，与未成年时期经历丧亲哀伤有关（Luecken，2008）。

长期以来，如何帮助丧亲儿童青少年得到必要的心理辅导，一直是心理学界十分重要的研究课题。有美国学者对七个著名相关学术网站上刊登的文献进行元分析（meta-analysis），即对多年大量相关文献集中汇总分析。文献收集的时间跨度为1985—2015年。研究结果显示，如果失去父/母的儿童青少年能够接受适当的心理干预，这对预防延长哀伤障碍等精神疾病可以产生积极的效果，此外这些干预对家长也能起到良好的心理疗愈效果（Bergman，Axberg，& Hanson，2017）。

20世纪40年代，国外关于儿童青少年哀伤的研究与干预就已经展开。弗洛伊德的女儿安娜·弗洛伊德采用精神分析来治疗青少年的病理性哀伤。在过去的二十多年，儿童青少年哀伤研究与干预取得很大进展和显著成果，这与心理学及精神疾病学者过去一百多年来的研究成果密切相关。深刻了解这些成果，并将它们有效地融入我国文化背景下的儿童青少年哀伤干预，将会促进我国儿童青少年的哀伤研究与干预，并提升他们的心理健康水平。

第一节　哀伤研究与干预历史沿革

儿童青少年哀伤干预向前迈出的每一步都建立在哀伤研究重大发现和变革的基础之上，当然，它也走过很多弯路。因此，概略回顾哀伤研究与干预历史沿革将会有助于我们更好地理解本书内容。

一、弗洛伊德的哀伤工作理论

弗洛伊德(Sigmund Freud)在第一次世界大战中目睹了人类经历的死亡、丧亲和哀伤，这对他影响很大。1917年，他发表了一篇著名且影响深远的文章——《哀悼与忧郁》(Freud，1917/1953)。美国著名生命学者卡斯滕鲍姆(Robert Kastenbaum)简要归纳了弗洛伊德的哀伤工作理论(grief-work theory)(Kastenbaum，2007)。

- 哀伤是丧亲者在丧亲适应过程中的反应，它不只是痛苦的反应，还是一项必须做的"工作"，丧亲者需要通过它重建内心的宁静和恢复正常的社会功能。
- 哀伤工作艰难且耗费时间。
- 丧亲者哀伤工作的目的就是要接受死亡现实并"切断"与逝者的密切联结，以重获"自由"并重建新的人际与社会关系，丧亲者必须从理性和情感两个方面都接受死亡的现实。
- 哀伤工作的展开是一系列应对逝者已逝这个事实的心理变化。丧亲者需要不断处理与逝者相关的情感与回忆，直到焦虑和悲伤不再使丧亲者感到不堪重负。
- 哀伤工作过程十分复杂，主要原因是人们不愿失去与逝者的联结，从而难以接受丧亲的事实和恢复正常生活。
- 哀伤工作的失败会导致持久的痛苦和功能受损。丧亲者若与逝者长期保持密切的心灵联结，便会出现心理疾病。

弗洛伊德的哀伤工作理论在当时有很重要的积极意义。例如,它指出哀伤是人类的重要经历,丧亲者的心理健康需要得到关注,哀伤与抑郁症并不相同,等等。不过,它也存在很大的局限性。例如,它认为要完成哀伤工作,生者必须切断(sever)与逝者的联结,这样才能重获"自由"并把情感"能量"投放到新的对象身上。在实际生活中,这很难做到。切割理论对后来的哀伤干预产生了长期的负面影响。

二、急性哀伤与病理性哀伤

林德曼(Erich Lindemann)是从事哀伤研究的美国著名精神病学家,是第一位对急性哀伤进行详细实证研究的学者。1942 年,波士顿"椰树林酒吧"火灾导致 492 人死亡的惨剧。通过对死者家属的研究,他认为丧亲者在丧亲事件发生后出现急性哀伤(acute grief)是普遍的、正常的,故他也称急性哀伤为正常哀伤(normal grief)。他还根据自己的研究描述了急性哀伤反应症状,即生理痛苦、极度思念并关注逝者、愧疚感、对抗情绪(愤怒)、行为反常等。林德曼还提出,急性哀伤可能会导致病理性哀伤(pathological grief),甚至导致抑郁症和自杀,专业的干预可以缓解急性哀伤(Lindemann, 1944)。不过,他支持弗洛伊德的观点,即切断与逝者的联结是哀伤工作要完成的任务。

三、依恋理论

弗洛伊德的哀伤工作理论关注生者与逝者的联结,但并没有深入探索这种联结是如何形成的,也没有深入研究这种联结对人的影响。英国心理学家和精神病学家鲍尔比(John Bowlby)通过对孤儿院和寄宿托儿所婴幼儿的观察,在大量数据分析基础上于 1969 年出版了依恋理论(attachment theory)著作的第一卷——《依恋与丧失:依恋》(*Attachment and loss*, Vol. 1: *Attachment*)。他(Bowlby, 1973, 1980)后来出版了另外两卷——《依恋与丧失:分离》(*Attachment and loss*, Vol. 2: *Separation*)、《依恋与丧失:丧失、悲伤与抑郁》(*Attachment and loss*, Vol. 3: *Loss, sadness and depression*),进而形成心理学界所称的依恋理论"三部曲"。鲍尔比将"联结"(connection)定义为"人与人之间持久的心理联系",在父母和子女之间、亲人之间以及恋人之间则称为依恋(attachment)。他首先研究了婴幼儿与母亲之间的依恋是如何形成的,以及不同类型的依恋对孩子日后成长会有什么影响。

以下是依恋理论在哀伤研究中直到今天依然很有影响的一些基本观点(Howell, Barrett-Becker, Burnside, Wamser-Nanney, Layne, & Kaplow, 2016)。

第一,婴儿来到世界上时,需要与看护人(通常是母亲)形成依恋,这是与生俱来的天性,也是安全感和生存本能的需要。不仅人类如此,很多动物也如此。

第二,婴幼儿与母亲的依恋类型会直接影响婴幼儿对外部世界的探索和认识,他们未来的成长,以及不同社会关系的建立。

第三,如果婴幼儿与母亲发生短期分离,则会引发分离焦虑和不安。

第四,如果婴幼儿与母亲发生永久分离,例如母亲死亡,他们会出现哀伤反应,并可能对今后的生活和健康产生不同程度的负面影响。

第五,母亲对婴幼儿也存在依恋,也会有分离焦虑和丧失痛苦,其原因不是为了自身的安全,而是对婴幼儿的母爱和关怀。

鲍尔比的依恋理论在提出初期受到英国心理学界普遍的尖锐批评,因为它在本质上与弗洛伊德的精神分析有很大不同,把生物行为进化理论作为依恋理论的重要基础。不过,他的理论后来得到广泛的实验论证。美国心理学家哈洛(Harry Harlow)在同时期通过对恒河猴的实验发现,灵长类动物与人一样也会有情感依恋。哈洛的研究成果有力地支持了鲍尔比的依恋理论。

鲍尔比的杰出贡献影响深远,直到今天,依恋理论依然是哀伤研究与干预的重要基石之一。鲍尔比后来被评为 20 世纪 100 位最有影响的心理学家之一。

四、五阶段模型

20 世纪 60 年代末,美国心理学家屈布勒-罗斯(Elisabeth Kübler-

Ross)出版了《论死亡和濒临死亡》(Kübler-Ross，1969)。她提出，癌症患者面对死亡时会经历五个不同阶段的心理变化，故称为"五阶段模型"(five-stage model)。五阶段模型很快被应用到哀伤领域，成为哀伤关怀辅导的主流理论，广泛应用于哀伤教学和临床治疗。五阶段模型的五个阶段简述如下。

第一阶段：否认(deny)。例如，当孩子第一次听到父亲去世了，第一阶段的反应往往是："这不会是真的。"

第二阶段：愤怒(anger)。在否认阶段之后，孩子相信了丧失亲人的现实，他会转为愤怒和焦虑，表现出愤愤不平："为什么是我？"

第三阶段：讨价还价(bargain)。愤怒阶段之后，有的孩子会说："只要爸爸能够回来，我一定做个听话的好孩子。"这是孩子在幻想中讨价还价的一种方式。

第四阶段：抑郁(depression)。孩子最终会意识到"讨价还价"其实无济于事。他往往会退出正常的生活，进入抑郁阶段。

第五阶段：接受(accept)。哀伤的最后阶段是接受丧失的现实。生活将永远不会回到过去，但仍然可以过下去。

该模型对晚期癌症患者的临终心理关怀工作起到巨大的推动作用，但后来随着越来越多实证研究结果的发表，五阶段模型在哀伤疗愈方面的解释和应用暴露出明显的局限性。近年来，国外哀伤学者普遍认为把哀伤过程划分为各个阶段是错误的。当代国际著名哀伤学者施特勒贝及一批学者多次指出，将阶段模型用于临床治疗是有害的(Stroebe，2017)。

第一，缺乏理论支持与解释。五阶段模型没有指出哀伤的产生原因和功能，没有列出很多哀伤反应症状，包括最主要的哀伤症状是对逝者的苦苦思念，此外它也没有涉及哀伤的风险因素和诊断方法等。

第二，概念混乱。在五个阶段列出的症状中，有的属于情绪问题，有的属于认知问题，把它们混合起来表述是不合适的。

第三，缺乏实证数据证明和支持。大量实证研究显示，多数丧亲者的哀伤过程完全不同于五阶段模型所描述的。

第四,在屈布勒-罗斯晚年的五阶段模型修订版本中(Kübler-Ross, 2005),很多以实验论证为基础的新理论被完全忽略了。

第五,过于简单化和线性化。哀伤过程极为复杂,并不是一个线性化的过程,该理论忽略了社会/文化因素和二次伤害及次级刺激因素。

第六,五阶段模型的线性化特征会使很多丧亲者对自己出现复杂、反复的哀伤反应感到不安,亦会使治疗师提供错误治疗。

在过去的十多年,美国政府、高校和严谨的学术网站已经不再把五阶段模型作为科普知识向民众介绍。笔者在此较多讨论这个问题,是因为目前国内还时常有人把五阶段模型作为哀伤辅导的基本理论,笔者希望我国的心理工作者能够避免国外曾经走过的弯路。

五、四任务模型

美国心理学家沃登(William Worden)于1982年出版了《哀伤咨询与治疗:心理健康工作者手册》(Worden, 1982)。他在书中提出四任务模型,即丧亲者在哀伤过程中有四个需要完成的任务:(1)接受丧亲现实;(2)经历丧失的痛苦和不同的情绪反应;(3)适应逝者已逝的世界;(4)放下与逝者的联结,将情感投放到新的关系中。

从上述第四个任务可以看到,在1982年,沃登还是弗洛伊德切割理论的支持者。在2002年该书第四版时,沃登改变了观点,引入持续性联结理论(continuing bond theory),把第四个任务改为"重新安置对逝者的情感,在生活中继续向前"(Worden, 2002, p. 35)。在2018年该书第五版时,沃登又将第四个任务界定为"在寻找怀念逝者的方法中开始新的人生之旅"(Worden, 2018, p. 47)。目前,四任务模型在美国广泛应用于哀伤咨询与治疗,沃登的这本著作也是美国哀伤咨询师的主要教科书之一。

六、持续性联结理论

美国心理学家克拉斯(Dennis Klass)等人于1996年主编并出版了《持续性联结:重新认识哀伤》。该书的核心思想对后来的哀伤研究与干预产生了革命性影响(Klass，Silverman，& Nickman，1996)：(1)生者与逝者保持持续性联结是正常的，不能视为病态；(2)生者可以与逝者建立长久且健康的持续性联结；(3)生者与逝者之间健康的持续性联结有助于丧亲者更好地适应生活的变化。

克拉斯长期为美国丧子(女)父母互助组织"善爱之友"提供哀伤咨询。他深刻理解，父母与已故子女的情感联结是不可能被切断的。持续性联结理论的提出是哀伤研究的一次伟大革命，它从根本上挑战了弗洛伊德哀伤工作理论关于生者需要与逝者切断联结才能得到"自由"的观点，而切断联结的观点曾经长期影响和误导了哀伤干预。

持续性联结理论很快得到哀伤学术界的普遍支持，在失去亲人后，生者需要保持与逝者的联结并健康地适应丧亲哀伤，而不是要切断与逝者的联结。亲人死亡是丧亲者生活的新起点，而持续性联结的方式对丧亲者能否健康适应今后的生活会有相当重要的影响。目前，在不同的主流哀伤干预体系中，帮助丧亲者与已故亲人建立积极的持续性联结是不可缺失的、极其重要的一个部分。

七、认知行为疗法

认知行为疗法(cognitive behavior therapy)是一种有效的心理治疗方法，它被用于帮助人们改变导致他们出现问题的思想、情绪和行为。美国心理学家艾利斯(Albert Ellis)于 20 世纪 50 年代中期提出合理情绪行为疗法(rational-emotive behavior therapy)，被称为"认知行为疗法之父"。美国心理学家贝克(Aaron Beck)于 20 世纪 60 年代为认知行为疗法建立了更完整的理论体系，并将其有效地应用于抑郁症及其他心理疾病的临床治疗。

1996 年，以色列特拉维夫大学社会工作学院教授马尔金森(Ruth Malkinson)把艾利斯的合理情绪行为疗法应用于哀伤干预(Malkinson，1996)。她认为，重大的丧亲事件往往会对丧亲者产生强烈的消极影响，包括影响人的信念/认知、情绪和行为。哀伤的过程是对被动摇或改变了的信念及认知的调整过程。它可能产生两种结果，一种属于理性认知,另一种属于非理性认知。前者有助于哀伤疗愈,后者则可能引发心理障碍。马尔金森运用合理情绪行为疗法来帮助丧亲者分辨哪些认知是理性的、合理的,哪些是非理性的、不合理的,通过调整认知来治疗哀伤。

认知行为疗法自 21 世纪初在哀伤领域受到极大关注和广泛应用(Kosminsky,2016)。它把近代哀伤研究成果融入哀伤干预体系,而各主流哀伤干预体系也把它融入自己的体系。认知行为疗法在实际临床应用中有很多不同的具体方法,它使哀伤干预方法更丰富、更科学。过去二十多年来,认知行为疗法已经成为儿童青少年哀伤干预的主要方法之一,并取得显著成效。

八、双程模型

荷兰乌得勒支大学荣誉教授施特勒贝(Margaret S. Stroebe)和舒特(Henk Schut)于 1998 年提出双程模型(dual-process model),并不断完善(Stroebe,1998,2001;Stroebe & Schut,1999,2001,2010)。

双程模型认为,有两种与丧亲哀伤有关的压力源,即丧失导向(loss oriented)压力源和恢复导向(restoration oriented)压力源,丧亲者在哀伤过程中会在这两种导向之间正常振荡或摆动(oscillation)。丧失导向压力源与丧失事件直接相关。例如,一位少年在失去母亲之后,会深深陷入丧失痛苦和思念中。恢复导向压力源与如何应对当前和今后的生活有关。例如,如何处理自己新的身份定位及生活或情绪调整等。多数情况下,丧亲者会在这两种导向之间正常振荡或摆动。

双程模型认为,健康的丧亲疗伤需要丧亲者能够在这两种导向之间动态灵活地振荡。无论是在丧失导向里还是在恢复导向里,丧亲者都需要应对好相应的压力源。如果丧亲者长期陷入某一种导向,或者不能处理好某一种导向的特定压力,往往会增加罹患延长哀伤障碍的风险。双程模型极大地丰富了哀伤理论并对哀伤干预具有积极的影响,它不仅在大量实验中得到验证,而且广泛应用于临床治疗。2015 年,施特勒贝在双程模型中增加了家庭影响因素,这更加丰富了儿童青少年哀伤的理论基础和干预方法(Stroebe & Schut，2015)。

九、生命意义中心哀伤干预

1. 意义疗法

第二次世界大战后，奥地利心理学家和精神病学家弗兰克尔(Viktor Frankl)提出存在心理疗法(existential psychotherapy)，一般称为意义疗法(logotherapy)。意义疗法是指帮助来访者从现实生活的困境中去追求和实现自身生命的意义，即使在困境中，只要保持生活的意义，人就可以积极乐观地生活下去。1946年，他在《活出生命的意义》一书中对此作了深刻阐述。该书是弗兰克尔出集中营不久后写成的，先后印刷了一千多万册，并被翻译成三十多种语言。

弗兰克尔认为，人的生命是有意义的，寻求意义是人类生存的主要动力，生命的意义是一种真实的客观存在并可以寻得和实现，即使陷入困境，人依然可以选择用什么态度去面对它，生命的意义源包括创造、体验(例如爱和美)、应对困境的态度和留下生命的"遗产"(Frankl，1969，1973)。

在心理学界，有些学者并不认为意义疗法是一个完整或正式的心理学理论体系，而把它看成一种帮助人们在困境中去关注以意义为中心的心理治疗方法，而且它具有广义的哲学特色(Wong，2012)。然而，弗兰克尔的意义疗法后来被不断开拓、发展，在哀伤干预领域形成一系列以意义为中心的哀伤干预体系。

2. 意义中心咨询

在弗兰克尔意义疗法的基础上，加拿大临床心理学家保罗·王(Paul T. P. Wong)于1997年提出意义中心咨询(meaning-centered counseling)，并不断完善(Wong，1997，1999，2000，2008，2012)。意义中心咨询在哀伤领域的应用关注如何帮助丧亲者在哀伤过程中去积极寻求新的人生意义，延拓"小我"到"大我"(包括家庭、社区和更广的领域)。保罗·王称，意义中心咨询是一种存在主义积极心理学。在哀伤干预策略上，保罗·王提出五项原则和详细步骤(Wong，2008)：(1) 现实原则,即接受并面对现实;(2)信仰原则,即相信生命是有价值的;(3)行动原则,即致力于负责任的行动;(4)意义原则,即发现生活的意义和目的;(5)强化原则,即享受积极变化的结果。

意义中心咨询对成年丧亲者显示出积极的效果。不过,笔者尚未看到有文献介绍意义中心咨询应用于儿童青少年丧亲者,但从其理论结构来看,这是一种有潜力的青少年哀伤干预方法。

3. 意义中心心理治疗

美国纪念斯隆-凯特琳癌症中心学者布雷特巴特(William Breitbart)在弗兰克尔意义疗法基础上提出意义中心心理治疗(meaning-centered psychotherapy)。他注意到,不少癌症患者对死亡有强烈的哀伤和看不到生命意义的绝望感,但他们并没有罹患抑郁症,而且治疗抑郁症的药物并不能改善他们的精神状态。布雷特巴特的意义中心心理治疗旨在,帮助癌症患者能够用积极的态度去面对死亡(Breitbart, 2016)。这个方法后来有效应用于丧子(女)父母的哀伤疗愈(Lichtenthal & Breitbart, 2015;Thomas, Emily, Meier, & Irwin, 2014)。意义中心心理治疗既可以应用于团体,也可以应用于个体。十多年来,意义中心心理治疗在哀伤干预中受到越来越多的关注,并用于青年癌症患者的哀伤干预,本书第七章对此有详细介绍。

4. 意义中心哀伤疗法

美国纪念斯隆-凯特琳癌症中心的利希滕塔尔(Wendy Lichtenthal)等学者在布雷特巴特的意义中心心理治疗基础上,提出意义中心哀伤疗法(meaning-centered grief therapy)(Lichtenthal, Napolitano, Roberts, Sweeney, & Slivjak, 2017)。意义中心哀伤疗法把不同的哀伤理论和方法融入意义中心心理治疗,例如鲍尔比的依恋理论、持续性联结理论、认知行为疗法、建构主义意义重建理论及其他哀伤干预的最新研究成果等。意义中心哀伤疗法是一种结构化的干预方法,它可以帮助治疗师用更为系统和灵活的方法去发现和启发来访者对生命意义的积极认识。该理论强调意义建构、寻求益处、身份认同以及它们之间动态重叠的关系,并通过对生命意义的提升来应对重大丧亲哀伤。追踪随访证明,意义中心哀伤疗法对于丧子(女)父母的哀伤干预有较好的效果。不过,笔者目前还未看到有文献介绍意义中心哀伤疗法应用于儿童青少年的哀伤干预。

十、建构主义的意义重建

20世纪90年代,美国孟菲斯大学心理学教授内米耶尔(Robert A. Neimeyer)开始把建构主义理论用于心理干预(Neimeyer,1996)。2001年,他出版了《意义重建与丧失经历》(Neimeyer,2001)一书。该书系统介绍了如何以建构主义理论为基础来帮助丧亲者重建生命意义。建构主义理论有一个很重要的观点:生命的意义是从一系列有连续性的人生经历中获得的。人们在自己的人生经历中认识世界和自己,从而得到自身对生命意义的理解,并为自己的身份定位。内米耶尔认为,痛失亲人的重大打击会使丧亲者感到难以承受并对未来感到困惑或绝望。当过去的生活经历、现在及对未来生活的展望发生突兀而巨大的变化,这往往会使人生经历"叙事"(narrative)的连续性受到破坏,从而使丧亲者感到自己的人生意义随着亲人的丧失而消失了。他在研究中发现,丧亲者如果不能对挚爱亲人的死亡进行"理解建构"(sense making,也可直译为"意义建构"),以及从丧失事件中"寻求益处"(benefit seeking,也可意译为"寻求积极认知"),那么罹患延长哀伤障碍的风险将显著增加(Neimeyer,Burke,Mackay,& van Dyke Stringer,2010)。因此,意义重建基础上的哀伤干预,十分重视帮助丧亲者处理好"理解建构"和"寻求益处"。建构主义基础上灵活多元的叙事方法有助于把被丧亲事件打乱的"生活叙事"重新合理地整合起来,从而帮助丧亲者重建积极的生命意义(Neimeyer,Burke,Mackay,& van Dyke Stringer,2010)。意义重建理论在近二十年得到很大发展和广泛应用,其内涵也在不断丰富。例如,持续性联结理论、双程模型等都被融入意义重建的干预方法中。目前,建构主义的意义重建已经成为哀伤干预的主要方法之一,并不断发展。不过,至今笔者还没有看到将意义重建理论应用于儿童青少年的哀伤干预,但它的理论和一些临床应用技巧对儿童青少年哀伤干预咨询师来说是有价值的,有些部分已经成为儿童青少年"治疗工具箱"里的重要"工具"。

第二节　儿童青少年哀伤干预方法简介

儿童青少年的哀伤研究和干预要比成人的哀伤研究和干预发展得晚一些,但最近二十多年来取得了很大进展。本书在第八章较详细地介绍了四种被实证研究证明有效且广泛应用的主流干预体系。这里先作概要介绍。

一、多维哀伤治疗

美国心理学家莱恩(Christopher Layne)与卡普洛(Julie Kaplow)团队于 2013 年开发多维哀伤治疗(multidimensional grief therapy)(Hill, Oosterhoff, Layne, Rooney, Yudovich, Pynoos, & Kaplow, 2019)。多维哀伤治疗根据哀伤反应多维化特点进行多维评估[依据《精神障碍诊断与统计手册(第 5 版)》],并以此为基础制定和开展分阶段的哀伤干预。它主要为儿童青少年(6—17 岁)在丧亲后的一些不适应症状提供针对性的治疗,包括严重的哀伤反应、创伤后应激障碍和抑郁症。多维评估以儿童青少年检查问卷为起点,通过该问卷和访谈获得的信息,治疗师可以为每个儿童青少年的具体症状量身定制治疗方法。多维哀伤治疗包含一系列有关儿童青少年哀伤适应的练习,例如如何应对不同的哀伤反应。此外,它还为家长提供相应的训练来帮助孩子应对哀伤。

多维哀伤治疗分为两个阶段。第一阶段的重点是认识哀伤,包括学习哀伤知识、应对技能和识别丧失/创伤提醒等。第二阶段的重点是叙事治疗。通过引导孩子对丧亲事件的叙述来适应和应对各种不同的压力源,并与已故亲人建立积极的联结,理解死亡事件的过程及意义,为逝者已逝的未来生活作好准备(Hill, Kaplow, Oosterhoff, & Layne, 2019)。近年来,多维哀伤治疗受到越来越多的关注和应用。本书第八章对多维哀伤治疗有较详细的介绍。

二、青少年创伤与哀伤模块治疗

青少年创伤与哀伤模块治疗(trauma and grief component therapy for adolescents)由美国青少年创伤与哀伤学者莱恩(Christopher Layne)及其团队于 20 世纪末开发,并在过去二十多年不断得到完善。青少年创伤与哀伤模块治疗主要应用于预防和治疗青少年(12—20 岁)的创伤性哀伤(Saltzman, Layne, Pynoos, Olafson, Kaplow, & Boat, 2017),此外还为家长提供培训以增强治疗效果。青少年创伤与哀伤模块治疗与多维哀伤治疗有密切关系。青少年创伤与哀伤模块治疗关于哀伤模块的不少治疗方法应用于多维哀伤治疗中。

青少年创伤与哀伤模块治疗包含四个模块(National Child Traumatic Stress Network,2018)。(1)第一模块:基础知识和技巧。学习有关创伤和哀伤的心理学知识、情绪调节、解决问题的能力、应对能力、应对策略以及寻求社会支持和发展的能力及方法。(2)第二模块:走过创伤经历。构建创伤叙事,应对创伤提醒并调整与创伤相关的消极思维。(3)第三模块:哀伤工作。在多维哀伤理论基础上侧重三个核心维度来实施量身定制的干预。这三个维度为分离痛苦、存在/身份认同痛苦、死亡境况相关痛苦。学习识别并应对哀伤提醒、认知情绪调整和使用积极的方法保持与逝者的联结。(4)第四模块:展望未来。建立积极可行的期望和制定计划来适应丧亲后的生活变化。

目前,青少年创伤与哀伤模块治疗应用于不同地区和国家。大量实证结果显示,青少年创伤与哀伤模块治疗对青少年创伤性哀伤有良好的治疗效果。该治疗方法也是由美国卫生与公众服务部资助的"国家儿童创伤压力网络"(National Child Traumatic Stress Network)推荐的治疗方法。本书第八章对青少年创伤与哀伤模块治疗会有详细介绍。

三、创伤认知行为疗法

创伤性丧亲事件多数表现为亲人的突发性死亡。经历创伤性丧亲事件的孩子往往会出现创伤性哀伤(traumatic grief)反应,他们既有创伤症状又有哀伤症状。美国德雷克塞尔大学医学院精神病学教授科恩

(Judith A. Cohen)团队开发的创伤认知行为疗法(trauma-focused cognitive-behavioral therapy)对儿童青少年(3—18岁)创伤性哀伤可以起到良好的干预效果。

创伤认知行为疗法以家庭为整体,首先治疗和缓解创伤症状,然后注重治疗和缓解哀伤症状。在整个治疗过程中,创伤认知行为疗法使用认知行为疗法来帮助儿童青少年及其家长缓解创伤和哀伤症状。大量实证研究显示,创伤认知行为疗法有助于改善创伤症状、哀伤症状、抑郁、焦虑、行为问题、认知问题、人际关系和其他问题(Cohen, Mannarino, & Deblinger, 2017)。

自从科恩等人于2006年出版《儿童青少年创伤与创伤性哀伤治疗(第一版)》以后,创伤认知行为疗法得到广泛关注和应用。创伤认知行为疗法还可以通过网络技术提供个体和团体治疗。2017年,《儿童青少年创伤与创伤性哀伤治疗(第二版)》出版,拓展了创伤认知行为疗法,使得治疗范围更广,充实了创伤性哀伤治疗。创伤认知行为疗法网络课程现已推出多种语言,并在多个国家获得应用。美国卫生与公众服务部资助的"国家儿童创伤压力网络"官网对创伤认知行为疗法有较详细的介绍和培训信息(National Child Traumatic Stress Network, 2021)。本书第八章对创伤认知行为疗法有详细介绍。

四、家庭丧亲课程

家庭丧亲课程(Family Bereavement Program)是在20世纪90年代由美国亚利桑那大学心理学系教授桑德勒(Irwin N. Sandler)及其团队开发的(Ayers, Wolchik, Sandler, Twohey, Weyer, Padgett-Jones, Weiss, Cole, & Kriege, 2013)。该课程高度关注提升丧失父母的儿童青少年(8—16岁)应对不同逆境的能力和抗挫力,故也称为"情景抗挫模型"。该课程最显著的特点是预防为主而不是治疗。

它有两个基本理念:(1)逆境打击对儿童青少年的影响在很大程度上取决于两个中介因素,即他们自身的适应能力以及后来生活环境的影响。(2)不同中介因素的影响会产生不同结果。例如,消极的中介因素会产生消极结果（健康受损，罹患延长哀伤障碍），而积极的中介因素会产生积极结果（例如保持自尊，学业进步）。

基于上述理念，家庭丧亲课程干预体系重点涵盖了减少消极风险因素和加强积极保护因素这两个方面，并以此来提升儿童青少年对逆境打击的适应能力。家庭丧亲课程认为，积极的子女养育方式对丧亲儿童青少年是一种有效的保护性中介因素，儿童青少年也需要学习处理好与家长的关系，形成正面、积极和有效应对逆境的方式。多年追踪随访结果显示，家庭丧亲课程从预防入手，对儿童青少年哀伤干预的效果是积极的、可靠的和显著的。本书第八章对家庭丧亲课程有详细介绍。

除了上述干预体系之外，还有其他治疗体系及方法，例如美国心理学会（American Psychological Association）推出的儿童哀伤综合治疗（integrated grief therapy for children）（Pearlman, Schwalbe, & Cloitre, 2010）、支持治疗（Piper, 2011）、儿童创伤性哀伤当事人中心治疗（client-centered therapy for childhood traumatic grief）（Goodman, 2004）、简短动态疗法（Marmar, 1988）、人际关系神经生物疗法（interpersonal neurobiological-informed treatment）（Crenshaw, 2006）、游戏疗法（Webb, 2011）、写作疗法（O'Connor, 2003）、网络管理疗法（Wagner, Knaevelsrud, & Maercker, 2006）、虚拟现实（Botella, 2008）和催眠（Iglesias, 2005）等。多元化的治疗方法不断丰富了儿童青少年哀伤研究与干预，并使这个领域的研究不断向前发展。由于篇幅有限，在此不展开讨论。

本 章 结 语

自从弗洛伊德于 1917 年发表《哀悼与忧郁》以后，哀伤研究与干预经历了一百多年的艰难摸索和发展。经过几代学者的努力，终于迎来了20 世纪 90 年代哀伤理论与干预的突破性发展。2021 年 6 月 21 日，笔者在谷歌学术网站输入关键词"哀伤"，屏幕跃出一百六十八万个条目，哀伤的神秘面纱正在被一点点揭开,哀伤研究与干预正在向纵深和广度两个维度不断发展。哀伤研究与干预在 2016 年已被世界卫生组织列入需要在全球重点关注的领域(Killikelly & Maercker,2017)。我们将看到,哀伤研究与干预对人类,特别是儿童青少年的心理健康提升会取得更好更快的进展。

第二章 儿童青少年在不同 发展阶段的特征

要给儿童青少年提供有效的哀伤干预和支持，需要了解他们在不同成长阶段的心理特征，因为儿童青少年在不同成长阶段对死亡的认知和哀伤反应是不一样的。这与他们在不同发展阶段的认知和心理社会成熟程度有关。另外，儿童在成长过程中会受到自身及外部因素的影响，这对他们日后的认知、情绪、理念、抗挫力也都会有影响。为了能够更清楚地了解儿童青少年在不同成长阶段对死亡的认知、哀伤反应和应对策略，我们需要了解儿童青少年的成长阶段特征及其相关影响。本章将介绍在儿童认知和心理社会发展方面作出杰出贡献的两位心理学家的理论，即瑞士心理学家皮亚杰（Jean Piaget）的认知发展阶段理论，以及美国心理学家埃里克森（Erik Erikson）的心理社会发展阶段理论。根据2002年《普通心理学评论》调查，在20世纪最有影响的100名心理学家中，弗洛伊德排名第一，皮亚杰排名第二，埃里克森排名第十七（Haggbloom，2002）。

第一节 皮亚杰学派的认知发展阶段理论

皮亚杰学派的认知发展阶段理论，在20世纪乃至今天的儿童认知研究领域一直是最具影响的理论之一。皮亚杰学派不仅着眼于了解儿童如何获取知识，而且着眼于理解智力的本质（Badakar，2017）。

皮亚杰认为,儿童在学习过程中扮演着积极的角色,就像"小科学家"一样,他们通过实验、观察来了解世界。当儿童与周围世界互动时,他们不断学习新的知识,并将自己已掌握的知识与新的信息融合起来。

皮亚杰把儿童青少年的认知发展分为四个阶段:(1) 感知运动阶段(sensorimotor stage);(2) 前运算阶段(preoperational stage);(3) 具体运算阶段(concrete operational stage);(4) 形式运算阶段(formal operational stage)(Piaget,1952;Flavell,1967)。

一、不同发展阶段的认知特征

儿童青少年在不同成长阶段的认知是不断变化的,他们的认知会随着年龄的增长及社会生活经验的丰富而不断发展。

第一阶段:感知运动阶段(0—2 岁)

感知运动阶段是婴儿认知发展的第一阶段。初生婴儿通过活动和感知来分辨并认识外部世界。在这一阶段的后期,感觉和动作会逐渐分化并更具协调性。婴儿开始意识到客体恒常性(object permanence),即当外界的人或物体不在眼前时,依然可以确定他们/它们不会永久消失。记忆能力的出现是这个成长阶段极为重要的部分,也是开始进入下一个成长阶段的标志。虽然婴儿还不具备足够的语言表达能力,但他们可以意识到自己与周围的人和物是分离且独立存在的,自己的行为会影响周围环境。皮杰亚还将这一阶段分解为多个不同的子阶段。在感知运动阶段的后期,婴儿可以很好地使用符号语言(例如玩具、图片)来表达情绪和想法,也可以进行模仿,他们开始出现思维的萌芽。

第二阶段:前运算阶段(2—7 岁)

前运算阶段的儿童通常有五种行为特征:模仿、象征性符号游戏、绘画、心理形象和语言表达。语言发展基于前一个阶段,但把语言作为主要交流方法是前运算阶段的主要标志之一(Marwaha, Goswami, & Vashist, 2017)。这个阶段的儿童会发展出很好的模仿能力,即使模仿对象不在场也可以对该对象进行模仿。儿童会更多地用象征性符号做游戏,例如"我是妈妈","布娃娃是我的小孩"。他们喜欢绘画。绘画一般始于前运算阶段,通常以涂鸦开始,然后对儿童心目中的客观物体进行图形成像,儿童可以用图画来代表家人和表达自己的情绪。他们可以使用有限的语言能力与外界交流。尽管他们的语言和思维能力不断提高,但他们仍然倾向于用非常具体和形象的方式思考事物。

这个阶段的儿童有很强的自我中心倾向,他们往往会以为别人会像他们一样看待事物,或者可以理解他们的想法,同时他们也开始学习从他人的角度看待事物。

他们在玩游戏方面变得更加熟练,但是他们仍然非常直观地思考周围的世界,推理往往不合乎逻辑。如果两件事情巧合地一前一后发生了,就会被理解成它们有因果关系。例如:"我打翻了牛奶,妈妈生气了,因此她生病了。"

这个阶段的儿童往往会有魔幻思维(magical thinking)(Chris,2000),即认为自己专心去想一件事,那件事就可能会真的发生,或已发生的事是因为自己曾经想到过它。他们可能会认为如果自己不去想一件事,那件事就不会发生。例如,一个儿童因为没得到想要的玩具而生妈妈的气,后来妈妈生病了,在魔幻思维的影响下,他会觉得是他的抱怨使得妈妈生病,并为此而愧疚。

思维不可逆性(irreversibility)。年幼的儿童往往错误地认为事物不会逆转,例如一个3岁的儿童看到橡皮泥球被压扁了,便很难相信它可以捏回原来的形状,除非有人把橡皮泥重新捏回球形,他们才能改变看法。

在这个阶段的早期,儿童往往还会认为"万物有灵"(animism)。例如,认为树木或小蝌蚪会像人一样具有丰富的感知和情绪。

前运算阶段的儿童基本上还不具备抽象思维能力,即使有这种能力但还很弱。

第三阶段:具体运算阶段(8—12岁)

这个阶段的儿童已经开始形成抽象思维能力,能将逻辑规则应用于具体或有形的物体。在这个阶段的早期,他们的思维方式仍然非常具体和形象化。例如,向7—8岁的儿童提问:"如果 A > B,B > C,那么 A

与 C 哪个大?"他们可能难以回答。若换一种问法:"张老师比李老师高,李老师比王老师高,那么张老师和王老师哪个高?"他们往往可以给出正确的答案。因为在后一种情形下,儿童可以借助具体形象进行推理。

这个阶段的一个重要标志是守恒性(conservation)的形成。9 岁左右,儿童会知道即使一个物体的形状发生变化,其重量可以保持不变。例如,短而直径大的杯子中的液体量可以等于高而细的杯子中的液体量。

他们开始使用逻辑归纳,能对事物作多维归类。例如,把小的物体和大的物体按顺序排列(Beilin & Fireman,1999),或者从特定信息推理到一般概念。

认知方面也开始具有可逆性,即对现有事物的认知可以进行逆转,而不是像前一阶段那样需要重新有一个新的起点才能改变想法。

前一阶段的自我中心特征开始逐渐消失,因为儿童变得更加善于思考别人可能会有什么想法和感受,他们也知道并非每个人都一定会有与他们相同的想法和感受。

第四阶段:形式运算阶段(11—17 岁)

形式运算阶段一般开始于 11—12 岁。在具体运算阶段,尽管儿童能依据具体形象进行逻辑推理,但还很难作抽象的逻辑推理。处于形式运算阶段的儿童青少年具备了演绎推理的能力,可以根据一般原理对特定信息作推理。他们拥有抽象思维能力以及了解和解决问题的逻辑推理能力。处于形式运算阶段的中学生能用抽象符号进行思维,例如他们能够解答十分复杂的代数问题。

他们不仅能从逻辑上思考现实的情境,而且可以思考未来可能发生或假设性的情境。拥有逻辑性的假设思维可以更好地应对和规划未来。例如,丧失了曾经为家庭提供主要经济来源的父亲后,他们可以想象到今后家庭的经济状况会变差。比起年幼的儿童,15—18 岁的青少年自我中心倾向会更少,而会更多地关注和考虑别人的感受。

皮亚杰最初提出他的理论时,以自己的孩子为观察对象,是一个小样本。当代社会的儿童青少年可以更早地接收到更多的信息和接受更好的教育,他们的认知能力往往发展得更快,从而可以更早地进入皮亚杰所定义的不同认知发展阶段。在皮亚杰理论提出后,很多学者做了大量实验研究,实验结果与皮亚杰划分的年龄段并不都相同。因此,年龄的划分并不是一个有严格标准的界定,但它依然具有很好的指导意义,也不影响皮亚杰学派认知发展阶段理论的核心思想在实践中的成功应用。

二、不同认知阶段对死亡的认知

死亡的定义一般包含四个方面:(1) 死亡是不可逆的;(2) 死亡意味着身体功能完全停止工作;(3) 所有生命体最终都会死亡(普遍性);(4) 死亡是有原因的(Speece,1995)。

1. 国外研究的观点

很多儿童哀伤学者在皮亚杰认知发展阶段理论的基础上探讨了儿童在不同成长阶段对死亡的认知,这对儿童哀伤的认识和教育极为重要。下面综合了美国儿童哀伤学者戈德曼(Linda Goldman)等的研究结果(Goldman,2000;Stube,Hovsepian,& Mesrkhani,2001)。

第一阶段:感知运动阶段(0—2岁)。这个阶段的婴幼儿对死亡的认知:"一切都没有了。"其特征:(1)"眼睛看不到,实际就不存在。"这往往是不满6个月的婴儿对外界的认知。如果婴儿看不到某样东西,便会认为那个东西不存在。(2) 他们专注当前发生的事情,对未来和时间知之甚少。(3) 6个月后的儿童会玩捉迷藏,并以此帮助发展认知能力,也就是即使在看不到别人的时候,也知道他们依然存在。(4) 他们往往会根据以前发生的事情来理解事物,并认为它会再次发生。(5) 如果死亡是因为疾病,他们无法理解引起疾病的原因。

第二阶段:前运算阶段(2—7岁)。对死亡的认知:魔幻思维、自我中心和因果关系。其特征:(1) 死亡是暂时的,不会普遍发生。(2) 死亡是可以逆转的,是一个有归来的"旅行"。(3) 有的儿童认为,死者住在地下的盒子里,他们可以通过地道与其他的盒子相连接;有的儿童认为死者住在云里,也就是人们称为天堂的地方。(4) 有的儿童会有魔幻思维,并认为死亡是由他们不好的想法和行为造成的,可能会为此感到愧疚或者害怕受到惩罚。(5)有的儿童认为死亡就好像是睡觉。这使得他们害怕睡觉和黑暗,他们需要成人给予更多的解释和承诺。(6)较难合理预测人的生命长度。(7)较难理解导致死亡的疾病的一些抽象概念。

第三阶段:具体运算阶段(7—12岁)。儿童对死亡的认知:好奇心和现实性。其特征:(1)儿童对个体诞生、死亡和性别的不同充满好奇,并会不断地提出问题。他们对死亡的具体细节十分感兴趣。(2)对死亡的普遍性和永久性逐步形成认知,可以从概念上理解死亡就是身体功能全部永久地停止了工作,例如停止呼吸、说话等。(3)可以在一定程度上理解人死后会去什么地方这类与信仰相关的一些想法。(4)可以比较清楚地知道人的平均生命一般会有多长。(5)会用非常具体形象的方法获得信息,并以此来考虑死亡事件。他们会提出问题,例如:为什么人会死亡?(6)往往认为只有年迈的老人或疾病患者才会死去。(7)可以对疾病如何损坏身体功能有较好的理解。

第四阶段:形式运算阶段(13岁以上)。青少年对死亡的概念:自我吸收(self-absorbed)。其特征:(1)青少年可以完全理解死亡的普遍性,以及死亡是一个自然的过程。(2)他们很难真切地面对死亡。死亡对他们来说是遥远的和不可控的。(3)他们对可能会发生在自己身上的死亡有强烈的否认感,并通常认为死亡不会真的发生在他们身上。(4)青少年处在建立自我身份认同这个成长阶段。他们可能更倾向于接受自己寻求的信息,而不是父母给出的现成答案。青少年觉得与自己的同伴而不是成人谈论死亡更加轻松。

在对死亡认知年龄段的划分上,学者们并没有完全按照皮亚杰学派早期提出的方法,但其相差范围并不显著。也有学者提出,对儿童青少年的哀伤研究与干预应该关注他们的心理成熟年龄而不是生理年龄(Robbins, Chatterjee, & Canda, 2006)。

2. 国内学者的观点

我国文化一般对死亡话题比较忌讳,这方面的研究相对来说比较有限。下面介绍我国部分学者对中国儿童青少年的死亡认知的研究。

笔者通过网上搜索找到,我国在这方面较早的研究文献发表于1996年(Brent, Lin, Speece, Dong, & Yang, 1996)。它是一项跨文化的研究。该研究从普遍性、不可逆性和功能丧失性这三个维度来界定死亡的概念,并分别对262名中国儿童青少年和215名美国儿童青少年(3—17岁)进行访谈。研究结果显示,在两种不同的文化中,几乎所有的儿童从小都了解死亡的普遍性,但对死亡的不可逆性和丧失功能性的理解随文化和年龄的不同而不同。总体而言,相对于美国儿童青少年,中国儿童青少年在较年幼时对死亡这三个维度有较多的理解。此外,随着年龄的增长,有着两种文化背景的青少年对死亡的理解越来越复杂和"模糊",其中掺杂了自然主义和非自然主义的思考,以及生与死之间的确切界限。

1997年,张向葵等人研究了3.5—6.5岁儿童关于死亡的认知发展水平和特征。该研究将死亡特征划分为四个维度(不可逆性、必然性、功能丧失性和情绪性),结果显示儿童对死亡的认知可以划分为三个水平:(1)水平Ⅰ,不能清楚地认识死亡特征的四个维度,即使在研究者的启发下,儿童也无法理解人会死亡,尤其无法理解动物和植物也会死亡;(2)水平Ⅱ,能够根据某些具体原因,较清楚地解释死亡特征的四个维度,但会表现出强烈的自我中心意识和情绪色彩;(3)水平Ⅲ,能够依据一定的自然原因(例如疾病和意外事故)来解释死亡,认为死亡是生命的结束,人死不能复活。这项研究显示,3.5—6.5岁的儿童即使在同一年龄段,关于死亡的认知发展水平和特征也是有差异的(张向葵,王金凤,孙树勇,吴文菊,张树东,1998)。

朱莉琪等人研究了4—6岁学龄前儿童对死亡的认知。该研究从每个年龄段随机抽取22名儿童。研究结果显示,学龄前儿童可以较好地认识死亡的不可逆性,部分儿童还可以认识到死亡的普遍性(朱莉琪,方富熹,2006)。

赵瑞芳采用访谈法研究50名4—5岁学龄前儿童对死亡的认知。研究结果显示,儿童对死亡的认知随着年龄的增长而提高,对死亡三个维度的认知表现出不平衡性,对死亡不可逆性的理解最先开始发展。该研究结果表明,东西方文化虽然存在差异,但是这种差异对儿童关于死亡三个维度的认知发展顺序并没有什么影响。此外,儿童对死亡的生理功能丧失和思维功能丧失的理解不同步,很多儿童认为死亡不会导致思维功能丧失,这点与国外研究结果也相同(赵瑞芳,2009)。

李长瑾等人对 64 名 3—6 岁儿童进行死亡概念的研究,结果显示,儿童对死亡的认知在年龄上存在显著差别,在性别上没有显著差别,儿童对死亡三个维度的认知中,最先掌握的是死亡的普遍性,大部分学前儿童能够理解死亡的生理功能丧失,但很难理解心理功能丧失。儿童对人和动物死亡的认知正确性高于对植物死亡的认知正确性,父母的职业和儿童的生活经历与儿童对死亡的认知存在显著相关(李长瑾,楼晨梦,2011)。

虽然我国关于儿童青少年死亡认知的文献不是很多,样本较小,结论也不尽相同,但从整体上来说,我国学前儿童对死亡的认知水平高于国外传统研究揭示的水平。笔者认为,其主要原因是,当代儿童的知识经验比几十年前的儿童更为丰富,因为他们有更多的渠道和方法接受教育并接触到更多的信息,而我国的相关研究开展较晚,现在的研究结果与国外较早的研究结果不同也是正常的。

三、相关案例

案例一:5 岁的达科塔

《浴火重生:一位丧子母亲哀伤疗愈的心路历程》的作者桑迪·佩金帕(Sandy Peckinpah)在书中描写了一个 5 岁孩子对死亡认知的真实故事(桑迪·佩金帕,2020)。

有一天,玛丽莎和我带着我们各自的孩子去墓园为加勒特(该书作者桑迪·佩金帕的儿子 16 岁因脑疾病突然死亡)扫墓。这是玛丽莎 5 岁的儿子达科塔第一次去墓园。他听到我们说过:"我们要带些鲜花给加勒特。"当我们来到墓园时,达科塔从车里跳了出来,然后和朱莉安、杰克逊(加勒特的弟弟和妹妹)一起穿过草坪。朱莉安找到了加勒特的墓碑,说:"他在这里呢!"

在墓碑前,有一根专为插花用的管子。达科塔双腿跪下,用嘴巴对着管子说:"加勒特,你可以出来啦!"

哦!是的,玛丽莎和我笑得前仰后合(而且感觉很好)。我们马上意识到,达科塔对我们告诉他加勒特已经死了这件事完全没有概念。

案例二:16 岁的安妮

美国心理学家克赖斯特(Grace Hyslop Christ)曾用这样一个案例来描述安妮(16 岁)对死亡的认知能力(Christ,2000,pp. 29 - 30)。

安妮在母亲因癌症去世后的那年写了几份学校论文作业。第一份讨论癌症及其治疗,第二份讨论安乐死,第三份讨论基因与癌症的关系。这些论文内容准确并符合事实。她觉得写出这些论文使她感到情绪有所舒缓,因为她能知道更多关于母亲病情的信息。通过写这些论文,她对母亲的癌症有了更深的理解,例如基因可以导致癌症,不同癌症有不同的治疗方法,安乐死是一种可以让患者免受巨大痛苦的方法。克赖斯特认为,具体运算能力使安妮能够处理很多抽象的信息,并把这些抽象的信息整合起来。

第二节　埃里克森的心理社会发展阶段理论

美国心理学家埃里克森(Erik Erikson)在 20 世纪 50 年代初提出心理社会发展阶段理论(Crain,2014)。埃里克森在读高中时并不是一个传统意义上的"好学生",甚至连大学本科学位也没拿到。25 岁时他在弗洛伊德的女儿安娜・弗洛伊德的儿童学校任教,并开始跟随安娜・弗洛伊德学习儿童精神分析,后来成为一名职业精神分析师。1933 年因纳粹逼迫他离开欧洲来到美国波士顿,并成为当地第一位精神分析心理咨询师。后来,他在哈佛、耶鲁等大学任教。埃里克森的心理社会发展阶段理论对心理学界至今依然有很大的影响。

20世纪50—60年代,埃里克森发表了一系列关于心理社会发展阶段理论的著作(Erikson, 1958, 1963, 1968)。他深入研究了人在成长过程中的心理社会发展及人格问题,并提出心理社会发展阶段理论(psychosocial development stage theory,亦译"心理社会性发展阶段理论"),他的理论也常被心理学界称为社会情感发展阶段理论(Christ, 2000)。埃里克森接受了弗洛伊德的部分观点,例如从婴儿到青年会经历五个阶段。但埃里克森与弗洛伊德的理论也有很大不同,埃里克森更注重个体与外界的相互影响,而不是像弗洛伊德那样十分强调个体本能因素。埃里克森认为,人生成长的各阶段都会面临两种对立观念的冲突,如果个体可以合理理解并平衡好这两种对立观念的冲突,就可以获得美德(virtue),在这里"美德"也可以理解为"品质",并为以后各成长阶段的发展打下好的基础。此外,在弗洛伊德儿童青少年心理发展五个阶段之上,埃里克森还提出有关成人发展的三个阶段。埃里克森认为,人的一生可以视为连续又各有独特挑战的八个发展阶段。他称这些挑战为心理社会危机(psychosocial crisis)。下面简要叙述埃里克森关于心理社会发展的八个阶段。

一、心理社会发展八个阶段

1. 婴儿期(0—1岁):基本信任与不信任

婴儿期的孩子如果得到母亲的关爱和照顾,便会感到母亲的爱是可预测的、可信赖的,他们就会形成对母亲、对他人以及对自己的基本信任和乐观态度。他们同时也会经历挫折,会有基本不信任和不安全感。适当的挫折经历是有益处的,因为他们以后不容易受欺骗。经历了这两种感知的冲突,如果婴儿的基本信任处于主导地位,就会形成在这个成长阶段的核心的自我力量(core ego-strength),即"希望"的品质。埃里克森认为,拥有这种品质,即使有时会经历挫折和失望,孩子也可以更为积极地面对世界并经历新的挑战(Erikson, 1982, p. 60)。

2. 幼儿期(1—3岁):自主与羞怯/怀疑

这个阶段的孩子掌握了很多技能,例如爬、走、说话等。他们开始发现自己具有独立性和自主性。他们开始希望行使自己的"意志"去决定做什么和不做什么。他们会发脾气和固执己见,他们也会探索新的事物。如果父母能够让孩子"基本依靠自己"来完成该做的事,并能用适当的方法让孩子知道什么事是不该做的或令人羞愧的,孩子就会有积极的自主感。如果父母使用方法不当,因孩子未能完成"任务"而对孩子进行不适当的惩罚或责骂,孩子就会感到沮丧、羞怯并怀疑自己的能力,然后可能变得过度依赖他人,缺乏自尊和自信。埃里克森认为,"怀疑是羞怯的兄弟"(Erikson,1968,p. 112)。自主是自发的,而羞怯/怀疑是受外界影响的。在这个阶段,如果孩子拥有合理的自主和较少的羞怯/怀疑,他们就拥有初级的"意志"的品质,埃里克森对它的定义是,"有约束地行使自由选择的坚定决心"(Erikson,1964,p. 119)。

3. 学前期(3—6 岁):主动与愧疚

这个阶段的孩子更加自信。他们开始计划自己的活动,设计游戏以及与他人互动。他们会表现出主动性。但是,他们有时也会给自己的计划设立不合理的期望,然后会发现自己往往不能完成计划,此外有的计划也会受到外界的干扰而失败,这会导致愧疚和不自信。如果孩子在展现出主动性时经历了失败,他们需要得到合理的引导和支持。过多的批评或在失败面前轻易退缩会使孩子缺乏自信心和主动意识。当孩子的主动感合理地超过愧疚感时,他们就有了"目标"的品质,也就是"勇于设想和追求有价值的目标",不会轻易因挫败带来的愧疚而抑制自己(Erikson,1964,p. 122)。

4. 学龄初期(6—12 岁):勤奋与自卑

这个阶段的孩子在学校受教育。他们掌握了更多的技能。例如,与同伴建立关系,从自由玩耍发展到需要团队合作的游戏与活动,在学校学习不同的知识和做家庭作业,对自律的需求不断增加。他们会学习新的知识和做有意义的事,以及发展"持续关注和坚持不懈的勤奋的自我力量"(Erikson,1963,p. 259)。勤奋使他们有成功感并增强自信心,这有利于今后迎接新的挑战。在这个阶段如果孩子受到过多挫折,就容易出现自卑和失败感。埃里克森认为,这个阶段孩子面临的最大风险是不自信和自卑(Erikson，1963，p. 260)。当孩子的勤奋胜过自卑，他们就会获得"能力"的品质，也就是能够积极地使用自己的能力去完成任务，不会因缺乏自信而退缩不前(Erikson，1964，p. 124)。

5. 青春期(12—18 岁)：自我身份认同与角色混乱

这是童年向成年过渡的最重要阶段。青少年一方面受生理发育及本能冲动的影响，另一方面因面对新的社会冲突和社会要求而感到困惑。埃里克森认为，青少年的主要任务是建立一种新的自我身份认同(self-identity，亦译"自我同一性")，即我是谁，我将来要做什么及成为什么样的人。家庭对青少年的影响会不断减弱，而同伴的影响会不断增强。他们会结交朋友或参加彼此认同的群体。他们会面对很多选择，尝试不同角色，包括违背家庭期望的选择。他们需要重新确定自我身份认同并告别童年，他们可能会保留一部分童年时期形成的观念和个性，也可能会出现叛逆。他们可能会出现角色混乱和消极的自我身份认同，例如过度自我，狂热的偶像(明星)崇拜，非黑即白的绝对观念，或者缺乏身份认同(lack of identity)，拒绝在成人社会扮演成熟的角色，却融入某一群体去做反主流文化的事。如果青少年在这个阶段获得积极的身份认同而不是消极的身份认同或角色混乱，就可以形成"忠诚"的品质，忠诚意味着坚持自己选择的承诺和责任(Erikson，1964，p. 125)。

6. 成年早期(18—25 岁)：亲密与孤独

在这个阶段具有稳定的自我身份认同的年轻人会寻求恋爱，以及为对方作出长期承诺和必要的自我牺牲，包括建立婚姻和家庭。但是，这个阶段不会一帆风顺，也可能会有挫折。对自我身份认同较差或缺乏"忠诚"品质的年轻人来说，挫折会更多。太多的挫折会使年轻人感到孤独，害怕承诺，回避亲密关系。埃里克森认为，如果年轻人在这个阶段的亲密感强于孤独感，他们就可以发展出成熟的"爱"的品质，也就是协调与所爱对象间的"对抗"或不一致，并能为对方奉献(Erikson，1964，p. 129)。

7. 成年中期(25—65 岁)：养育与自我为重及停滞

在成年中期，人们建立自己的职业生涯，生活逐渐安顿下来，开始拥有婚姻和子女。通过生养和抚育子女,可以获得积极的养育感和人生价值感。这点在中国文化中尤为突出,有时会走向极端,即认为孩子是自己的"天和生命的全部意义"。也有人没有子女,但他们依然热爱和关怀下一代,也可以获得养育感,并从中得到幸福(Evans,1969,p. 51)。与之对立的一面就是"自我为重",即只生养而不教育子女,或者根本不去生养和关心下一代。通过对子女的积极生养和教育可以形成"关怀"的品质。

8. 成年后期(65 岁以上):自我调整与绝望

随着步入老年期,人们的生理、心理、健康状况都会下降,老人需要调整自己的思维方式来适应这种变化,并用积极的态度思考过去的生活和面对最终将走向终点的生命,而不是感到绝望或自我厌恶。如果积极的自我调整胜过绝望感,则可以形成"智慧"的品质,也就是在衰老和走向死亡时,能够满怀希望地去拥有或寻找新的生命价值和意义(Erikson,1982,pp. 61 - 62)。

埃里克森认为,在每一个心理社会发展阶段,每个人都会经历两种对立因素的冲突。其结果对人格的形成和变化会有直接影响。健康的人格来自在每个阶段形成积极的"品质",反之便会出现不同程度的心理问题。

二、心理社会发展阶段对死亡认知的影响

埃里克森在讨论人处于不同心理社会发展阶段对死亡的认知和感受时使用了一个独特的词汇——"死亡的复杂性"(death complex)。这是因为人们对死亡的认知和感受极为复杂,有时甚至自相矛盾,并随心理社会发展而变化。

1. 婴儿期(0—1 岁)

婴儿还无法认知死亡,但他们有对饿死的恐惧。这时候婴儿如果有安全的生活环境,他们就会建立信任,缓解恐惧和焦虑,可以更好地适应生活环境的变化。有学者认为,婴儿常见的分离焦虑与他们的死亡焦虑有关。埃里克森认为,婴儿期形成的不信任感是今后心理疾病

最深层的问题。信任感要靠养育者来建立。信任和希望的品质是建立健康的自我身份认同的开始。它有助于消除对死亡的恐惧，也可以缓解分离焦虑，减少不信任和退缩的紧张情绪（Erikson & Erikson，1997）。

2. 幼儿期（1—3 岁）

埃里克森认为，这是自主性和意志发展的阶段。心理社会发展阶段理论对于这个阶段儿童对死亡的感受的讨论并不多（Sekowski，2022）。

3. 学前期（3—6 岁）

埃里克森把这个阶段定义为"对生命的恐惧阶段"。埃里克森认为，这个阶段的儿童由于理解能力有限，对死亡缺乏理性认知，他们会用眼前的恐惧来代表死亡，并会害怕死亡或者自己失去身体的完整性（Erikson，1959，p. 83）。

4. 学龄初期（6—12 岁）

埃里克森认为，这个阶段的儿童比幼儿能更好地控制情绪。对"死亡的复杂性"感受也会受到一定的抑制。如果在这个阶段没有特殊经历，儿童并不会特别关注死亡问题，尽管他们也正是从这个阶段开始用现实的眼光来看待死亡的普遍性。此外，即使在现实生活中出现真实的死亡事件，他们也不会像早期发展阶段那样有不实际的恐惧。通过与同龄人和老师的互动，学龄儿童的心理不断成熟。如果在这个阶段儿童因某些事件和经历而出现强烈的恐惧感或自卑感，则可能引发精神疾病或者成长退缩。这意味着，他们在成长早期阶段对死亡的恐惧会重新被激发出来，从而影响他们在今后的成长中形成良好的品质和能力。

5. 青春期（12—18 岁）

埃里克森认为，青春期和老年期是人们最关注死亡的阶段（Erikson & Erikson，1997）。青少年在这个阶段已经进入皮亚杰界定的形式运算阶段，其特征是良好的抽象逻辑思维能力。认知的发展可以促进对死亡概念的重构，并使人们对死亡形成更加成熟与完整的认识。尽管在青春期前期，青少年可以知道死亡是每个人最终不可避免的结局，但通常在青春期末期才可以更理性地接受死亡作为生命的终点同样会发生在自己身上。埃里克森(Erikson，1959)认为，青春期的身份认同危机在很大程度上来自青少年对自己的看法与社会对他们的看法存在差异。这种差异也涉及对死亡相关主题的看法和兴趣。成年人一般希望青少年回避死亡话题，青少年对这个话题反而充满兴趣(Erikson & Erikson，1997)。青少年十分关注自己终将死亡这个话题，这是他们在这个成长阶段特有的内在压力的一种表现形式。从另一个角度来说，认识到现实生命的有限性有助于完善自我认同，设立有价值的生活目标，促进自我完善意识。另外，青少年在死亡问题上与父母的期望背道而驰可能会使他们获得更强的自主感。青少年认为死亡有某种魅力并被吸引，这是一种消极自我身份认同的表现。

6. 青春期以后

人步入中年后对死亡的关注会大大减少，因为那时候他们的注意力主要集中在家庭和职业发展上。当人逐渐步入老年，会重新关注死亡，并可能出现两种态度。一些人会智慧地接受死亡的不可避免性，伴随着保持自我认同的完整性和连贯性，将死亡积极地整合进生命。这是生命成熟的关键部分，也称为"成功的衰老"，这是一种"智慧"的品质。另一些人会对死亡充满恐惧，这是老年心理危机的关键因素之一。有学者把这两种态度简单地描述为自我完善与绝望(Brudek & Sekowski，2019)。埃里克森对青春期以后的三个阶段有详细讨论，由于本书的重点是儿童青少年，因此这里不深入展开讨论。

本 章 结 语

皮亚杰的认知发展阶段理论和埃里克森的心理社会发展阶段理论从两个不同角度揭示了儿童青少年在不同发展阶段的认知等心理特征，以及对死亡的概念与态度。我们需要知道，任何阶段理论中设定的年龄阶段都是一种提示性而非确定性的概念。此外，在某个阶段发生的变化也可能在其他阶段发生。对儿童青少年在不同成长阶段的特征的探讨，将有助于我们更深刻地了解儿童青少年对死亡的认知、丧亲哀伤反应、创伤性丧亲经历可能造成的风险，以及关怀者在提供帮助时应该使用什么方法。

第三章 不同成长阶段的
哀伤反应特征

　　一项由儿科医生、教师和社会工作者共同参与的研究显示,失去父母对未成年孩子来说是最痛苦的生活经历,该研究使用未成年人生活事件量表(Children's Life Events Inventory),研究对象包括6—16岁的儿童青少年。从该研究的痛苦程度评分来看,父母死亡评分最高(95分),父母离婚排第三(81分)(Monaghan, Robinson, & Dodge, 1979)。儿童青少年在丧失亲人尤其是父/母后会出现不同的哀伤反应。在不同成长阶段,人们对死亡的认知和哀伤反应也不相同。本章综合介绍一批当代较有影响力的学者的相关研究和观点(Worden, 1996;Trozzi & Massimini, 1999;Christ, 2000;Edelman, 2006;Balk, 2009;Corr & Balk, 2010;Pearlman, Schwalbe, & Cloitre, 2010;Walsh, 2012)。目前,哀伤学界对儿童青少年不同成长阶段特征的年龄划分并没有统一标准,笔者对多名哀伤学者的划分方法加以归纳,以最大公约数原则为基础,把儿童青少年的成长划分为五个年龄段,即0—2岁、3—5岁、6—8岁、9—11岁和12—17岁。

第一节　0—2岁婴幼儿的哀伤反应

　　这个阶段的婴幼儿还处在认知的第一阶段,即感知运动阶段。他们不具备抽象思维能力。在这个阶段的中后期,他们的记忆能力在提高,开始出现思维的萌芽,能使用简单语言进行交流。他们需要对家长、自己及世界建立"基本信任"。他们对家长(通常是父母)具有极强的依赖性和依恋性。几乎所有的生存需求都要依赖家长来满足。6个月以下的婴儿还没有足够的记忆能力与母亲或其他家人建立很深的依恋关系,因此在丧亲事件发生时,他们还不能理解死亡的概念,基本不会有哀伤反应。通常可以观察到6个月以上的婴儿的哀伤反应。

一、认知反应

0—2岁婴幼儿的哀伤认知反应特征:(1)可以意识到生活环境和方式发生了变化;(2)缺少安全感。

二、情感反应

0—2岁婴幼儿的哀伤情感反应特征:(1)6个月以上的婴儿会有分离痛苦(Bowlby,1960),并用他们的方式来"抗议"(protest);(2)他们会感到焦虑不安,父/母的哀伤情绪对他们会有很大影响;(3)他们会为丧失感到愤怒。

三、行为反应

0—2岁婴幼儿的哀伤行为反应特征:(1)寻找已故父/母。心理学家鲍尔比观察到婴儿会长时间地望着门,那是母亲最后从他视线里消失的地方,或者长时间注视母亲生前常坐的沙发。稍大一点的孩子会努力寻找已故父/母。(2)失去父/母初期的"抗议"往往会表现为烦躁不安,不停哭泣,而且很难安静下来。(3)希望有人抱着他们。(4)他们可能会反应迟钝,对他人的微笑和轻声呼唤缺乏反应,活动减少。(5)行为退化。例如,原来已经不尿床但现在又开始尿床了。

四、生理反应

0—2岁婴幼儿的哀伤生理反应特征:(1)睡眠减少;(2)体重可能

会减轻。

第二节　3—5岁儿童的哀伤反应

这个年龄段的儿童处于前运算阶段的中期,他们的抽象思维能力还很弱,通常比较具体和形象化。他们更为频繁地使用表象符号(如玩具)来表现外界事物,他们的语言能力有了进一步的发展,但他们的词汇或符号还不能代表抽象概念,思维仍受具体表象的束缚。他们的思维往往是不可逆的,推理也常常不合逻辑。他们开始具备一定的逻辑思维能力,但依然存在低龄儿童非逻辑思维的特点,例如魔幻思维,也容易假设缺乏逻辑的因果关系。他们比低龄儿童能更好地表达喜乐、悲伤、愤怒、愧疚等情绪。幼儿园使他们和外部世界有了更多的接触,并开始关注与同龄伙伴和成人的关系。他们会不断努力去学习新的知识和做自己能做的事情。有些儿童会更加独立,并高估自己的能力。不过,这个年龄段的儿童依然对父母有极大的依赖性,他们从父母那里获得生活、精神、情绪、自我价值以及自我身份认同方面的支持和鼓励。丧失父/母的经历会使他们感到自己失去了生命中重要的一部分,也可能使自我身份认同的支持力量变弱,并为此感到痛苦。另外,失去父/母的经历可能会使幼儿园变成一种压力源,例如小朋友会嘲笑他们,或者他们会感到自己与众不同。

这个年龄段的儿童还不能完全理解死亡,但他们会关注死亡事件将如何影响自己,例如谁来照顾自己。他们往往会提出很多问题,例如妈妈死了以后自己怎么吃饭。

一、认知反应

3—5岁儿童的哀伤认知反应特征:(1)寻找已故父/母;(2)虽然他们不能完全理解死亡,但可以意识到生活环境和方式发生了变化,他们所爱的人以及爱他们的人不会再回来照顾他们;(3)他们会担心以后会不会有人来照顾他们;(4)担心现在照料他们的人也会死去;(5)有的儿童会有魔幻思维,即认为亲人死亡与他们的行为和想法有关而自责;(6)有的儿童认为死亡是暂时的,从而表现得无动于衷或麻木;(7)觉得自己与别的儿童不同而感到羞愧;(8)有的儿童不希望自己是单亲家庭,希望照料他们的父/母再找配偶,有的儿童则完全相反,他们不愿看到有人来"替代"自己的已故父/母,他们对家长再找配偶会感到难过或者愤怒。

二、情感反应

3—5岁儿童的哀伤情感反应特征:(1)他们会有分离痛苦;(2)感到恐惧,例如有的儿童会要求晚上开灯睡觉;(3)会因为缺少关怀和不能见到原来的依恋对象而感到愤怒;(4)感到焦虑。

三、行为反应

3—5岁儿童的哀伤行为反应特征:(1)经常哭泣,有时会在梦里哭泣;(2)不愿去托儿所或幼儿园,不愿与人接触;(3)出现行为退化,表现出比他们实际年龄更小的行为,例如尿床,对家长的过度黏缠;(4)出现过度反应,例如会对轻微的磕碰感到疼痛无比;(5)他们往往还会有"寻找"行为,例如反复看已故父/母的视频或照片,并不断询问逝者什么时候可以回来;(6)有的儿童回避与他人谈论已故父/母;(7)玩依然是他们生活中的重要部分,他们在难过时哭一会儿,然后会像什么事都没发生过那样去玩和笑,他们用玩来舒缓和回避压力;(8)有的儿童表现得无动于衷,尤其当逝者不是他们日常生活中有强烈依恋关系的人,例如逝者是常年在外地工作并与儿童很少互动的父亲。

四、生理反应

3—5岁儿童的哀伤生理反应特征:(1)不知缘由地抱怨身体不适,例如头痛、肚子痛;(2)饮食和睡眠紊乱。

第三节　6—8岁儿童的哀伤反应

这个年龄段的儿童处于具体运算阶段。他们开始具备一定的逻辑思维能力,但这种能力还较弱,依然会有魔幻思维。这个年龄段的儿童可以用语言来表达他们的思想,他们对喜怒哀乐情绪的表达能力更强,尽管他们的表述有时并不那么清楚。他们的情绪控制能力也在提高,并可以更敏锐地感受他人的情绪。在社交方面,他们与学校的老师、同学和朋友有更多的接触,他们会参加课外活动,学习规则、责任以及外部世界对他们的要求和期望。老师和同伴对他们有更大影响,但这些影响依然有限。家庭仍然对他们具有最大的影响,父母对他们的影响是最主要的,他们依然对父母有极大的依赖性。他们学习新的知识,思维和认知能力进一步发展,他们的超我(superego)即善良、道德、价值观和责任感也在不断发展。与同伴在一起时,他们希望参与制定游戏规则,在家里希望参与家庭事务的"决策"。丧失父/母对他们会有很大的负面影响,但照料他们生活的家长应对丧失的态度和方法对他们的影响极大。

这个年龄段的很多儿童基本上已经可以理解死亡意味着逝者不会复活。他们会提出很多问题来理解死亡。例如:"妈妈死了,她在天堂能看到我们吗?"这有时是对死亡现实的一种试探,同时也反映出他们在努力用抽象的方式来理解死亡,但他们更多还是依靠形象思维来理解死亡。

纽约"9·11"事件之后,有一项关于牺牲的消防队员家属长达7年的追踪研究显示,丧失父亲的3—5岁儿童会一直询问"爸爸什么时候可以回来或去哪里了"这类问题,一直会持续到6—8岁。此后,原来不断提问的儿童突然明白了,父亲永远不会回来了。这时候他们更关心为什么会发生"9·11"事件,为什么没能制止它(Christ,2006,pp. 180 - 211)。

一、认知反应

6—8岁儿童的哀伤认知反应特征：（1）思念逝去的父/母；（2）有的儿童相信已故父/母会在另一个世界依然关注他们，他们会和已故父/母说话；（3）有的儿童会感到不公平，觉得自己的父/母怎么会比年迈的祖父/母更早死去，或者比别的儿童的父母更早死去；（4）缺乏安全感；（5）如果家长因过于哀伤而无法照顾自己和儿童，儿童就会觉得"被抛弃"；（6）有的儿童会因与众不同而感到自卑；（7）有的儿童会有魔幻思维，觉得是自己的想法或行为导致亲人死亡；（8）愧疚感，觉得自己没有做好什么事，对不起死去的亲人；（9）改变自我期望，出现"成人"责任感，例如主动承担家务，照顾弟弟妹妹等；（10）如果父/母长期受到疾病折磨后死去，死亡对儿童来说往往是一种解脱；（11）他们会十分关注家长是否会再婚。

二、情感反应

6—8岁儿童的哀伤情感反应特征：（1）悲痛；（2）恐惧感；（3）会因为丧亲和关怀减少而感到愤怒；（4）感到焦虑，例如家长和自己是否健康、安全，生活是否有保障等；（5）麻木也是一种常见的哀伤反应，并以此回避面对痛苦的现实。

三、行为反应

6—8岁儿童的哀伤行为反应特征：（1）哭泣，例如经常哭泣，有的儿童担心家长难过而不当着他们的面哭；（2）他们会在玩和游戏中舒缓哀伤情绪或回避哀伤；（3）男孩的哀伤反应往往比较直接，例如发脾气和吵闹；（4）女孩则可能会表现出社交退缩或对外界事物不感兴趣，但也有女孩会在学校里抑制不住地当众大哭起来；（5）有些儿童不愿上学，学习时注意力难以集中，在学校出现行为问题；（6）有些儿童会出现行为退化，言谈举止表现得更为幼稚，例如要求睡到家长的床上，希望家长安排出更多的时间在家里；（7）有的儿童会表现得更加独立，主动帮助和支持家长。

四、生理反应

6—8 岁儿童的哀伤生理反应特征：（1）无缘由的头痛、肚子痛或身体不适；（2）饮食和睡眠不正常，夜间会做噩梦；（3）容易患病。

第四节　9—11 岁儿童的哀伤反应

这个阶段的儿童开始出现青春期前的变化，他们在生理、认知、社交和情绪方面迅速发展，在认知方面从具体运算阶段后期进入形式运算阶段，对抽象概念的理解能力和逻辑思维能力有所提高。如果有充分的信息，11—12 岁的儿童可以对事物作较好的抽象思考和逻辑判断（Christ，2000）。

他们同时也拥有了更多的生活技能。他们越发独立和自信，尤其在自我身份认同方面。他们也会通过他人的反应来评判自己。与年幼的儿童相比，在公众场合和家中，他们能更好地控制自己的情绪，但还不能像比他们年长的儿童那样掩饰自己的情绪。他们能够更好地理解他人的情绪和感受。在遇到压力时，他们会表现出社交退缩或者行为冲动。过多的挫折容易导致自卑。但是，这个阶段的变化还属于"量变"。他们仍然很依赖父母，尽管这种依赖正在不断减弱。学校、老师、同学、朋友、街坊邻居对他们的影响越发显著。在与人交流时，他们往往不会和盘托出自己的全部想法和情绪。有一项研究显示，在因癌症丧失父/母的经历中，与比他们年幼或年长的儿童相比，9—11 岁的儿童抗挫力更强（Christ，2010，p. 171）。这个年龄段的儿童能够理解生理死亡的过程，并知道死亡迟早会发生在每个人的身上，但他们依然可能像年幼的儿童那样，把死亡归因于自己。在得到充分的信息后，他们也可以有逻辑地思考而不纠结于不合理的认知。他们通常认为，死亡发生在老年人身上是正常的，但不该发生在中年人、青年人或他们自己身上。

一、认知反应

9—11岁儿童的哀伤认知反应特征：（1）想念逝去的亲人；（2）对丧失父母感到不公平；（3）自我价值感降低并感到自卑；（4）感到世界是不安全的，担心家长或自己也会死亡；（5）可能会有被抛弃感；（6）愧疚感，例如觉得在已故父/母生前，没有听他们的话；（7）出现"成人"责任感，表现出"坚强"并希望保护家长，会主动帮助做家务；（8）羞愧感，觉得自己与同伴不同，会隐瞒自己的丧亲经历；（9）他们往往也能够对一些与他们有类似经历的人表现出共情心和关心；（10）他们会关注照料自己生活的家长是否会再婚；（11）如果已故父/母死于痛苦的疾病，他们可能会有解脱感。

二、情感反应

9—11岁儿童的哀伤情感反应特征：（1）悲伤和焦虑感比年幼的儿童要强，这与他们对死亡有更深的理解有关，但他们比年幼的儿童对情绪的自我控制能力也更强（Christ，2010，p. 171）；（2）有莫名的恐惧感；（3）会有愤怒情绪；（4）可能表现出麻木，这是一种情绪调节机制以回避哀伤痛苦。

三、行为反应

9—11岁儿童的哀伤行为反应特征：（1）哭泣，通常丧亲一年后哭泣会大大减少，男孩哭泣比女孩少，但更容易发脾气和吵闹；（2）努力了解死亡原因；（3）他们不愿看到丧偶的父/母过于悲痛，往往不会主动或轻易流露出哀伤情绪；（4）他们会在玩、学校活动中舒缓哀伤情绪或回避哀伤；（5）女孩比男孩可能会更多地表现出社交退缩；（6）有些儿童学习时注意力难以集中，在学校出现行为问题；（7）有些儿童会出现行为退化，言谈举止表现得比过去似乎更幼稚；（8）有些儿童会挑战原有的家庭规矩和学校纪律；（9）有些儿童会表现得更加独立和成熟。

四、生理反应

9—11岁儿童的哀伤生理反应特征：（1）说不清原因的身体不适反应；（2）睡眠障碍，包括做噩梦；（3）容易患病。

第五节　12—17岁青少年的哀伤反应

青少年在这个时期认知发展已进入形式运算阶段，他们的抽象思维和逻辑思维能力得到充分发展，开始形成新的自我身份认同，会考虑"我是谁"，以及"我将来要成为什么样的人"。他们的生理、心理和社交环境都在发生巨大的变化。他们变得更加独立，尽管依然缺乏社会经历，但对事物会有自己独立的想法和判断，而不是更多地依赖父母教导。他们对保护自己的"隐私权"有强烈的要求。他们非常关注与同伴关系的融洽以及受到同伴的认可，也更倾向于与同伴交流自己的想法和感受，而不是把自己的想法告诉父母。他们对异性有很强的好奇心，并希望与异性建立亲密关系。除了同学、老师、学校和社区对他们的影响不断增强，网络和社交媒体对他们的影响也很大。

2015年的一项研究显示：与年幼的儿童相比，青少年更容易出现情绪起伏，包括积极情绪和消极情绪，负面的生活经历容易对他们产生很大的消极影响；他们的情绪调节能力要比年幼的儿童强，这是因为他们拥有更强的认知调节能力；面对巨大压力，他们比年幼的儿童和成人更加容易罹患心理疾病。该研究还显示，压力对多数青少年也可以产生积极的效果（Katie，2015）。还有研究显示，丧失父/母经历对青少年建立积极的自我认同和自信心会有较大的影响，少数青少年会出现消极认知和情绪，但多数青少年依然可以建立积极的自我认同，对他人更具同理心，童年时期丧亲经历的负面影响可能会在青少年时期反映出来，并表现出消极的认知、情绪和行为（Stokes，Ried，& Cook，2009，p. 79）。

青少年对死亡的理解水平与成人相同，他们会更深刻地思考死亡和生命的意义,以及亲人死亡将会对自己未来生活产生什么影响。

一、认知反应

12—17岁青少年的哀伤认知反应特征:(1)思念已故亲人;(2)反复思考和努力理解死亡事件;(3)缺乏安全感;(4)对他人缺乏信任感;(5)强烈的无助感;(6)自我责备及负罪感,觉得是自己导致死亡事件或自己没做该做的事去制止死亡事件;(7)有自卑感,觉得自己的家庭不如别人;(8)感到失去了生命中的一个重要部分;(9)不接受丧失亲人的现实;(10)对自我身份认同产生困惑——"我是谁?""我还是以前的我吗?"(11)对未来的生活失去信心或觉得没意义;(12)觉得世界不公平——"为什么父亲这么年轻就去世了?"(13)自杀倾向。

二、情感反应

12—17岁青少年的哀伤情感反应特征:(1)悲痛;(2)感到抑郁,无法感受到生活中的喜乐;(3)感到愤怒,这可能与不公平感有关,对造成死亡事件的人感到愤怒,或者对已故父/母"抛弃"自己而感到愤怒;(4)孤独,觉得没人可以理解自己,包括最亲密的朋友和亲人;(5)无端的恐惧感,觉得惶惶不安;(6)焦虑,内心无法平静下来,它与缺乏安全感有关;(7)对外界发生的一切毫无兴趣,对自己曾经喜欢的事也毫无兴趣。

三、行为反应

12—17岁青少年的哀伤行为反应特征:(1)经常哭泣;(2)学习成绩下降,学习时注意力不能集中;(3)社交退缩,减少与同学、朋友的交往;(4)强迫性地回避任何与逝去亲人会产生联想的提醒;(5)冲动行为,容易与同学或家人吵架,不遵守校规或挑战家规,去做危险的事情;(6)用开玩笑的态度来掩饰自己的情绪;(7)表现出"成人化"的特点,承担起成人的责任;(8)表现出麻木和无动于衷的样子,例如拒绝谈论已故亲人或哭泣,继续以往的学习、校外活动或与朋友交往的方式,但他们可能会用更为隐私的方式宣泄悲痛,例如一个人悄悄哭泣。

四、生理反应

12—17 岁青少年的哀伤生理反应特征:(1)睡眠紊乱,难以入睡或夜间醒来;(2)免疫系统功能下降,频繁出现感冒、咳嗽和发烧;(3)胃肠道紊乱,没有食欲或者无节制地进食;(4)不明原因的身体不适,如头痛或肚子痛。

五、精神层面反应

12—17 岁青少年的哀伤精神层面反应特征:(1)对以前的精神信仰产生怀疑或否定;(2)寻找和接受新的精神信仰。

除了以上描述,儿童青少年哀伤还有很多与成年人不同的地方并容易被忽视或误解。有研究显示,有些儿童青少年在丧亲事件(包括父/母死亡)后会出现"无哀伤"(absent-grief)现象,仿佛什么事也没发生,看不出哀伤,生活、学习、社交一切照旧。这种现象往往会使家长担心,认为孩子不正常或冷酷无情,有的家长还会带孩子去看心理咨询师。沃登博士认为,"无哀伤"现象与儿童青少年尚未建立完整的自我认知结构有关,他们还不具备承受巨大哀伤压力的能力,所以回避是一种自我保护(Worden,1996,p. 10)。也有表面的"无哀伤"现象,即孩子只是不愿当众表现,他们晚上会在自己的房间里哭泣。另外,有两种哀伤容易被忽视,即再发性哀伤和延迟性哀伤。再发性哀伤(re-grief)是指儿童在丧亲事件发生时没有什么明显反应,但随着心理不断成熟,并进入新的成长阶段,他们会表现出强烈的哀伤。延迟性哀伤(delayed grief)是指儿童青少年在丧亲时没什么明显反应,但在很长一段时间后出现不同精神障碍症状(Pearlman, Schwalbe, & Cloitre, 2010, p. 14)。因此,对儿童青少年来说,即使他们在丧亲初期并没有表现出明显的哀伤反应,但依然要给予他们关注和必要的帮助。此外,青少年的哀伤反应因性别不同也会有所不同。女孩的哀伤反应偏内向,男孩的哀伤反应偏外向(Nader,2008)。

本 章 案 例

案例一：　　　　　　　　姐妹俩的不同反应

以下案例取材于杰弗里斯(J. Shep Jeffreys)博士的《帮助哀伤者，仅仅泪水是不够的：关怀人员手册（第 2 版）》(*Helping grieving people: When tears are not enough: A handbook for care providers*，2nd Ed.)(Jeffreys，2005，p. 94)。

两个小女孩坐在我的办公室。她们的母亲在 3 个月前死去。我刚和她们的父亲谈过话，他此时坐在办公室外。年幼的女孩 6 岁，她期待地看着我，等着听我会说什么。年长的女孩 10 岁，望着地面，看起来有些悲伤，而且不太愿意说话。父亲对大女儿有顾虑，因为他觉得大女儿并没有表现出任何悲痛。不少丧偶家长会有类似的顾虑，并带孩子来接受咨询，希望我能够有办法把孩子的哀伤"激发"出来。在回答有关母亲死后的一些问题时，年幼的女孩告诉我，她很想念妈妈，每当她哭的时候，爸爸会抱她。年长的女孩不太愿意谈自己的情况，但是她说自己确实也很难过。我问她是否像妹妹那样哭过，她说哭过，但她只是晚上在自己的卧室哭。我对她的哀伤方式表示有兴趣。我告诉她，她父亲因为从未看她哭过而担心，并问她为什么不在父亲面前哭泣。她说："我从来不在我父亲面前哭，因为这只会使他更加难过。"

案例二：　　　　　　　失去父亲后三个孩子的反应

以下案例取材于美国儿童哀伤学者克赖斯特(Grace Hyslop Christ)博士的著作——《医治儿童哀伤：失去罹患癌症父母后好

好生活》（*Healing children's grief: Surviving a parent's death from cancer*）（Christ，2000）。

凯文和凯西娅有三个孩子：科特妮，女孩，11岁，初一；布莱尔，男孩，10岁，五年级；辛西娅，女孩，7岁，二年级。凯文在他事业顺利的时候被诊断出恶性脑瘤。从凯文被诊断出癌症到死亡，前后18个月。

1. 凯文的疾病进入晚期阶段

母亲的反应。悲痛、自责以及对未来感到恐惧，但她尽力克制自己，全心照顾丈夫。

科特妮的反应。埋头读书，成绩很好，积极参加学校的体育活动，与同学保持良好的关系。她不喜欢谈论父亲的病情，但她学习癌症知识，并细心观察照顾她父亲的护工，向理疗师学习如何帮助父亲移动身体，她感谢母亲能及时告诉她父亲病情的变化。母亲对她没有很大的担心，但很难理解为什么女儿的情绪这么平静。

布莱尔的反应。布莱尔与父亲感情一直很好，父亲曾一直陪伴和指导他参加体育运动。布莱尔在谈到父亲病情每况愈下时，会毫不掩饰自己的哀伤并哭泣。父亲不在身边，他感到孤独和空虚。他的学习成绩下降，但他的课外活动以及与同学交往没有明显变化，只是偶尔会在学校发脾气，在家里他的房间越来越乱，也十分容易发脾气。

辛西娅的反应。辛西娅会主动表示不高兴。她认为父亲不和她玩是因为不再爱她，尽管母亲向她解释，但她很难理解。她知道父亲病了，但觉得父亲还可以活很长时间。辛西娅还觉得母亲不爱她，哥哥和姐姐比她得到更多的关爱。她对父亲的医生特别生气，认为是他们犯了医疗错误。她受母亲的情绪波动影响很大，她的学习成绩出现明显下降。

2. 接到死讯后的变化

母亲的反应。母亲感到悲痛,在处理完丧事后,起初有一种解脱感。几周后,现实生活的艰难、强烈的哀伤和抑郁开始出现。母亲虽然承受很大痛苦,但依然与学校老师保持联系,把大量的注意力投放到子女身上,尽力保持家庭的秩序。

科特妮的反应。听到死讯时,科特妮第一次在母亲面前哭了几分钟,然后告诉母亲,她一整天都会待在学校,她需要和朋友在一起。她觉得父亲知道她有多么爱他。后来她在处理遗物时感到十分痛苦,另外想到父亲再也不能分享她的成功也会很痛苦。有一次,母亲跟科特妮诉说自己的哀伤,科特妮安慰了母亲几句就走开了。以后,科特妮一看到母亲难过就会走开。科特妮从来不与家人和亲戚谈论父亲(这个年龄段的孩子往往不会敞开自己的内心世界)。

布莱尔的反应。在听到父亲死讯后,他立刻离开学校回到家里陪伴母亲。他哭了两个多小时。处理完丧事后,他在家里依然经常发脾气,但他的学习成绩开始提高,表现越发正常。后来母亲改变了方法,看到布莱尔做了不妥当的事时,她不会过度反应。渐渐地,布莱尔在家里的情绪也稳定多了。

辛西娅的反应。听到死讯时,她立刻哭了。辛西娅后来经常哭泣并感到恐惧,她希望自己也去死,这样就可以陪伴父亲了。她不能理解为什么父亲有了脑瘤就不能呼吸。她后来一直会问,为什么父亲会生病,会死掉,为什么上帝会把他带走。她还很生气,觉得哥哥姐姐和父亲在一起生活的时间比她多,这不公平。她担心母亲没有能力照顾自己。虽然她的学习成绩提高了,但她在家里依然会经常哭,做噩梦和抱怨头痛。后来母亲花更多的时间和她在一起,她的状况慢慢好转,但她一直喜欢缠着母亲。

父亲死去 18 个月后的随访显示,母亲重新回到原来的全职工作岗位,她的抑郁大大缓解,自信心也显著提高。三个孩子的情绪、学习、生活和社交都逐渐正常,只有辛西娅经常不知缘由地抱怨头痛和肚子痛。家庭医生建议去看心理医生。

本 章 结 语

　　不同的成长阶段会有不同的认知水平和心理特征。然而,每个孩子都是不同的,他们的生活环境、家庭背景、生活经历以及性格、思维等都不一样,他们对死亡的认知和丧亲反应也会不同,即使在同一年龄段或生活在同一家庭的孩子,对死亡的认知和丧亲反应也会不同。然而,大量研究显示,丧亲儿童青少年在相近的年龄段还是有很多共性的特征。了解这些特征,对儿童青少年的哀伤干预会更加有的放矢。

第四章　认识正常哀伤与
　　　　延长哀伤障碍

　　在正常的生活环境中,父母为孩子提供物质、情感和精神上的支持。他们为孩子提供一个家,使孩子可以安全健康地成长,他们同时又是孩子的保护人和榜样。对儿童青少年来说,父母是他们的生活、情感和精神支柱。父母帮助他们建立自信和健康成长。即使成年以后,孩子和父母依然会保持亲密的依恋关系。儿童青少年失去父/母或亲密家人意味着依恋关系的断裂,经历这种巨大的丧失,出现强烈的哀伤反应是一种正常现象。除了父母,丧失任何有亲密关系的人都会引发哀伤反应。例如,丧失兄弟姐妹、照料他们日常生活起居的祖父母、亲戚以及其他有亲密关系的亲友。

第一节　正常哀伤与延长哀伤障碍

　　为什么丧失亲人会使人感到哀伤和痛苦?这与爱是人的天性有关。无论对成年人还是对儿童青少年,死亡可以夺走他们所爱的人的生命,但它不会夺走他们对已故亲人的爱。爱包含付出与收获,无论是付出还是收获,都能使人感到喜悦、温暖、安全、自信和自尊。当我们失去了所爱的依恋对象时,当日常生活中与依恋对象的互动被死亡摧毁时,正常的依恋关系或爱的联结就被破坏,哀伤将无可避免。美国哥伦比亚大学精神病学教授希尔(Katherine Shear)曾撰写过一篇名为《哀伤是爱的一种形式》的论文(Shear，2016，pp. 15 - 16)。英国哀伤学者帕克斯(Colin Parkes)说过："哀伤的痛苦与爱的喜悦都是生活的一部分，这也许就是我们为爱和承诺付出的代价。"(Parkes，1972，p. 52)哀伤不是人的软弱，而是人类生命中的一个重要部分，来自人类爱的天性。然而，哀伤会表现为正常哀伤和病理性哀伤，认识两者的不同对丧亲者和关怀者都极为重要(刘新宪，王建平，2019c)。

一、正常哀伤

正常哀伤(normal grief)也称为简单哀伤(simple grief)，是指丧亲者在失去挚爱之后能够从急性哀伤转变为整合性哀伤的一个过程(Zisook & Shear，2009)。

急性哀伤通常发生在丧亲事件的早期，丧亲者会表现出强烈的痛苦，并出现不同的急性哀伤反应，急性哀伤的持续时间受到很多因素的影响(Lindemann，1944)。一般来说，丧失子女的父母急性哀伤会持续较长的时间，而儿童青少年的急性哀伤持续时间相对来说要短一些。另外，有些丧亲者最痛苦的急性哀伤并没有出现在丧亲早期，而是出现在丧亲事件发生一段时间以后。沃登在研究中注意到，有的儿童青少年在失去父/母 2 年之后，痛苦程度强于丧亲早期(Worden，1996)。

虽然丧亲哀伤不会消失，但强烈的哀伤反应在哀伤过程中不断缓减，最后丧亲者可以用健康的方式把哀伤整合进自己的生活，并对失去亲人后的生活重新充满热情和动力。这时候，丧亲者可能依然时而会感到哀伤，尤其在特殊的纪念日或经历新的巨大压力或打击时，但他们不会被哀伤控制或因为哀伤而影响自己正常的生活、工作和健康。这时候的哀伤便称为整合性哀伤(Zisook & Shear，2009)。

在正常哀伤过程中，丧亲者从急性哀伤转变为整合性哀伤需要经过一个逐步适应和调整的过程。丧亲者需要完成五个基本任务(Worden，1996，2018；Zisook & Shear，2009；Neimeyer，2019)：(1) 接受逝者已逝的现实；(2) 经历并调整好自身的情感压力(例如，悲痛、愤怒、孤独等)；(3) 调整好对丧亲事件的认知(例如，自卑或愧疚等)；(4) 适当摆放好逝者在自己心中的位置（例如，能够用积极温暖的方式回忆逝者）；
（5）建立起新的生命意义以及对未来有积极的展望（即使有时依然哀伤，但能看到未来）。图 4 - 1 是正常哀伤过程的示意图。

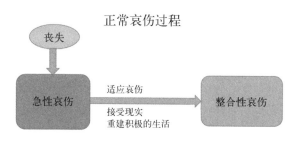

图 4 - 1　正常哀伤过程
（刘新宪，2021，p. 18）

不过，从急性哀伤转变为整合性哀伤是需要时间的。随着时间的推移，急性哀伤反应的强度会逐渐减弱。有研究显示，多数丧亲者最常见的几种哀伤反应，例如苦苦思念、悲伤和抑郁出现的频率会随着时间的推移而下降，从每日出现多次减少到每周、每月甚至更长时间出现一次，哀伤症状随时间推移而减少（Prigerson，Vanderwerker，& Maciejewski，2008）。

沃登在儿童青少年哀伤研究中注意到，哀伤症状随时间流逝而缓解的两个明显特征（Worden，1996，p. 55）：（1）哭泣。哭泣是丧失父/母后最常见的哀伤反应。多数孩子在听到噩耗时会立刻哭起来，约 67% 的孩子在最初的几周内会持续哭泣。到了第一个死亡周年日时，哭泣会明显减少。约 13% 的孩子依然会每天或每周哭泣。两年之后，多数孩子不会再频繁哭泣。约 66% 的孩子仍会有偶然的哭泣。与女孩相比，男孩哭得较少。（2）焦虑。在父亲或母亲死后 4 个月，约 44% 的孩子会为家长的安全感到焦虑，尤其是失去母亲时。一年后有 62% 的孩子依然感到焦虑。这与后来的生活变故及缺乏控制感有关，但在两年后，焦虑会明显减弱。

由于每个人的哀伤经历不同，他们需要的适应时间也不同。成人的哀伤过程比儿童长。哀伤干预的任务就是,帮助丧亲者用积极健康的方法从急性哀伤转变为整合性哀伤。

心理学家认为,大多数丧亲者包括儿童青少年的哀伤属于正常哀伤,他们可以在没有专业人员干预的情况下,从急性哀伤转变为整合性哀伤。如果能够得到适当的社会支持,丧亲者可以更好地适应丧亲哀伤,并有效降低罹患延长哀伤障碍的风险。

二、延长哀伤障碍

如前所述,心理学界很早就揭示,约10%的丧亲者会罹患延长哀伤障碍。如果丧亲者从急性哀伤向整合性哀伤的转化过程出于不同原因而受到阻碍,丧亲者就会长期陷入急性哀伤状态,哀伤反应症状甚至还会加重,这时候就会从急性哀伤转变为延长哀伤障碍(见图4-2)。

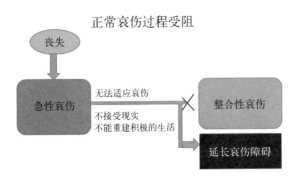

图 4-2 延长哀伤障碍示意图

(刘新宪,2021, p. 19)

延长哀伤障碍患者会长期极度思念逝者并感到极为痛苦,他们往往会感到失去所爱的人后生活没有什么意义,感到随着逝者的离去自己生命的一部分也丧失了,他们对自己的身份认同感到困惑。有些丧亲者不愿停止哀伤,因为他们感到与已故亲人的联结只剩下哀伤,有人认为享受生活就是背叛已故亲人,有人会过度思念逝者,甚至感到逝者就在身边或拒绝接受丧失的真实性,也有人会过度回避有关逝者的一切,有人会感到孤独，与人疏远，包括自己曾经的亲朋好友。延长哀伤障碍患者还可能同时患有抑郁症、创伤后应激障碍（post-traumatic stress disorder）和焦虑症，有人还会有自杀倾向。延长哀伤障碍患者难以保持正常的生活、学习、社交和工作功能。

在过去几十年的哀伤研究中，学者们使用不同的名字称呼延长哀伤障碍，如病理性哀悼（pathological mourning）、病理性哀伤（pathological grief）、复杂性哀伤（complicated grief）、创伤性哀伤（traumatic grief）、持续性复杂丧亲障碍（persistent complex bereavement-related disorder）等。至今，在哀伤学术界，复杂性哀伤、持续性复杂丧亲障碍还经常使用，但延长哀伤障碍使用最普遍。

在很长一段时间里，延长哀伤障碍一直没有被世界权威的精神疾病诊断手册列为一种独立的精神疾病类别，因为延长哀伤障碍的症状与抑郁症、焦虑症或创伤后应激障碍有很多相似之处，所以人们很容易把延长哀伤障碍错误地归类为抑郁症、焦虑症或创伤后应激障碍。

心理学和精神病学界一直在研究，为什么有的丧亲者会经历正常哀伤过程，从急性哀伤转变为整合性哀伤，而另一些丧亲者则会从急性哀伤转变为延长哀伤障碍。不同学者从不同角度给出不同的解释，很多解释都有其合理之处并有研究数据论证和支持。笔者认为，迄今为止希尔博士的解释最为精辟：当急性哀伤向整合性哀伤转变的适应过程受到阻碍，就会转变为延长哀伤障碍（Zisook & Shear，2009）。希尔博士的解释可用图4-2来表述。

与成人一样，儿童青少年同样会罹患延长哀伤障碍。美国儿童哀伤学者梅尔赫姆（Nadine M. Melhem）团队的一项研究显示，约10%突然丧失父/母的儿童青少年会罹患延长哀伤障碍，而且他们的症状在父/母去世三年后依然很严重（Melhem，Porta，Shamseddeen，Payne，& Brent，2011）。

第二节　哀伤与抑郁症及创伤后应激障碍

一、哀伤与抑郁症的主要差别

当儿童青少年失去亲人以后,往往会表现出不同的哀伤反应,例如情绪消沉,有些儿童会经常哭泣。很多哀伤反应与抑郁症状很相似,因此不少心理医生和精神科医生长期以来往往会把延长哀伤障碍甚至正常的哀伤反应作为抑郁症来治疗,并让有哀伤反应的丧亲者服用抗抑郁药物。事实上,抗抑郁药物在抑郁症患者身上有效,但对很多哀伤的丧亲者没有任何效果,相反这些药物往往会导致脑神经受到损伤(Zisook & Shear, 2009)。

随着心理学和精神疾病研究的发展,科学家不断深入探讨哀伤和抑郁症到底是不是一个可以画等号的精神疾病。经过一百多年的研究,学者们发现哀伤与抑郁症之间有很多明显的不同之处。表4-1清楚呈现了哀伤与抑郁症的主要差别。

表4-1　哀伤与抑郁症的主要差别(刘新宪,2021)

哀　伤	抑　郁　症
最主要的特征是对逝者极度思念	没什么好思念的,一切都没意义
感到失去生命中极为宝贵的一部分	感到情绪消极
哀伤的抑郁情绪来自对逝者的思念	抑郁情绪无关某个特定人或事物
哀伤的痛苦上下起伏,而且随着时间流逝,哀伤的痛苦会逐渐分散和减少	痛苦情绪会没有波澜地持续延伸,如同一潭死水
丧亲者在哀伤中往往依然保留着自尊	感到失去自尊和自我价值,出现自我厌恶
能够与为他们提供安慰的家人及朋友保持日常和情感方面的联系	避免与他人联系,并很难从安慰中得到帮助
丧亲者沉浸在关于逝者的回忆里,有时会有类似于温暖和愉悦的感觉	自我指责,思维是消极的和绝望的,感受不到喜悦和温暖
抗抑郁药对延长哀伤障碍无效	抗抑郁药对抑郁症有效

通过表 4-1,我们可以看到哀伤与抑郁症存在很多不同之处。因此,家长不要把孩子的哀伤反应看成抑郁症,或者让孩子服用抗抑郁药物,除非孩子真的患有抑郁症(刘新宪,王建平,2019b)。

事实上,有不少延长哀伤障碍患者,包括儿童青少年,他们很可能会出现抑郁症与延长哀伤障碍共病,尤其是有精神障碍病史的孩子在经历重大丧亲打击后,更容易复发抑郁症。有一项研究显示,约 32% 的儿童青少年在突发性父/母死亡事件发生后的三年内罹患抑郁症,突发性死亡事件的原因(事故、自杀、自然灾害)对儿童青少年罹患抑郁症并没有显著影响(Melhem,Monica,Grace,& Brent,2008;Melhem,Porta,Shamseddeen,Payne,& Brent,2011)。这与另一项研究有相似之处,即如果父/母的死亡是突发性的,例如自杀、事故或被谋杀,对儿童青少年来说,他们的创伤性哀伤症状并没有明显差别(Brown,Sandler,Tein,Liu,& Haine,2007)。还有研究显示,如果丧失父/母的青少年与家长都曾经患有抑郁症,他们罹患延长哀伤障碍的风险会更高(Cerel,Fristad,Verducci,Weller,& Weller,2006)。

如果延长哀伤障碍与抑郁症共病,通常先把重点放在治疗抑郁症上,在抑郁症状有所缓解后再治疗延长哀伤障碍(Pearlman,Schwalbe,& Cloitre,2010,p. 10)。也有学者建议,两方面症状的治疗应同时进行。

二、哀伤与创伤后应激障碍的差别

虽然延长哀伤障碍和创伤后应激障碍皆可能由创伤性丧亲事件引发,而且这两种精神障碍的症状也有不少相似之处,但它们属于两种不同类型的精神障碍。它们的医治方法也不相同。因此,有必要分辨两者的差别,从而在医治方面可以"对症下药"。

创伤后应激障碍是与创伤性事件相关的精神障碍。例如,儿童青少年突然丧失父/母或其他亲人,目睹亲人在死亡时经历了巨大痛苦,或者自己的生命受到威胁等,这些经历往往会对人造成心理创伤。本章下一节将详细讨论创伤反应特征,在此就不赘述。

有些哀伤反应与创伤后应激障碍症状很相似。例如,与丧亲事件相关的信息会突然闯入大脑,在情绪和生活态度方面倾向于消极,对生活缺乏乐观,感到愧疚、愤怒以及出现睡眠障碍等。但是,它们之间还是有很多不同之处(见表4-2)。

表4-2　哀伤与创伤后应激障碍的主要差别(刘新宪,2021)

哀　伤	创伤后应激障碍
最主要的特征是对逝者极度思念	最主要的症状是恐惧和回避
对闯入脑海的、与逝者有关的信息有时会有某种温暖的感觉	对闯入脑海的、有关创伤事件的信息一般作为警告信号,是消极的,令患者体验到焦虑和恐惧,仿佛重新经历了一场不堪承受的创伤
往往不会回避与逝者生前相关的闯入性画面	用过度警惕的态度回避创伤记忆以及与之相关的信息,以避免重新经历一次创伤感受
往往不回避与逝者有关的场景、物件或人	用过度警惕的态度时刻回避与创伤事件有关的"提醒物",如场景、物件或人
不会持续性地有威胁感并受其影响	持续性地有威胁感并受其影响
眼动脱敏与再加工疗法或药物无助于改善	眼动脱敏与再加工疗法往往有效,有时药物可能有助于改善

表4-2显示,哀伤与创伤后应激障碍有很多明显的差别。有研究显示,突发性丧失父/母或兄弟姐妹会增加延长哀伤障碍与创伤后应激障碍共病的风险(Yule & Dyregrov,2006)。当儿童青少年延长哀伤障碍与创伤后应激障碍共病时,要先治疗创伤后应激障碍(Cohen, Mannerino, & Deblinger, 2006;Christ, 2010)。本书第八章对此有更详细的介绍。

目前,对儿童青少年创伤后应激障碍有不少治疗方法。一个系统的治疗体系通常会把心理知识教育放在首位,认知行为疗法、眼动脱敏与再加工疗法都是很有效的方法(Pfefferbaum, Sweeton, Nitiéma, Noffsinger, Varma, Nelson, & Newman, 2014)。

虽然认知行为疗法对延长哀伤障碍和创伤后应激障碍有较好的疗效,但具体的治疗方法可能很不相同(Pearlman, Schwalbe, & Cloitre,

2010)。此外,还有研究显示,在治疗儿童青少年创伤时,过早以及没有经过充分训练就鼓励儿童青少年叙述创伤事件细节是不适当的(Cohen,Kelleher,& Mannarino,2008),而延长哀伤障碍的治疗往往需要用适当的方式让患者叙述丧亲事件,而且这是多数延长哀伤障碍主流治疗体系中的重要部分。在汶川地震心理援助中,由于缺乏哀伤和创伤后应激障碍科学干预的知识,有些心理工作者在提供心理援助时,一再要求丧亲者叙述创伤经历细节,也称为"揭伤疤",其心理辅导效果并不好。

了解哀伤和创伤后应激障碍的差别,有助于我们更有针对性地帮助经历创伤性丧亲事件的儿童青少年。

第三节　创伤性哀伤

1995年,美国康奈尔大学医学社会学教授普里格森(Holly Prigerson)开发了至今依然被广泛使用的复杂性哀伤问卷,并在20世纪90年代与很多学者共同建议把复杂性哀伤列为独立的心理障碍。他们的建议在当时受到很大阻力,学术界和媒体人认为,这会使医务人员把丧亲哀伤这种常见情感看作一种精神疾病而给予不必要的治疗。2001年,普里格森与其他学者提出使用"创伤性哀伤"这个名称来替代"复杂性哀伤",因为"创伤性哀伤"可以减少误解。他们认为,创伤性哀伤是指丧亲事件对丧亲者具有创伤性的影响。创伤性丧亲事件通常包括自杀、被谋杀、永久性失踪、突发性病故、火灾、车祸、工伤事故、飞机失事、自然灾害死亡、痛苦死亡、悲剧性死亡等。

普里格森等人认为,创伤性哀伤会同时出现两种症状,即创伤痛苦和分离痛苦,而其他心理障碍并不会同时具备这两种症状。例如,创伤后应激障碍并不包括丧亲分离痛苦的苦苦思念,相反它是对创伤事件感到恐惧并回避。普里格森等人还对创伤性哀伤的创伤痛苦和分离痛苦的具体症状作了归类,并提出诊断标准。

　　创伤性哀伤往往会同时引发哀伤反应和创伤后应激反应,因此它更容易使丧亲者罹患延长哀伤障碍,并与创伤后应激障碍共病。此外,普里格森等人还开发了创伤性哀伤评估问卷,并建议把创伤性哀伤作为一种独立的心理疾病列入《精神障碍诊断与统计手册(第5版)》(DSM-5)。普里格森等人的工作对《精神障碍诊断与统计手册(第5版)》的修订起到了很大的作用。笔者对比了普里格森2001年提出的创伤性哀伤诊断标准建议和《精神障碍诊断与统计手册(第5版)》关于持续性复杂丧亲障碍的诊断标准指导,两者有75%以上的诊断标准是相同的(Prigerson & Jacobs,2001;American Psychiatric Association,2013)。

一、创伤反应特征

　　当代医学研究显示,当人类处于危险时,大脑会立即进入生存应对和警报模式,使我们迅速把危险信号放大以求生存。人们一般会有以下行动(Kozlowska,Franzcp,Walker, & McLean,2015):(1)直接应对危险,称为"战斗反应"(fight response);(2)设法避开危险转去安全的地方,称为"逃跑反应"(flight response);(3)即使内心极度紧张并思考出路,但什么也不去做,盼望危险会过去,称为"僵化反应"(freeze response)。

　　应对危险的不同反应可以在一瞬间发生,甚至比我们有意识思考的反应速度还要快。这些自发而强烈的反应可能在过去的危机中挽救了人们的生命。但是,当危险情况结束,一切回到安全状态时,有些人的脑子依然无法从生存应对中恢复过来。他们的大脑一直处于警报模式,就像汽车警报器不断在耳边狂鸣使人崩溃。许多人会感到紧张、烦躁和过度敏感,对小事情也会感到非常危险并会有过度反应。有创伤症状的儿童青少年在生活中或学校里,这种反应可能会突然发生,他们会高度紧张,有攻击行为或麻木退缩。美国加利福尼亚州立大学长滩分校教授萨尔茨曼(William Saltzman)等对儿童青少年的创伤反应作过以下介绍(Saltzman,Layne,Pynoos,Olafson,Kaplow, & Boat,2017)。

1. 重新经历创伤事件

● 闯入性闪回。有关创伤事件的回忆会一再不由自主地闯入大脑。

● 噩梦。可能会有与创伤事件相关的噩梦。

● 出现脱离现实的反应。突然不知道当前所处的真实时间和地点,感到创伤事件重新发生了,而且必须立刻采取某些行动。

● 每当想到某人某事,会突然感到悲伤、恐惧、愤怒或麻木等。

● 对创伤提醒会有严重心理和生理不适反应。

2. 回避和麻木

● 回避与创伤事件有关的人、事情和场景。

● 保持情绪毫无波澜,不去体验任何情绪。

● 回避与创伤事件有关的回忆、想法、感觉或谈话。

回避和麻木通常发生在经历高度紧张状态之后,身体和大脑会"提醒"自己,不要保持敏感,避免任何会引起痛苦的回忆和提醒。这是人对极端压力的自然反应,是人类生物学自我保护的自动应对功能,它在个体与世界之间建立起一道看不见的屏障。但是,当把这种方式作为一种长期应对创伤的策略时,它就会干扰正常的生活、学习和今后的发展。

3. 持续的负面情绪

● 无法回忆起与创伤事件和人有关的某些重要经历。

● 创伤事件导致对自己、他人和整个世界的负面看法。

● 因创伤事件责备自己或他人。

● 大多数时间会有负面情绪和感受,例如恐惧、愤怒、缺乏兴趣、与人疏远等。

● 心情总是不愉快,不能体会到任何幸福或者爱的感觉。

● 与社会隔离,回避与社会接触。

4. 过度警觉

● 感到烦躁、亢奋。

● 可能会做鲁莽或伤害自己的事。

● 一直处于高度警觉状态,好像危机四伏。

- 容易震惊和出现强烈情绪反应。
- 上课和做作业很难集中注意力，很难记住课堂上学到的知识。
- 可能有睡眠障碍。

过度警觉往往是因为，创伤事件让人感到自己无法预测和控制未来会发生什么可怕的事情，并对身边的安全和危险感知判断出现错觉或障碍。大脑内的生存机制一直处于高度警觉的状态，即使在安全的环境下，这个开关也不能关上。由于高度警觉的开关一直处于打开状态，一些微小的事情，例如响声或别人的表情，都可能被视为一种危险的信号。

二、创伤性哀伤对儿童青少年的影响

创伤性哀伤同时包含创伤后应激反应和哀伤反应双重因素，因此它与其他丧亲哀伤有着不同的特征，对正处于成长期的儿童青少年的哀伤适应和调整具有更大负面影响（Kaplow，Layne，Saltzman，Cozza，& Pynoos，2013）。

1. 创伤后应激反应对哀伤的负面影响

儿童青少年常见的与丧亲相关的创伤后应激反应症状往往表现为：（1）闯入性的画面使人回想起创伤性死亡事件的场景，"每当我想起哥哥时，眼前就会出现那场车祸的画面"；（2）回避行为，"我不去想他"；（3）生活和学习功能受损；（4）对死亡事件的意义建构有负面影响，"我希望哥哥的死亡能对他人有帮助，但是每当我想在这方面作出努力时，就会想到哥哥在急诊室的场景"（Kaplow，Layne，& Pynoos，2019）。

创伤后应激反应还会影响哀伤体验。有的儿童青少年害怕想到创伤性死亡事件，从而采取回避策略，这不仅使自己不能去体验哀伤过程，而且会让别人误解自己没有感情，造成隔阂。家庭成员哀伤的不同步也会导致沟通障碍和社交退缩，并会增加创伤后应激反应与不良适应哀伤反应。此外，哀伤过程也可能会受到创伤后应激反应的负面影响，转变为延长哀伤障碍。

2. 哀伤反应对创伤后应激反应的影响

有些哀伤反应会对创伤后应激反应产生负面影响，这些哀伤反应包括：（1）不能接受死亡的现实，"我不想谈论这件事，我不相信他已经死去"；（2）愧疚感、负罪感或者与死亡方式（如自杀）相关的负面标签化认知，"如果我告诉别人他是怎么死的，人家一定会瞧不起我或者瞧不起逝者"；（3）回避丧失事件现实，"任何时候如果有人提到我已故母亲的名字，我都会感到痛苦并躲开"；（4）死亡事件导致的生存危机感会使人产生虚无主义且道德水平下降，"没有什么事情值得我去在乎"；（5）强烈的悲伤和孤独，以及二次伤害产生的压力，"我讨厌回到空荡荡的家里"。

3. 创伤提醒与哀伤提醒

创伤提醒是指唤起与创伤经历相关的记忆或反应的诱发因素。哀伤提醒是指唤起与已故亲人相关的哀伤痛苦的诱发因素。这两类提醒都是经历创伤性死亡事件的儿童青少年及其家庭可能会反复面对的最直接的压力源（Layne，Warren，Saltzman，Fulton，Steinberg，& Pynoos，2006）。

创伤提醒和哀伤提醒可能来自外部，例如看到、听到、嗅到、触摸到或者体验到来自外部的东西。例如，一个男孩子曾经亲眼看到他哥哥因一辆大货车的交通事故而身亡，以后他每次看到大货车，都会想到他哥哥死亡时的场景而浑身肌肉紧张，大货车就是他的创伤提醒。它们也可能来自自身，例如自己的认知、心理图像、感觉等。与创伤性死亡事件有关的家庭成员往往也会成为直接的创伤提醒和哀伤提醒，这会使家庭成员的关系紧张并影响社会支持的获得（Layne，Pynoos，Saltzman，Arslanagić，Black，Savjak，Popović，Duraković，Mušić，Ćampara，Djapo，& Houston，2001）。

多维哀伤理论认为，哀伤提醒会引起分离痛苦和生存/身份认同痛苦，它与死亡境况或死亡方式无关；而创伤提醒会引发死亡境况相关痛苦和创伤后应激反应。这两类提醒的相互影响容易使丧亲儿童青少年采用不健康的应对策略，包括回避和情绪抑制，从而增加不良哀伤反应的风险。

有研究显示，对创伤和哀伤反应的缓解具有直接影响的因素包括：（1）丧亲儿童青少年接触创伤和丧失提醒的频率；（2）这些提醒引起的痛苦反应强度;(3)能否使用适当的策略来应对这些提醒(Howell,Kaplow,Layne,Benson,Compas,Katalinski,Pasalic,Bosankic,& Pynoos,2014)。

4. 创伤性哀伤的负面影响

创伤性丧亲引发的创伤后压力和哀伤反应的相互影响会使儿童青少年产生不同形式的创伤和哀伤反应,这些反应往往会以复杂的方式相互干扰和强化(Layne,Beck,Rimmasch,Southwick,Moreno,& Hobfoll,2009),它们会加剧和延长哀伤痛苦,并增加心理和行为问题的风险,具体表现为六个方面:(1)创伤后压力和哀伤反应;(2)学校行为问题;(3)自杀倾向;(4)冒险行为;(5)健康成长受到干扰;(6)容易患病(Layne,Kaplow,& Youngstrom,2017)。

创伤后压力和哀伤反应。创伤性哀伤的创伤后应激反应和哀伤反应特征前面已经较详细地谈论过,在此就不赘述。

学校行为问题。美国对 13—18 岁中学生的大样本抽查显示,有创伤性丧亲经历的青少年在学校出现学习和行为问题的风险明显较高,例如学习成绩下降,对学校缺乏归属感,对教师的公平性缺乏认可,学习时注意力难以集中,学习能力较差,不喜欢上学等(Oosterhoff,Kaplow,& Layne,2018)。创伤性丧亲不仅对儿童青少年的学校表现有负面影响,而且会影响他们的社交功能和自我身份认同,从而减少学校的支持资源并削弱对未来的积极进取心(Layne,Kaplow,Oosterhoff,Hill,& Pynoos,2017)。

自杀倾向。美国一项历时 7 年的对 10 828 名青少年的研究显示,经历父/母死亡的青少年在以后的成长过程中会有较强的自杀倾向(Thompson & Light,2011)。瑞士一项历时 35 年(1969—2004 年)的大规模研究显示,父/母死于自杀的孩子,在今后生活中发生自杀或自杀未遂事件的概率要比没有这类经历的孩子高出 3 倍(Wilcox,Kuramoto,Lichtenstein,Langstrom,Brent,& Runeson,2010)。还有学者发现,在失去亲人的青少年中,哀伤反应与自杀倾向有密切的联系(Melhem,Moritz,Walker,Shear,& Brent,2007)。这种联系往往与受挫的社会归属感有关(Hill，Kaplow，Oosterhoff，& Layne，2019)。在青年中，哀伤反应与自杀想法之间的联系十分密切，因为他们可能会认为自己给他人带来了负担。美国青少年与成人的健康纵向研究数据显示，在朋友自杀后的第二年，青少年的自杀想法和尝试自杀的风险会大大增加(Feigelman & Gorman，2008)。

冒险行为。青少年在经历创伤性丧亲后更容易出现冒险行为。与成年人相比，青少年更喜欢寻求感官刺激，并更容易受到同伴的影响，同时也具有决定自己行为的能力，因此他们更倾向于从事冒险行为。与年幼的男孩和女性相比，年长的男孩对危险的感知度较低，因此从事冒险行为的频率要高。多维哀伤理论和创伤后应激理论认为：(1)青少年自以为有能力把控危险活动；(2)通过寻求强烈刺激转移自己对丧亲事件的注意力；(3)通过滥用药物进行自我疗伤；(4)通过冒险行为来影响自己的想法，包括报复幻想；(5)希望成为有攻击性的"强者"，以避免成为无助的受害者；(6)过度认同逝者不合理的价值观和行为，甚至死亡方式；(7)因为强烈的分离痛苦而出现通过死来与逝者重逢的幻想；(8)强烈的身份认同/存在危机引起虚无主义或宿命论；(9)对不确定的潜在威胁作不合理的过度解读从而引发过激行为；(10)由创伤或哀伤提醒唤起的严重的情绪/行为失调；(11)创伤经历引起的道德和良知的扭曲；(12)对人物、环境和活动安全性的评估能力受损(Steinberg，Icenogle，Shulman，Breiner，Chein，Bacchini，& Takash，2017)。

健康成长受到干扰。儿童青少年以往的创伤以及日后新的创伤经历会对心理和生理健康成长产生负面影响，包括学校表现、同伴关系、家庭关系、课外活动、社交能力、情绪调节、身体发育和工作等。他们也可能丧失正常发展的机会(例如经济压力下的辍学)和二次伤害。有些儿童青少年可能会出现成长倒退、中断、延迟或发育早熟。这可能会从根本上改变儿童青少年的成长轨迹，包括接受教育、职业规划、婚姻和家庭、对生活的期望、身体健康、道德发展等(Saltzman，Layne，Pynoos，Olafson，Kaplow，& Boat，2017)。成长干扰往往表现在五个方面：(1)脱离正常的社交活动，例如退出学校活动，回避以前的朋友或不愿建立新的友谊,自身的焦虑和退缩可能会削弱与朋友和同学的积极关系,学校表现变差,与家人、亲友关系疏远,这会影响建立健康的依恋关系;(2)某些方面过早成熟,例如较早开始性生活,早孕或离家;(3)自我情绪调节能力、人际关系或言语能力发展减缓,对成人过度依赖;(4)不去做符合年龄的事,例如回避约会和恋爱,没有动力为上大学作准备或找工作;(5)得过且过混日子,对未来没有抱负和计划。关于得过且过混日子的现象,创伤理论有两种解释:(1)创伤性支撑(traumatic bracing),其特征是"活着就可以了,不必作更多努力去改变生活和未来";(2)创伤期望,即未来是危险的和不可控的,规划未来没有意义。

容易患病。创伤性哀伤可能会降低自我效能感、控制感、信任感,因此会导致较大的生理和心理负担以及疲劳感,这会影响身体健康,并使人容易患病,而健康的恶化反过来又会对思想和情绪造成负面影响。

创伤后压力反应和哀伤反应时常会被混淆,它们很容易被看成一种症状。例如,儿童创伤性哀伤可能会被错误地诊断为创伤后应激障碍的一个特殊案例,从而影响对两种不同症状的正确评估和干预。因此,在诊断时需要充分考虑到两者的不同以及共病的可能性(Layne,Kaplow, & Youngstrom, 2017)。

第四节　延长哀伤障碍的风险因素

不同成长阶段的儿童青少年在失去父/母或亲人后会经历哀伤,但并不是每个人都会罹患延长哀伤障碍。这是因为导致延长哀伤障碍的因素很多,例如年龄与成长阶段、家长应对丧亲事件及管教孩子的能力、家庭内部的关系、家庭与外界的关系、孩子与家长的健康、性别、孩子与已故亲人的关系、死亡原因(预期性死亡还是突发性死亡)、社会支持等(Pearlman, Schwalbe, & Cloitre, 2010)。

一、年龄与成长阶段因素

本书第三章详细讨论了儿童青少年在不同成长阶段对丧失父/母或亲人的认知及哀伤反应。其差异性显示,儿童青少年的成长阶段与延长哀伤障碍的风险因素有关。例如,0—6个月的婴儿还不具备足够的记忆功能,当母亲逝去之后,他们不会因依恋关系断裂而出现哀伤。

儿童青少年在不同成长阶段对死亡的认知不相同,他们对哀伤压力的感受也会有所不同。例如,学者在对美国"9·11"恐怖袭击事件丧亲儿童的研究中发现,7—11岁年龄段的儿童表现出更多的创伤后应激障碍症状(Christ,2010,pp. 172-173)。沃登的研究揭示,与少年相比,青年人在经历丧失父/母之后的自我评估往往偏低,家庭关系更容易紧张,对未来会有更多的焦虑,社会和家庭期望也会给他们更大的压力,此外有些儿童还没有发展出足够的自我认同结构来承受哀伤的压力,他们往往在丧亲后看不出有哀伤反应(Worden,1996,pp. 88-90)。虽然鲍尔比认为婴儿在6个月以后就能感到哀伤,但哀伤学界对儿童的哀伤研究与干预一般只注重3岁以上的儿童。

二、家长的心理健康

20世纪80年代开始,越来越多的研究显示,儿童青少年丧亲后的心理健康受家长的影响很大(Pearlman,Schwalbe,& Cloitre,2010)。近十多年的研究显示,在经历突发性死亡事件的家庭,家长罹患抑郁症、焦虑症与创伤后应激障碍的概率明显高于正常家庭(Melhem,Monica,Grace,& Brent,2008),这些家庭中的子女罹患抑郁症、焦虑症与创伤后应激障碍的概率也明显高于正常家庭的子女。有一项关于6—17岁儿童青少年丧失父/母的大型研究显示,如果家长患有抑郁症,那么儿童青少年罹患抑郁症的风险会很高(Cerel,Fristad,Verducci,Weller,& Weller,2006)。还有很多研究显示,家长应对丧亲哀伤的能力越强,他们的子女对丧亲事件的情绪调整和适应能力就越好,丧亲家庭中家长的心理健康状况是预测他们子女心理健康的重要指标之一(Kalter,Lohnes,Chasin,Albert,Dunning,& Rowan,2003)。

三、家长教养方式和家庭因素

一个家庭经历丧亲事件以后,尤其是失去养育未成年子女的父/母,家长除了心理健康问题外,在经济及对子女的养育方面往往也会承受很大的压力,他们可能会失去以前拥有的养育子女的资源,例如失去主要的经济来源和社会支持资源,教养子女的重担落到一个人的身上。家长应对这些压力的能力和方式会直接影响子女。这里核心的问题在于,家长是否能在丧亲事件后用正面的方式来教养子女,家长教养子女的方式与技巧是预测丧亲儿童青少年能否保持心理健康的重要指标之一(Kwok, Haine, Sandler, Ayers, Wolchik, & Tein, 2005)。如果家长使用消极的方式来应对丧亲事件,就会增加子女罹患延长哀伤障碍的风险(Luecken, 2008)。

因此,儿童青少年哀伤干预需要特别关注家长是否持有以下消极应对方式:(1)家长因为丧失配偶而长期陷入极度哀伤,或酗酒浇愁,无心无力关心自己孩子的日常生活需要和情感关爱需要,使孩子有被"抛弃"的感觉。(2)家长把因哀伤而来的愤怒情绪发泄到孩子身上,或用粗暴的方式管教孩子,使孩子感到恐惧、愤怒或愧疚、自责。(3)家长出于不适当的"保护"考虑,给孩子提供不真实的死亡事件信息。(4)家长不能为年幼的孩子用他们能够理解的方式解释死亡现象,使孩子对死亡有很多困惑和焦虑。例如,有的孩子会以为逝者不爱和抛弃了他们,有的孩子因为魔幻思维把死亡归咎于自己而感到愧疚,有的孩子会对逝者还会复活归来心存期盼,有的孩子则对逝者可能还会回来找他而感到恐惧。(5)担心孩子难过就不在孩子面前流露哀伤情绪,从而使孩子感到困惑和焦虑。(6)抑制孩子的哀伤情绪。例如:"你要坚强。""爸爸不在了,你要像个男子汉那样。"(7)家长与孩子没有情感交流,不去彼此分享对已故亲人的感情,不去聆听孩子的感受。(8)家长把孩子交托给祖父母或亲戚,自己离家出走。(9)不向孩子作出明确的承诺,即他们永远会得到保护和关爱。

四、家庭经济状况的影响

家庭经济状况对于丧亲尤其是丧失父/母的儿童青少年的影响,目前还不是十分明确。有的研究显示会有负面影响。开发"家庭丧亲课程"的桑德勒博士及其团队在研究中并没有发现,家庭以往经济收入与儿童青少年丧亲后的心理健康存在显著相关。不过,他们的研究并没有把经济状况在丧亲前后是否发生变化来作为分析的基础。事实上,父/母死亡往往会降低家庭的经济收入,对家庭成员来说这很有可能产生二级压力。例如,有些家庭因经济收入下降需要搬到条件相对差的社区,孩子要离开原来的学校,这会影响孩子对生活的稳定感。此外,孩子也可能失去原来的朋友,家庭会失去原来拥有的社会支持资源,例如熟悉的近邻和朋友,还有一些家庭无法给孩子继续提供以前所能提供的生活与教育条件。对丧亲儿童青少年来说,这些与经济状况相关的变化都会增加心理健康问题的风险。

五、以往健康状况

如果在丧亲事件发生以前,孩子曾患有某种精神障碍,或者家族有抑郁症或其他心理疾病史,丧亲经历引发延长哀伤障碍或其他心理疾病的风险就会较高(Weller, Weller, Fristad, & Bowes, 1991; Melhem, Porta, Shamseddeen, Payne, & Brent, 2011)。

六、性别

哀伤存在性别差异(刘新宪,王建平,2019a)。有研究显示,与男孩相比,女孩在丧亲后更容易出现心理健康问题。这与她们在家庭中扮演的角色有关,女孩对家庭中的压力一般比较敏感,同时女孩更倾向于承担起更多的家庭责任,更容易为家长的健康而担心(Worden, 1996)。女孩一般比较内向,她们的心理问题不易察觉。而男孩若有情绪或心理问题更容易表现出来,并容易察觉。

七、承担家庭责任

失去父/母的孩子基本上都会比过去承担起更多的家庭责任,包括做家务等,但这种责任如果过重,对孩子的影响也可能是不利的。很多丧亲家庭对男孩会有较高的期望,鼓励男孩要"坚强",要"做一个男子汉"。这种对孩子的"早熟"期望往往会给孩子造成过多的压力,可能使孩子无法经历正常的哀伤过程。这也很容易构成一种风险因素。

八、与已故亲人的关系

死亡导致已故亲人与孩子间彼此互动的依恋关系断裂,并会引发哀伤。如果失去的是父/母,孩子与逝者过去的感情越亲密以及依恋关系越强,他们受到的打击和负面影响就会越大,罹患延长哀伤障碍的风险就会越高(Haine, Ayers, Sandler, & Wolchik, 2008)。另外,如果丧亲者与已故亲人关系纠结,例如既爱又怨,那么罹患延长哀伤障碍的风险也会增高(Neimeyer, 2019)。

九、预期性死亡和非预期性死亡

亲人尤其是父/母的突发性死亡对配偶和孩子具有更高的风险(Melhem, Monica, Grace, & Brent, 2008)。

预期性死亡一般是指亲人因长期罹患绝症而死亡,家属对死亡的到来预先有充分的心理准备。有研究显示,孩子的痛苦程度通常会在患病父/母临终阶段最强烈,这种痛苦程度往往在患病父/母死后有所减缓,因为孩子会觉得死亡不可避免且已故父/母可以从疾病的痛苦中解脱,但不要低估预期性哀伤对孩子造成的伤害。有研究显示,无论父/母的死亡是突发性的还是预期性的,儿童的哀伤反应和创伤后应激障碍症状均无显著差异(McClatchy, Vonk, & Palardy, 2009)。

十、个体自身因素

有些孩子自身的想法和个性也会增加罹患心理疾病的风险,例如对家长的健康过分焦虑,对已故父/母过于理想化,社会互动减少,与人交流不畅等(Worden, 1996)。强烈的愧疚感也会增加风险,有些年幼孩子因为魔幻思维而自我责备。

此外,孩子的心理承受力、思维方式、个性内向自闭、多愁善感、过于敏感或思考问题视角狭窄、自卑等因素也可能增加罹患延长哀伤障碍的风险。

十一、应对方式

过度使用回避策略。例如，不和家人、亲友、同学谈论与丧亲事件有关的感受，极力回避会使自己感到悲痛的提醒。另外，对青年来说，能否合理地理解丧失事件和重新认识生命的意义也是一个极为重要的风险评估因素。

十二、葬礼

儿童青少年哀伤研究还显示，如果儿童青少年没有得到任何征询意见的机会，没能去参加已故亲人尤其是已故父/母的葬礼，这会给一些孩子日后的成长带来阴影，因为他们失去向已故父/母道别、道谢和道歉的最后一次机会（Pearlman, Schwalbe, & Cloitre, 2010, p. 41）。由于中国传统文化风俗影响，很多家长不让未成年子女参加亲人的葬礼，这是一个需要特别注意的风险因素。有些儿童哀伤学者把是否参加葬礼列为评估儿童是否可能罹患心理疾病的风险因素之一。

十三、社会支持

有力的社会支持资源是降低风险的重要因素（Scott，Pitman，Kozhuharova，& Lloyd-Evans，2020）。社会支持资源包括家庭、亲友、社区街道或同村村民、学校、逝者或家长的工作单位、哀伤科普知识信息、专业人员的支持等。这些支持包括在生活方面提供必要的帮助，在情感方面提供陪伴、聆听、交流和安慰，在哀伤知识方面提供有益的信息等。

如果社会支持资源缺乏，或有社会歧视，例如丧亲儿童青少年生活的社区对死亡尤其是非自然死亡有偏见，对丧失父/母的孩子有歧视，这会给丧亲孩子及其家庭造成很大的负面压力，增加家长或孩子的自卑感以及罹患延长哀伤障碍的风险。

还有一些不恰当的"社会支持"也会增加不必要的压力。儿童哀伤学者凯勒博士谈到过一个案例,阿曼达在 10 岁时回忆三年前他哥哥死去的那段时间说道:"在我哥哥死后,我印象最深的就是,我无法和人交谈,人们不断地问我,'你好吗?你感觉怎么样?'即使在葬礼上,他们也对我说这样的话,当时我真想离开那里。"(Koehler,2010)

十四、二级压力因素

当你把石块扔进池塘时,石块很快沉入水底,但水面不会因此而平静,涟漪会从石块入水点不断向外扩散。对儿童青少年来说,丧失父/母或所爱的人就像那块投入池塘的石块,它的原始丧失(primary loss,或称原始伤害)就像石块投入水中打破水面初始的平静,但它不会因石块沉入水底而消失,二级压力(或称二次伤害)会像水面上的涟漪向外扩散。这也就是为什么丧亲哀伤是一个复杂的过程。儿童青少年的二次伤害可能来自很多方面。

除了上述众多因素,还有如下因素需要考虑:(1)家庭角色的空缺,例如母亲去世,父亲很难承担起母亲的角色,年幼孩子失去母爱会是一种长期的、很深的伤害;(2)原生家庭以往的温暖气氛消失,使孩子感到失落和悲痛;(3)年幼孩子重新回到学校,受到小朋友的嘲笑;(4)丧偶的父/母结交新的生活伴侣或再婚,而继父/母与孩子关系不好;(5)家庭发生新的丧亲事件;(6)家长患病或失业等。

二次伤害会增加儿童青少年罹患延长哀伤障碍及其他心理疾病的风险。

本 章 案 例

案例一:　　　　　　　**正 常 哀 伤**

李玫(化名)爸爸因车祸死去那年她才 9 岁。发生车祸的那天晚上,妈妈接到医院电话,说李玫爸爸因车祸受伤正在医院抢救。第二天一早,妈妈哭着告诉李玫,爸爸死了。李玫当场就哭了。很快外婆来了,也哭了。外婆在出事后的那几天就住在她家。李玫妈妈向学校请假一周。李玫当时特别难过,也特别生气,觉得那个肇事司机应该也去死。晚上她不敢一个人睡,就和妈妈睡。准备葬礼时,妈妈和她一起挑选了一张用在追悼会上的照片。她有点害怕去参加追悼会,她不想看到爸爸像电影里的死人那样躺着,但又迫不及待地想去见爸爸。追悼会上,她觉得爸爸头发有点乱,但她没去整理,她既难过又害怕,于是迅速从灵柩边走开。葬礼上她的姨妈一直陪着她。葬礼过后第三天,她就去上学了。妈妈过了几天也去上班了。外婆帮助照顾她们母女的生活。她去上学时,班上的同学和老师已经知道她爸爸去世的消息。她在头几个月几乎每天晚上都会哭。上课时注意力也很难集中。有一次还在全班同学面前大哭了起来。同学们都来安慰她。整理遗物时,她很感谢妈妈让她挑选,她选了一张出车祸那年夏天全家出去旅游时的合影。那是她爸爸最喜欢的一张照片,还把它夹在镜框里。她一直把照片放在自己的卧室里。她很长一段时间一直感到很难过,很压抑,很气愤,也常哭。她的成绩也在下降。妈妈告诉她要好好学习,只有这样爸爸才会高兴。妈妈鼓励她继续参加学校合唱团活动。她觉得在合唱团唱歌时心情是最愉快的。后来李玫的情绪渐渐好了起来,成绩也上去了。她现在最大的愿望就是妈妈身体健康,不要有什么意外。每年清明节,她会和妈妈一起去扫墓。每当她过生日的时候,她还会很难过和哭,因为爸爸再也不能和她一起过生日了。但第二天到了学校,她的心情就会好起来。她说她感到自己比同龄人更成熟,更能理解那些失去亲人的家庭的痛苦。两年过去了,她说自己有时还是会难过,但不会再像以前那样大哭,而且可以很快调整好情绪。她计划将来考医学院,希望毕业后能够救死扶伤帮助别人。

案例二：　　　　　　　　延长哀伤障碍

陈小琴(化名)在5岁的时候,母亲因抑郁症在自己家中自杀身亡,她亲眼看到母亲死亡时的状态。母亲死后不久,她的父亲很快就离家出走,从此再也没有音讯。后来是她的外公外婆带着她长大。照料小琴的外公外婆因失去女儿也长期陷入哀伤,他们很难给小琴需要的心理关怀和帮助。母亲死亡后,她特别怕黑,每晚都要开灯才能睡觉。12岁的时候,她的学习成绩开始下降。初三时,她给学校老师写了一封匿名信,上面写着:"老师,我有自杀倾向两年多了,我会无缘无故地哭,睡眠不好,吃过几次安眠药。需要去医院吗?过几天我要过生日了,想要一份诊断书做生日礼物。"老师设法找到了她,带她去医院检查,结果查出小琴患有延长哀伤障碍、重度抑郁症和创伤后应激障碍,而且有严重自杀倾向。根据老师和家人的反映,自从家中发生巨大变故后,除了成绩下降和晚上一直要开灯睡觉外,她没有什么明显异常,与同学朋友也依然保持交往。后来进一步了解,她对母亲的自杀和离弃她的父亲充满抱怨,她有强烈的被抛弃感。多年来她一直有强烈的悲伤、自卑、无助、愤怒和孤独感。进入初中以后,这些负面情绪不断增强,以至于学习时注意力越来越难以集中,甚至开始出现自杀想法。

评论

从第一个案例可以看到,李玫通过经历正常哀伤过程,逐渐适应了生活变化。从第二个案例的小琴身上,可以看到很典型的延长哀伤障碍症状,及其与抑郁症和创伤后应激障碍共病。多年来她一直要开灯才能睡觉,这与创伤后应激障碍的过度警觉和易受恐吓有关。家庭支持的缺失是导致小琴出现延长哀伤障碍的重要因素之一。为什么这些症状到了初中才以非常强烈的方式表现出来?这与有些儿童青少年会有延迟哀伤特征有关。有些儿童在年幼时还不能完全理解失去母亲意味着什么，或者还不具备应对重大丧亲与哀伤的能力，他们在丧亲初期往往不会表现出人们常见的哀伤反应，但这不等于他们没有哀伤，只是哀伤会以不同形式或在很长一段时间之后表现出来。从小琴的案例中也可以看到，创伤性丧亲容易引发创伤后应激障碍与延长哀伤障碍共病。

本 章 结 语

要适应丧亲之痛，哀伤是必需的、至关重要的和不可避免的过程。

——马尔金森（Malkinson，1996，p. 155）

压垮骆驼的并不是最后加上去的那根稻草，而是层层负荷的叠加超过承受力临界点的各种压力。丧亲哀伤是正常现象，但在哀伤过程中如果很多负面风险因素叠加形成合成效应，就可能引发延长哀伤障碍。了解和评估哀伤风险需要采用综合的视角，这样丧亲家庭和关怀者才能够有的放矢，提供适当的心理支持和干预来降低这些风险因素，从而帮助丧亲儿童青少年积极应对生活的打击，在整合性哀伤中与哀伤"和谐共处"，并在今后的人生成长道路上保持积极健康的心理状态。

第五章 延长哀伤障碍
诊断与评估

2018 年,世界卫生组织(World Health Organization,WHO)发布的《国际疾病分类(第 11 版)》(*International Statistical Classification of Diseases and Related Health Problems* 11th Edition,ICD‐11)将延长哀伤障碍定义为一种独立的精神疾病类别,该版本于 2019 年 5 月在世界卫生大会上正式批准通过,2022 年 1 月 1 日生效并成为正式的官方版本。2013 年,美国精神医学学会(American Psychiatric Association)发布的《精神障碍诊断与统计手册(第 5 版)》(*Diagnostic and Statistical Manual of Mental Disorders* 5th ed.,DSM‐5)虽然没有把延长哀伤障碍正式列入独立的疾病分类中,但将相关诊断标准较详细地写入该手册的附录,并命名为持续性复杂丧亲障碍(persistance complex bereavement disorder,PCBD)。2021 年,美国精神医学学会对《精神障碍诊断与统计手册(第 5 版)》作了修订,并发布《精神障碍诊断与统计手册(第 5 版修订版)》(DSM‐5‐TR),将"持续性复杂丧亲障碍"改名为"延长哀伤障碍",在诊断标准上也作了一些调整。

第一节 《国际疾病分类(第 11 版)》
诊断标准指导

世界卫生组织在《国际疾病分类(第 11 版)》中为延长哀伤障碍提供

了诊断标准指导（World Health Organization，2018）。

A 类诊断标准：持久且弥漫心灵的强烈哀伤伴随着以下至少一种症状。

- 思念逝者。
- 持续不断地关注逝者。

B 类诊断标准：在出现 A 类症状的同时表现出以下至少一种强烈的情感痛苦。

- 悲伤。
- 负罪感。
- 愤怒。
- 拒绝。
- 指责。
- 难以接受死亡事件。
- 感到失去生命的一个部分。
- 无法感受积极的情绪。
- 情感麻木。
- 难以参与社交和其他活动。

C 类诊断标准：持续时间及功能损伤。

- 对应丧亲者的文化和背景，哀伤反应持续时间过长（至少 6 个月），并明显有悖于当地社会和文化习俗或宗教传统。如果哀伤反应持续时间超过 6 个月，但在丧亲者所处的特定文化和宗教背景下被视为正常，则依然可视其为正常。
- 哀伤反应严重损害到个体、家庭、社会、教育、职业及其他重要方面的功能。

第二节　《精神障碍诊断与统计手册（第 5 版）》诊断标准指导

由美国精神医学学会出版的《精神障碍诊断与统计手册》是一本在

美国及世界多数国家(包括中国)最常用的诊断精神疾病的指导手册。1994年,美国精神医学学会出版的《精神障碍诊断与统计手册(第4版)》在抑郁障碍中简要描述了病理性哀伤。时隔近20年,美国精神医学学会在2013年发布的《精神障碍诊断与统计手册(第5版)》把病理性哀伤从抑郁障碍类别中分离了出来,并把它写入附录,称它为持续性复杂丧亲障碍。《精神障碍诊断与统计手册(第5版)》较详细地讨论了持续性复杂丧亲障碍的特征和诊断标准。当时,持续性复杂丧亲障碍虽然未被《精神障碍诊断与统计手册(第5版)》列为独立的精神疾病类别,但可以看到学术界在延长哀伤障碍认识上的巨大转变。

《精神障碍诊断与统计手册(第5版)》在附录"症状和进一步研究"部分对持续性复杂丧亲障碍提出了较详细的诊断标准建议(American Psychiatric Association, 2013)。

一、《精神障碍诊断与统计手册(第5版)》诊断标准

A类诊断标准:所关爱的人去世。

B类诊断标准:自死亡事件之后,至少有下列一种症状频繁出现,而且临床表现十分显著,这些症状在丧亲后至少持续12个月(儿童为6个月)。

诊断标准B1:持续不断思念/回忆逝者(儿童的思念症状可以表现为游戏等活动,例如与逝者分离和重聚的游戏)。

诊断标准B2:对死亡有着强烈的悲伤或痛苦情绪。

诊断标准B3:极度关注逝者。

诊断标准B4:极度关注与死亡相关的事件(儿童对逝者的这种关注可以通过游戏等活动来表达,并可能延伸为关注他们身边的人是否可能会死亡)。

C类诊断标准:自死亡事件后,至少有下列六种症状频繁出现,而且临床表现十分显著,并在丧亲后至少持续12个月(儿童为6个月)。

对死亡事件的痛苦反应

诊断标准C1:明显难以接受死亡(对儿童来说,这与他们对死亡意

义和永久性的理解能力有关）。

诊断标准 C2：对丧失事件感到难以置信或情绪麻木。

诊断标准 C3：对逝者很难有积极的回忆。

诊断标准 C4：对丧失感到苦楚或愤怒。

诊断标准 C5：对逝者或死亡事件有不适当的自我评价（例如，自责）。

诊断标准 C6：过度回避与死亡事件有关的提醒物（例如，回避与逝者有关的人、地方或事情，儿童则可能回避对逝者的想念和感受）。

社会角色/身份认同困惑

诊断标准 C7：有以死来与逝者团聚的愿望。

诊断标准 C8：自丧失事件后难以信任他人。

诊断标准 C9：自丧失事件后感到孤独，并与他人隔绝。

诊断标准 C10：感觉没有逝者的生命是毫无意义的或空虚的，或者感到没有逝者的生活难以维系。

诊断标准 C11：对自己的生活角色感到困惑，或者自我身份认同不断减弱（例如，感到自己生命的一部分已随逝者而去）。

诊断标准 C12：自丧失事件后，对一切缺乏兴趣，包括对未来的计划（如友情、日常活动）。

D 类诊断标准：丧失事件导致显著的临床痛苦，以及社会、职业或其他重要方面的功能受到损害。

E 类诊断标准：哀伤反应有悖于当地文化习俗、宗教或年龄范围。

《精神障碍诊断与统计手册（第 5 版）》还提出，持续性复杂丧亲障碍最常见的共病是抑郁症、创伤后应激障碍和物质滥用。如果丧亲事件具有创伤性或暴力性，那么患者更容易出现持续性复杂丧亲障碍与创伤后应激障碍共病。

二、《精神障碍诊断与统计手册（第 5 版修订版）》诊断标准

2019 年 6 月，美国精神医学学会的内化行为障碍审查委员会组织了一个研讨会，讨论是否要修改持续性复杂丧亲障碍，包括改名为延长

哀伤障碍,并将延长哀伤障碍作为一种正式的精神障碍分类加入《精神障碍诊断与统计手册(第5版修订版)》。专家组认为,有充分的临床证据证明延长哀伤障碍符合独立的精神障碍定义,而且它有良好的识别度和信效度。此外,专家组认为,论证数据很好地支持了持续性复杂丧亲障碍诊断标准C类症状中的多数症状。

2021年,美国精神医学学会用"延长哀伤障碍"取代"持续性复杂丧亲障碍",并将其纳入《精神障碍诊断与统计手册(第5版修订版)》(American Psychiatric Association,2020)。以下是《精神障碍诊断与统计手册(第5版修订版)》对延长哀伤障碍设定的新的诊断标准。

A类诊断标准:关系密切的人死亡12个月以上。

B类诊断标准:自死亡事件发生后,丧亲者对逝者一直表现出强烈的思念/渴望或沉浸在对死者的怀念或记忆中。至少在最近的一个月,几乎每天都有这种明显的临床反应。

C类诊断标准:由于死亡事件,至少在最近的一个月,几乎每天至少有以下三种症状出现并具有显著的临床反应。

诊断标准C1:身份认同受损(例如,感觉自己生命的一部分已经死亡)。

诊断标准C2:对死亡持明显的怀疑态度。

诊断标准C3:回避死亡事件提醒。

诊断标准C4:对死亡事件有强烈的情感痛苦(如愤怒、苦楚、悲伤)。

诊断标准C5:生活难以向前(例如,与朋友交往,追求兴趣爱好,为未来谋划)。

诊断标准C6:情绪麻木。

诊断标准C7:觉得生活毫无意义。

诊断标准C8:强烈的孤独感(感到孤独或与他人隔离)。

D类诊断标准:这些干扰因素导致严重的临床痛苦表现,或者社会、职业和其他重要方面的功能受到损害。

E类诊断标准:丧亲反应持续时间显著超出个体生活背景下的社会、文化或宗教规范的期望。

F 类诊断标准：临床症状不能由另一种精神障碍提供更好的解释。

从新提出的延长哀伤障碍 C 类诊断标准看，它比 2013 年版本的持续性复杂丧亲障碍要简略、清晰。新版删除了老版本中 4 项 C 类标准，包括"C3：对逝者很难有积极的回忆""C5：对逝者或死亡事件有不适当的自我评价（例如，自责）""C7：有以死来与逝者团聚的愿望"以及"C8：自丧失事件后难以信任他人"。此外，《精神障碍诊断与统计手册（第 5 版修订版）》延长哀伤障碍的诊断标准要求，在 8 种 C 类症状中有 3 种症状共存，而《精神障碍诊断与统计手册（第 5 版）》的持续性复杂丧亲障碍则要求，在 12 种 C 类症状中有 6 种症状共存。

这里需要提及的是，《国际疾病分类（第 11 版）》虽然列出不同诊断标准，但并没有将症状共存作为诊断标准。另外，《国际疾病分类（第 11 版）》对延长哀伤障碍的诊断在时间上的设置是丧亲事件发生 6 个月以上，而《精神障碍诊断与统计手册（第 5 版修订版）》的诊断标准依然是《精神障碍诊断与统计手册（第 5 版）》的 12 个月以上。《精神障碍诊断与统计手册（第 5 版修订版）》没有对成人与儿童症状作不同解释，并将原来版本中为儿童设置的 6 个月时间删除。

综上所述，关于延长哀伤障碍的诊断标准目前在医学界还未能达成统一。《国际疾病分类（第 11 版）》的诊断标准相对宽松，即诊断对象更容易被诊断为患有延长哀伤障碍。《精神障碍诊断与统计手册（第 5 版）》以及《精神障碍诊断与统计手册（第 5 版修订版）》更为严格。有一项关于 8—18 岁丧亲儿童青少年的哀伤评估研究显示，用《国际疾病分类（第 11 版）》诊断标准检测出的患病率为 12.4%，但用《精神障碍诊断与统计手册（第 5 版）》诊断标准检测出的患病率为 3.4%（Boelen，Spuij，& Lenferink，2019）。有学者在对丧亲儿童青少年作实际评估时，把《精神障碍诊断与统计手册（第 5 版）》需要至少 6 项 C 类诊断标准共存改为至少需要 2 项 C 类诊断标准共存即可，并指出《精神障碍诊断与统计手册（第 5 版修订版）》的 C 类标准对儿童而言过于严格（Melhem，Porta，Payne，& Brent，2013）。

这里需要提及的是，《国际疾病分类（第 11 版）》和《精神障碍诊断与统计手册(第 5 版)》是两个相互关联的精神障碍分类与诊断系统,是精神障碍诊断和治疗最重要的临床依据。这两个系统在框架结构上基本一致,都按照临床症状进行分类(Dalal & Sivakumar,2009)。不过,在症状表述和诊断要求上,《国际疾病分类(第 11 版)》重视症状特征描述,诊断时通常不强调一定要达到多少项症状才可以诊断,弹性较大;《精神障碍诊断与统计手册(第 5 版)》则重视逐条列出具体症状条目,规定必须达到最低症状条目标准才能诊断,这为临床诊断提供了更详细的信息。

第三节 《精神障碍诊断与统计手册(第 5 版)》诊断标准与儿童青少年的症状

如何使用《精神障碍诊断与统计手册(第 5 版)》诊断标准来看儿童青少年的症状,学者们对此作过较系统的研究和归纳(Kaplow,Layne,Pynoos,Cohen,& Lieberman,2012)。下面是相关的描述。

一、B 类诊断标准

诊断标准 B1:持续不断思念/回忆逝者

儿童青少年处在不同的成长阶段,他们对死亡的理解并不相同,哀伤反应也会有所不同。年幼的儿童可能会表现出分离痛苦或可以与逝者重逢的幻想,有的年幼儿童可能会坚持等待逝去的父/母归来,或者用玩具电话打电话给逝者,儿童也会把思念表现在游戏中,例如假装与逝者分离又重逢。学龄儿童及青少年可能会经常返回他们最后一次见到逝者的地方来表达他们的思念。

诊断标准 B2:对死亡有着强烈的悲伤或痛苦情绪

强烈的悲伤或痛苦情绪在幼儿中可能会间断性地表现出来,由于他们的注意力很容易被周围环境转移,而且他们表达情绪有困难,因此他们很容易被误认为没有哀伤。辨认幼儿的悲伤往往不是很容易。观察他们玩的游戏或与家长分开时的行为有助于分辨,例如家长离开时他们会表现出焦虑,在与家长重逢时他们有时会表现出愤怒、退缩或吵闹。

诊断标准 B3:极度关注逝者

对逝者的极度关注可能表现为坚持要在逝者的床上睡觉,穿逝者的衣服,或在被迫与逝者的遗物分开时表现出焦虑。

诊断标准 B4:极度关注与死亡相关的事件

儿童可能会通过游戏表现出或反复画出令人不安的与死亡相关的场景,经常想象相似的危机会重演,也可能会扮演想象中的角色来预防危险或亲人死亡事件的发生。有些儿童可能会有魔幻思维。此外,过度抱怨自己身体有与逝者相似的不适,例如一个小男孩在父亲因心脏病去世后抱怨自己有严重的胸痛。丧亲儿童青少年还会过度担心家长或其他家庭成员的安全和健康。

二、C 类诊断标准:对死亡事件的痛苦反应

诊断标准 C1:明显难以接受死亡

对儿童青少年来说,难以接受死亡事件是很常见的,尤其在 5 岁以下的儿童中更为普遍。这与儿童的认知发展程度相关。对年龄较大的儿童(6 岁以上)来说,难以接受死亡事件往往是因为,家长不能用适当的方法向孩子提供真实而准确的信息来帮助孩子了解死亡事件,或不让孩子参与哀悼逝者,儿童青少年与成人难以接受死亡的哀伤反应会有差异。因此,在用诊断标准 C1 衡量哀伤症状时要注意儿童青少年的认知水平以及他们是否获得正确的信息。

诊断标准 C2:对丧失事件感到难以置信或情绪麻木

儿童青少年的麻木可以表现为好像什么都没有发生过,他们可以像往常一样正常生活,和朋友玩游戏。

诊断标准 C3:对逝者很难有积极的回忆

这种症状可能与不同因素有关。对于年幼的儿童,回忆逝者通常需要成人的帮助,这与他们所处的成长阶段有关;对于经历亲人创伤性死

亡事件的儿童青少年，需要使用适当的方式来引导他们回忆逝者。总之，这往往与成人的引导方式有关。《精神障碍诊断与统计手册（第5版修订版）》已经不再包含这项诊断标准。

诊断标准C4：对丧失感到苦楚或愤怒

这类症状往往表现为烦躁不安、吵闹、发脾气、对抗性行为或其他行为问题，它通常是因为日常生活秩序发生改变，已故父/母原来的角色由别人担任。

诊断标准C5：对逝者或死亡事件有不适当的自我评价

儿童尤其是青少年思考逝者或死亡事件时，如果对自己有负面评价，例如自我责备，就很容易引发延长哀伤障碍。梅尔赫姆等人的研究显示，如果失去亲人的青少年把死亡原因归咎于他人或者自己，那么他们的哀伤严重程度评分会很高（Melhem，Moritz，Walker，Shear，& Brent，2007）。《精神障碍诊断与统计手册（第5版修订版）》已经不再包含这项诊断标准。

诊断标准C6：过度回避与死亡事件有关的提醒物

有研究显示，如果儿童青少年对死亡事件提醒有过度的回避行为，这容易导致他们的正常功能受损，即使他们的创伤后应激障碍得到控制，这种损伤依然可能存在（Melhem，Moritz，Walker，Shear，& Brent，2007）。

另外，儿童青少年也会表现出心理回避，例如回避思考或感受逝者与死亡事件，尤其是有创伤后应激障碍症状的儿童。有研究显示，能够思考并和家长谈论逝者或死亡事件的孩子通常身心会更健康。

三、C类诊断标准：社会角色/身份认同困惑

诊断标准C7：有以死来与逝者团聚的愿望

评估年幼的儿童是否有以死来与逝者团聚的愿望比较困难，它的表现方式与儿童的认知能力有关，例如有的儿童希望睡在母亲墓地旁边，或"爬梯子去天堂"等。青少年可能会有自杀念头来陪伴逝者，但通常没有任何具体计划，他们可能在行为上表现出对生命安全毫不介意。一个女孩在朋友自杀身亡后的一次访谈中说道："如果我出了车祸，糟糕的是

我死了,好的是我可以重新见到最好的朋友。"此外,该诊断标准还可以表现为有冒险行为或物质滥用等。《精神障碍诊断与统计手册(第5版修订版)》已经不再包含这项诊断标准。

诊断标准 C8:自丧失事件后难以信任他人

对父/母死亡的儿童青少年来说,难以信任他人往往表现为与继父/母很难建立和睦关系,并会公开表示愤怒或对抗行为。儿童青少年失去父/母会导致日常生活和家庭管教方式发生变化,这往往会使孩子感到难过并出现行为问题和退缩。很多时候未必是孩子难以信任他人,而是孩子公开抵制和反抗生活的变化。处于成长阶段的学龄儿童及青少年可能会表现出不愿与他人建立亲密关系,这种现象更容易出现在死去的是自己生命中极为重要的人,例如父/母、最好的朋友或初恋对象的情况下。《精神障碍诊断与统计手册(第5版修订版)》已经不再包含这项诊断标准。

诊断标准 C9:自丧失事件后感到孤独,并与他人隔绝

患有创伤后应激障碍的儿童青少年往往会有孤独感或与别人有距离感,因为他们感到自己与众不同。儿童青少年的孤独感也可以表现为不能向他人诉说自己与逝者依然保持着密切联结,有时会觉得"听到"逝者的声音或"看到"逝者。他们也可能会在家长面前掩饰自己的哀伤,小心翼翼地不让家长有更大的压力,这也会使自己感到孤独。

诊断标准 C10:感觉没有逝者的生命是毫无意义的或空虚的,或者感到没有逝者的生活难以维系

这里涉及两方面问题。首先,年幼的孩子很难理解或表达生命意义这类概念,但可以从他们的一些行为看出端倪,例如嗜睡,退缩,对过去令他们兴奋的事兴趣索然。其次,他们可能会觉得失去逝者后,自己很难把事情做好,例如在丧失父/母后,他们会有强烈的分离焦虑与痛苦,幼儿会出现行为退步,例如语言表达和如厕能力下降,胆小恐惧,生活规律紊乱,包括睡眠问题和食欲不振。

对青少年来说,诊断标准 C10 可从以下几方面来看,对以前饶有兴致的活动、地方和人失去兴趣,对适合他们年龄段的关于未来的理想失

去兴趣。他们认为,逝者的离去带走了人生的幸福,未来是没有希望的,不值得用心经营:"我已失去我最在意的,其他都微不足道。""我对生死并不那么介意。"此外,他们也可能对自己的生命安全漫不经心,如不系安全带,不关心健康和自我保护。二次伤害会使这种表现更为明显,例如新的生活困境的压力(必须辍学来维系家庭生活)或觉得永久丧失了自身发展的机会。

诊断标准 C11:对自己的生活角色感到困惑,或者自我身份认同不断减弱

与诊断标准 C11 相关的症状在儿童青少年中的表现往往不是很显著,但他们可能会因为失去所爱的人而感到羞愧。例如,因为失去母亲而觉得自己与众不同或"古怪"。角色困惑还与生活变故造成的自身责任变化有关。例如,需要承担更多的家务,或者扮演成人角色来照顾家长或年幼的弟弟妹妹。儿童青少年的身份认同与他们各方面的感知能力密切相关,当新的生活担子压到他们身上时,他们可能会感到痛苦。此外,自我身份认同的减弱也可能表现为,儿童青少年担忧"以后谁来帮助我做家庭作业",或者"我必须照顾弟弟妹妹,将来怎么去上大学"。有研究显示,诊断标准 C10 和 C11 症状在青少年身上较显著。

诊断标准 C12:自丧失事件后,对一切缺乏兴趣,包括对未来的计划(如友情、日常活动)

对儿童青少年来说,丧亲经历使他们失去了生活乐趣,对未来的期望降低。

第四节　儿童青少年哀伤评估工具

儿童青少年哀伤研究和临床治疗有很多不同的评估工具。早期开发的哀伤评估工具多注重成人,其中被广泛使用的是 20 世纪 90 年代开发的复杂哀伤问卷(Inventory of Complicated Grief, ICG)(Prigerson, 1995b)和延长哀伤障碍问卷(Prolonged Grief Disorder - 13, PG - 13)

（Pohlkamp，Kreicbergs，Prigerson，& Sveen，2018）。最近二十多年来，哀伤学界开发了一些各具特色的儿童青少年哀伤评估工具。本节着重介绍几个应用较多的儿童青少年哀伤评估工具。此外，本书附录二也提供了部分获得授权印刷的儿童青少年哀伤评估工具及使用说明。

一、儿童复杂哀伤评估系统

2011 年，美国匹兹堡大学精神病学教授梅尔赫姆（Nadine M. Melhem）博士领导的团队开发了儿童青少年（7—18 岁）延长哀伤障碍风险及诊断的评估系统。该评估系统主要由三个部分组成：（1）儿童复杂哀伤问卷修订版（Inventory of Complicated Grief-Revised for Children，ICG‐RC）；（2）死亡境况认知评估；（3）功能受损评估（Melhem，Porta，Payne，& Brent，2013）。

1. 儿童复杂哀伤问卷修订版

儿童复杂哀伤问卷修订版是 2001 年开发的儿童复杂哀伤问卷（Inventory of Complicated Grief for Children，ICG‐C）的修订版本。早期版本以成人使用的复杂哀伤问卷修订版（Inventory of Complicated Grief-Revised，ICG‐R）为基础。儿童复杂哀伤问卷修订版以《精神障碍诊断与统计手册（第 5 版）》诊断标准和儿童复杂哀伤问卷为基础（Melhem，Porta，Payne，& Brent，2013）。该问卷共有 28 个条目，并与《精神障碍诊断与统计手册（第 5 版）》持续性复杂丧亲障碍诊断标准相对应。例如，儿童复杂哀伤问卷修订版的条目 6"我对死亡感到愤怒"对应《精神障碍诊断与统计手册（第 5 版）》诊断标准"C4：对丧失感到苦楚或愤怒"，条目 4"我感到自己无法接受死亡"对应诊断标准"C1：明显难以接受死亡"等。另外，有 7 个条目并没有与《精神障碍诊断与统计手册（第 5 版）》相关的诊断标准明显对应，但它们是儿童复杂哀伤问卷的重要部分，故仍保留在儿童复杂哀伤问卷修订版中，例如条目 25"自从死亡事件后，我感到世界是不安全的"，条目 27"自从死亡事件后，我很容易激动和受惊吓"等。问卷采用利克特五级评分法：1＝几乎没有（每月少于一次）；2＝很少（每月一次）；3＝有时（每周一次）；4＝经常（每天一次);5＝一直(每天几次)。任何条目得分≥4,表示该条目症状显著。问卷总分为所有条目分数总和,范围为 28—140。当总分≥68,表明罹患延长哀伤障碍的风险较高。研究显示,本问卷具有良好的信效度和较高的内部一致性,克龙巴赫 α 系数为 0.95。本问卷使用指南可见附录二"评估工具"。

2. 死亡境况认知评估

除了儿童复杂哀伤问卷修订版,为保证《精神障碍诊断与统计手册(第 5 版)》诊断标准能够得到充分评估,梅尔赫姆团队还增加了 3 个有关死亡境况认知的问题:(1)你是否认为可以采取某些措施来预防死亡[对应《精神障碍诊断与统计手册(第 5 版)》诊断标准"B4:极度关注与死亡相关的事件"];(2)你对死亡是否负有责任(对应诊断标准"C5:对逝者或死亡事件有不适当的自我评价");(3)你是否希望自己也死掉去陪伴父母(对应诊断标准"C7:有以死来与逝者团聚的愿望")。对这些问题的评估结果也会成为评估体系的一部分。

3. 功能受损评估

儿童复杂哀伤问卷修订版没有《精神障碍诊断与统计手册(第 5 版)》关于功能受损 D 类诊断标准的问题,为了评估 D 类标准,该评估系统采用了儿童全球评估量表(Children's Global Assessment Scale, CGAS)(Schaffer, Gould, Brasic, Ambrosini, Fisher, Bird, & Aluwahlia, 1983)。该量表一般由家长或老师填写。

儿童全球评估量表由谢弗(David Schaffer)博士领导的哥伦比亚大学团队开发。该量表可以用来评估 17 岁以下儿童青少年的生活、学习、社交等功能。评估时间段一般为近一个月,它一般不适用于急性哀伤期。量表评分范围为 0—100 分,共分为 10 个层级,从 91—100 分开始,每 10 分递减一级。下面介绍量表最好和最差的评估定义。

91—100 分状况最好:在各方面的表现都非常优秀(家庭、学校和同伴);参与多种活动且兴趣广泛(例如,有个人兴趣爱好,参加课外活动或者兴趣小组);受到大家喜欢,有自信;不担心对日常烦恼会失控;在学校表现良好;没有精神疾病症状。

　　1—10 分状况最差：由于存在严重的攻击性或自残行为，或在临床评估、人际交流、认知或个人卫生保健方面有严重功能损害症状，需要持续监护（24 小时护理）。

　　在儿童复杂哀伤评估系统中，儿童全球评估量表评分≤70 则被视为有 D 类诊断标准功能受损的症状。量表有良好的信效度（Lundh，2012）。其详细使用指南登载在"哀伤疗愈家园"网站及"哀伤疗愈之家"公众号，或可联系上海市徐汇区心理咨询协会（联系电话：18939816702）。

　　4. 评论

　　儿童复杂哀伤评估系统是一套有效且容易使用的儿童青少年哀伤评估方法。有一项追踪研究显示，被该评估系统诊断出罹患延长哀伤障碍的儿童青少年（丧失父/母 9 个月），如果没有适当干预，他们的延长哀伤障碍症状即使过了近三年（丧失父/母 33 个月）依然存在（Melhem，Porta，Payne，& Brent，2013）。笔者认为，儿童复杂哀伤评估系统对儿童青少年哀伤的临床诊断和研究有较大的应用价值。

二、儿童哀伤认知问卷

　　儿童哀伤认知问卷（Grief Cognitions Questionnaire for Children，GCQ‑C）由荷兰哀伤学者斯普伊等人于 2017 年开发（Spuij，Prinzie，& Boelen，2017）。应用对象为 8—18 岁的儿童青少年。该问卷基于博伦等人开发的成人使用的哀伤认知问卷（Grief Cognitions Questionnaire，GCQ）。成人使用的哀伤认知问卷有 38 个条目，包括成人丧亲后常见的九种消极认知：（1）对自我的消极认知；（2）对世界的消极认知；（3）对生活的消极认知；（4）对未来的消极认知；（5）自责；（6）对他人反应的消极理解；（7）不良哀伤反应；（8）对丧失痛苦及意义的消极认知；（9）对丧失反应作威胁性的解释。

　　儿童哀伤认知问卷主要用于评估儿童青少年在丧亲事件后的认知问题。不合理的认知容易导致延长哀伤障碍。对哀伤认知的评估可以识别罹患延长哀伤障碍的风险，这有助于专业人员有的放矢地进行干预，它尤其适用于认知行为疗法的评估。

为了便于儿童青少年填写该问卷,斯普伊和博伦等人征求了在治疗丧亲儿童青少年领域有多年临床经验的儿童心理学家以及 20 名儿童青少年的意见,最后形成有 20 个条目的儿童哀伤认知问卷。该问卷选择了丧亲儿童青少年十种常见认知问题,并采用利克特三级评分法对过去一个月不同想法出现的频率进行评分,评分方法为:0＝几乎没有,1＝有时有,2＝总是有。该问卷内部一致性良好,克龙巴赫 α 系数为 0.93。

下面是该问卷关于丧亲儿童青少年十种常见的认知问题:(1)关于自我的整体消极想法,例如:"自从他/她去世后,我感到自己是个软弱的人。"(2)对世界的整体消极想法,例如:"由于他/她的去世,我觉得世界毫无意义。"(3)对他人关于丧失事件反应的消极想法,例如:"我认为别人应该关心我的表现。"(4)关于自责的消极认知,如责备自己没能更好地照顾逝者。(5)对未来的整体消极想法,例如:"我觉得没有他/她,未来将毫无乐趣。"(6)"珍惜痛苦"的认知,例如:"只要我还感到难过,我就该一直关注他/她。"(7)怀疑哀伤反应的适当性,例如:"我认为自己的丧亲感觉是不正常的。"(8)对世界的整体消极想法,例如:"他/她去世后,我的生活毫无意义。"(9)对丧失反应作过度的威胁性诠释,例如:"每当我想到他/她的死亡,我对自己感受到的一切充满恐惧。"(10)死亡焦虑,例如:"自从他/她去世后,我总觉得自己也可能会死去。"

笔者曾经督导过一位心理咨询师使用本问卷评估一位失去父亲的 10 岁女孩的早期丧亲认知。评估结果显示,该女孩对失去父亲有合理和积极的认知,并没有任何回避症状。随着时间的流逝,她的哀伤反应一直很正常,在家庭和学校可以保持积极的心态来应对生活的巨大变故。丧亲初期的积极认知可以极大降低罹患延长哀伤障碍的风险。笔者认为,儿童哀伤认知问卷对儿童青少年在丧亲初期作长期风险评估是一个有效的辅助工具。笔者与本问卷开发者讨论了这个案例,他们十分感谢并同意这是儿童哀伤认知问卷的一个新功能。问卷的完整版本可见本书附录二"评估工具"。

三、兄弟姐妹丧亲系列问卷

1. 兄弟姐妹丧亲问卷

兄弟姐妹丧亲问卷（Sibling Inventory of Bereavement，SIB）也许是最早的儿童青少年哀伤评估工具。该问卷由霍根（Nancy Hogan）于1986年撰写博士论文时开发。它的开发参考了当时的大量文献及广泛的交流讨论，包括学者、丧亲社会支持组织、丧亲家庭父母、丧亲兄弟姐妹等。该问卷共有109个条目，测试对象是13—18岁的青少年，采用利克特五级评分法，1—5分表示"总是有"到"几乎没有"。这些条目反映了青少年在丧失兄弟姐妹后对自己、父母、在世的兄弟姐妹、朋友以及宗教问题的看法。

2. 霍根兄弟姐妹丧亲问卷

该问卷于1991年由霍根对兄弟姐妹丧亲问卷改进形成。霍根兄弟姐妹丧亲问卷（Hogan Sibling Inventory of Bereavement，HSIB）共有46个条目，分为两个维度：（1）哀伤维度有24个条目；（2）个人成长维度有22个条目。问卷同样采用利克特五级评分法（Hogan & Greenfield，1991），有良好的信效度。

3. 霍根儿童青少年丧亲问卷简版

2019年，霍根等人为增强霍根兄弟姐妹丧亲问卷的实用性，精简修订推出霍根儿童青少年丧亲问卷简版（Hogan Inventory of Bereavement Short Form for Children and Adolescents，HIB - SF - CA）。该问卷有两个维度，共21个条目：（1）哀伤维度有10个条目；（2）个人成长维度有11个条目。两个维度的克龙巴赫 α 系数均为 0.91，内部一致性较好。该问卷目前仅在兄弟姐妹因癌症死亡的丧亲儿童青少年中测验，信效度良好。对其他死亡形式或其他家人死亡的信效度仍有待测试（Hogan，Schmidt，Sharp，Barrera，Compas，Davies，Fairclough，Gilmer，Vannatta，& Gerhardt，2019）。完整的霍根儿童青少年丧亲问卷简版及使用指导可见本书附录二"评估工具"。

四、儿童延长哀伤问卷与青少年延长哀伤问卷

儿童延长哀伤问卷（Inventory of Prolonged Grief for Children, IPG‐C）、青少年延长哀伤问卷（Inventory of Prolonged Grief for Adolescents, IPG‐A）由荷兰学者斯普伊等人（Spuij, Reitz, Prinzie, Stikkelbroek, Roos, & Boelen, 2012）根据美国学者普里格森的复杂哀伤问卷修订版开发而成，分别用于评估 8—12 岁儿童和 13—18 岁青少年的延长哀伤症状。这两个问卷各包含 30 个相似的条目，只是措辞有所不同，以便不同年龄的儿童青少年容易理解。问卷采用利克特三级评分法，1—3 分分别表示"几乎从来没有""有时会有""一直会有"。这两个问卷有良好的信效度。博伦等人（Boelen, Spuij, & Lenferink, 2019）测量 291 名 8—18 岁的儿童青少年，儿童延长哀伤问卷的克龙巴赫 α 系数为 0.91，青少年延长哀伤问卷的克龙巴赫 α 系数为 0.94。这两个问卷并没有设定延长哀伤障碍诊断参考值，但它们可以反映不同条目的哀伤症状的严重程度。本书附录二有这两个问卷及使用指导。

五、持续性复杂丧亲障碍量表

持续性复杂丧亲障碍量表（Persistent Complex Bereavement Disorder Checklist）简称 PCBD 检测表，由加利福尼亚大学洛杉矶分校于 2014 年开发。该量表可用于评估 8—18 岁儿童青少年的哀伤症状。它以《精神障碍诊断与统计手册（第 5 版）》持续性复杂丧亲障碍诊断标准为基础，涵盖了《精神障碍诊断与统计手册（第 5 版）》列出的持续性复杂丧亲障碍的 B 类症状（例如，强烈的渴望、悲伤和痛苦情绪，对死亡境况的关注）、C 类症状——对死亡事件的痛苦反应症状（例如，怀疑、适应不良的评估、避免提醒等），以及丧失社交/身份认同症状（例如，觉得生活毫无意义，对自己在生活中的角色感到困惑）。这些症状可以归类为四个维度：（1）分离困扰；（2）哀伤反应困扰；（3）与现实及身份认同相关的困扰；（4）与死亡事件境况相关的困扰。该量表共有 39 个条目，是多维哀伤治疗的指定评估量表，可用于风险筛查、治疗分类、明确病况和制定以评估驱动为基础的治疗方案。量表通常由专业人员使用，但年龄较

大的青少年也可以用它作自我评估。量表有良好的信效度（Layne &
Kaplow，2020）。该量表要向开发机构付费购买才能使用。

六、青少年哀伤量表

青少年哀伤量表（Adolescent Grief Inventory，AGI）由澳大利亚学
者安德里森等人于 2018 年开发（Andriessen，Hadzi-Pavlovic，Draper，
Dudley，& Mitchel，2018）。该量表用于测量 12—18 岁的青少年的哀
伤反应，共包含 40 个条目，分为六个维度：（1）哀伤（11 个条目）；（2）自
责（5 个条目）；（3）焦虑和自我伤害（8 个条目）；（4）震惊（4 个条目）；
（5）愤怒和感到被抛弃（5 个条目）；（6）平静感（7 个条目）。量表采用利
克特五级评分法，1—5 分表示从"完全没有"到"极其强烈"。安德里森
等人测量了 176 名丧亲青少年，量表的克龙巴赫 α 系数为 0.94。该量表
是一种测量青少年哀伤程度的新颖的方法，包括独特的分类条目，它并
没有设定延长哀伤障碍诊断参考值。本书附录二"评估工具"中有该量
表及使用指导。

七、循证评估

循证评估（evidence-based assessment）是莱恩等学者最近十多年开
发的儿童青少年创伤性哀伤评估方法（Layne，Kaplow，& Youngstrom，
2017；Layne & Kaplow，2020）。它强调需要根据特定临床症状来选择
评估工具。只有这样，才能收集到有效数据并制定正确的临床治疗方
案。尤其对儿童青少年的创伤性哀伤，循证评估显得更为重要。因为创
伤性哀伤不仅会有哀伤症状，而且会有创伤后应激障碍症状，两者相互
影响并产生更强的负面效果。循证评估认为，对创伤性哀伤的评估有四
个步骤。

步骤一：准备工作。在与来访者会面之前要作好充分准备，了解情
况并要有适当的临床评估工具，除了适合不同年龄段的哀伤评估工具，
还要有相应的创伤后应激障碍评估工具。

步骤二：常规评估。对创伤和丧亲哀伤作相关的例行评估，需要使

用以《精神障碍诊断与统计手册(第5版)》为基础的创伤后应激障碍和哀伤评估工具,以便全面深入了解来访者,包括家庭背景、过往的创伤经历、各种不同的风险因素等。

步骤三:深入了解来访者丧亲事件的前因后果与社会、家庭环境。关注对个体有直接和间接影响的消极与积极因素/偶然因素及其可能的结果,例如创伤或哀伤提醒可能会产生消极影响,而同伴互助可以产生积极影响。要想作好评估,治疗师需要具备哀伤和创伤的知识(Kaplow, Howell, & Layne, 2014)。

步骤四:治疗期间的评估和随访。治疗期间需要不断评估,并根据症状的变化来调整和设置新的治疗目标,并检验治疗效果。

八、其他哀伤评估量表

除了以上介绍的儿童青少年哀伤评估工具,还有其他一些评估工具。

青少年延长哀伤问卷(Prolonged Grief Questionnaire for Adolescents, PGQ-A),用于评估丧失父/母的14—18岁青少年的哀伤症状,基于其他学者的问卷而开发,具有良好的信效度(Unterhitzenberger & Rosner, 2016)。

扩展哀伤问卷(Expanded Grief Inventory, EGI),用于评估8—18岁儿童青少年的哀伤反应(Layne, Savjak, Saltzman, & Pynoos, 2001)。

儿童青少年复杂哀伤评估(The Complicated Grief Assessment for Children and Adolescents, CGA-C),用于评估8—18岁儿童青少年的哀伤反应(Prigerson, Nader, & Maciejewski, 2005; Heath & Cole, 2012)。

这些量表目前没有被广泛使用,因篇幅有限,就不详细介绍。

本 章 结 语

对儿童青少年延长哀伤症状的评估,评估量表或问卷是极为重要的

工具,但为了提高准确性,还需要综合考虑三方面因素(Webb,2010):
(1) 个体因素,例如年龄、性别、成长经历、药物史、失去亲人之前的功能、建立依恋关系的能力;(2) 与死亡相关的因素,例如死亡方式、死亡原因、与死者的关系、在葬礼上的表现;(3) 社会因素,例如家庭、社区环境、社会文化、宗教影响。

另外,评估量表或问卷是临床诊断的参考工具,最终诊断必须有专业的系统评估。

第六章　家长如何帮助丧亲儿童青少年

　　家长对儿童青少年哀伤疗愈的影响是最直接的，也是最大的。如果家长能够使用积极、适当的方法，将有助于孩子在丧亲经历中得到更好的支持，并对他们日后漫长的人生之路产生积极的影响。要做孩子的支持者，家长需要了解并掌握一些基本的知识和方法。关于家长如何用积极、适当的方法帮助未成年孩子应对失去挚爱亲人的哀伤，儿童青少年哀伤学者提出很多有价值的建议（Moore & Moore，2010；Dalton，Rapa，Channon-Wells，Davies，Stein，& Bland，2020；Rapa，Dalton，& Stein，2020；Grollman，2011；Trozzi & Massimini，1999；McCarthy，2019；Wolfelt，1996）。因为篇幅有限，这里只列举很少一部分参考资料。笔者在本章归纳汇总了众多学者的建议。

第一节　如何与孩子谈论死亡

　　目前，生命教育在我国还不普及。大多数家长一般不愿与孩子谈论死亡这个话题。尽管死亡在人的一生中会被无数次见证，而且每个人最终也将直视和面对它，但很多家长依然会觉得这是一个会令孩子感到惊吓和恐惧的话题。有些家长甚至不愿意让未成年孩子常去医院看望临终亲人或参加追悼会，有些家长担心会说错话而索性保持沉默（Moore & Moore，2010）。

　　然而,死亡事件无论是自然的还是意外的,总会在生活中出现。在家庭经历丧亲事件时,与孩子谈论死亡便成了很多家长不得不去面对的一项十分艰难的工作。儿童心理学家认为,用正确和适当的方式向孩子解释死亡,对孩子的心理健康会有长期的积极影响(Dalton,Rapa,Channon-Wells,Davies,Stein,& Bland,2020)。因此,家长在帮助年幼的孩子应对失去亲人时,首先要知道如何用适当的方法帮助他们理解死亡。

一、孩子对死亡的基本概念理解的差异性

　　在向年幼的孩子解释死亡时,通常有四个基本概念需要说明:(1) 死亡具有不可逆转性;(2) 所有生命功能在死亡时完全停止工作;(3) 所有生命体最终都会死亡;(4) 死亡是有原因的(Speece,1995)。国外学者研究显示,孩子一般在 10 岁左右可以充分理解死亡的概念,而更年幼的孩子对死亡的四个基本概念往往并不全都理解(Kenyon,2001)。

　　1. 死亡具有不可逆转性

　　在动画片、电视节目和电影中,孩子们看到有些角色“死”了,然后又重新活了。在现实生活中,这不会发生。不能完全理解这个概念的年幼孩子可能会将死亡视为一种暂时的现象。他们往往会认为,逝者是出门远行了。有时,成年人谈论死亡会用“他走了”或“他离开了我们”,这会强化孩子认为死亡是“出门远行”的概念。还有些年幼的孩子会认为只要用心盼望,或好好听话,逝者就会复活。如果孩子不认为死亡是永久的,他们就不会有真正的哀伤,虽然他们依然会有分离痛苦。无论对家长还是对孩子来说,丧失挚亲的哀伤都是一个会经历的过程。人们需要调整与逝者的联结。在此过程中,至关重要的第一步就是,理解并接受丧失和死亡是永久的、不可逆的。

　　2. 所有生命功能在死亡时完全停止工作

　　年幼的孩子会把万物视为有生命的,无论是哥哥还是妹妹,玩具还是门前的大树都是有生命的。在动画片里,天上的星星或店里的玩具都会说话或做事,这与幼儿丰富的想象力有关,而且是正常的。但是,这会

强化孩子对非生命体或死去的生命体的误解。有的家长会简单地告诉孩子,逝去的长辈去了天堂,并会在天堂看护他们,这也会强化孩子对死亡的误解,有的孩子还会对此感到恐惧。有些孩子虽然能够理解死亡是生理功能停止工作,但他们同时会认为,逝者的思维功能还会继续。

3. 所有生命体最终都会死亡

年幼的孩子往往会认为,自己以及亲近的人永远不会死,因为家长常会向孩子保证他们会一直爱护和照顾自己的孩子。家长这样说是为了增强孩子的安全感和减少孩子的担心,这本身是正常的。但是,当死亡事件直接影响孩子时,就应该让孩子知道死亡的真相。

4. 死亡是有原因的

孩子们必须理解亲人死亡是有原因的。死亡既可能是由于外部因素(例如车祸),也可能是由于内部因素(例如疾病)。有研究显示,年幼的孩子更容易理解外部因素导致的死亡,也能理解人老了会死亡,但对中年人因疾病而死亡较难理解。如果孩子不理解亲人死亡的原因,他们就容易想象一些不切实际的死亡原因,甚至将死亡归因于自己。

一些有传统观念或宗教信仰的家庭往往会向孩子谈及灵魂不会死亡,也就是死后超越肉体的延续(non-corporeal continuation)。持有这些观念和信仰的家庭需要向孩子解释亲人原来的肉体生命已经不存在,他们不再需要吃饭,不再感到疼痛冷暖等,而且逝者的灵魂无法被看到或触摸到。

二、与孩子谈论死亡

家长与孩子谈论亲人死亡需要掌握四条原则:(1)信息真实和准确;(2)语言简练和恰当;(3)谈话开放和灵活;(4)敏锐倾听和观察。

1. 信息真实和准确

正如本书第二章所谈,孩子在不同年龄段对死亡的理解是不同的。每个孩子的生活经历和环境不同,他们对死亡的理解可能早于或晚于同龄人。孩子是敏感的,不管家长是否告诉他们真相,他们总是可以感受到丧亲后家庭气氛的紧张、压抑和不安。向他们隐瞒或推迟告知亲人逝世的消息,会使他们觉得自己是家庭的局外人或不被信任。此外,他们在不知情时会对家庭的不正常气氛作各种猜想,甚至更为焦虑或自我指责。家长需要注意以下五点。

第一,孩子需要从家长那里获得真实的信息,这些信息不仅关于死亡事件本身,而且包含家长的感受。真实比坚强和善意的谎言更重要。例如,一位母亲告诉女儿,父亲死于意外,但几年后,女儿发现父亲死于自杀。她感到无法信任母亲,并当着母亲的面指责母亲对她撒谎,她变得极度愤怒并与母亲对立。母亲十分后悔没有对女儿说实话,但也无法缓解女儿的愤怒,后来母亲将女儿送去接受心理治疗,才使得女儿的症状有所缓解(Cohen, Mannarino, & Deblinger, 2017)。

第二,家长要及时向孩子告知亲人死亡的消息。时间拖得越久,越容易给孩子造成困惑。王萍(化名)在13岁时,母亲溺水身亡,当时她的父亲和其他家人没有把这件事情告诉她,直到她母亲去世的第四天,父亲才告诉她真相。王萍当时非常愤怒:"为什么这么重要的事情,你会拖这么久才告诉我?"她的愤怒情绪持续了很久,这加重了她的哀伤反应。

第三,真诚并不意味着需要让孩子像家长那样知道每一个细节,尤其是创伤性死亡(极度痛苦或有血腥色彩)的细节,也不要期望让孩子用成人的方式透彻理解死亡事件对今后意味着什么,或用成人的方式悼念逝者。孩子可以作出自己的选择并用自己的方式表达哀伤。

第四,孩子往往会担心当前照顾自己的家长也会死亡,担心没人照顾他们,家长需要给予真实的信息,告诉孩子生活确实会发生变化,但不管发生了什么变化,爸爸/妈妈或其他家人都会保护和照顾好他们。

第五,如果孩子提出的问题没有答案(例如天堂在哪里),就诚实地回答:"我也不知道。"

2. 语言简练和恰当

告诉孩子亲人的死讯时,家长需要使用简单和适合孩子年龄的语言。成年人往往不愿直接说"死掉了",而更倾向于说"他走了""他永远地睡着了""昨天晚上,我们失去了外婆"等,也有人会说"上帝太爱他了,把他接走了"。这些表述容易给年幼的孩子造成困惑。他们会问,"爸爸睡着了，为什么不快点叫醒他"，或"为什么不赶快把爸爸叫回来"。有的孩子会对上帝感到愤怒，认为是上帝使自己失去了父亲。以下是四条具体建议。

第一，对年幼的孩子，需要清晰地使用"死亡"这个词汇。例如："我有个不幸的消息要告诉你，奶奶昨晚死了。""妈妈病得太重了，她的心脏停了下来，无法再呼吸了，妈妈死了。"对年龄大一点的孩子，可以说："妈妈的脑瘤把血管堵住了，医生没有办法治疗这个病。妈妈昨晚死了。"

第二，考虑孩子的年龄与理解力，以及他们对所发生的事情的了解。谈话可以从孩子已知的事情开始。例如："昨天我们去了医院探望爸爸，当时你看见他已经很痛苦，我们走后，他的病情变得更差，医生再没有办法让他好转，今早他死了。"

第三，需要明确告诉年幼的孩子，人死后不会再呼吸、吃东西或继续与家人一起生活。为了让孩子理解生命体，可以让孩子向镜子呼气，孩子会看到镜面上的雾气，然后把别的物体放在镜子前，没有呼吸就不会有雾气。家长也可以让孩子看一些表现死亡的动画片，例如《狮子王》等，来帮助孩子理解死亡。

第四，作好准备回答孩子可能会提出的问题。年幼的孩子常常会反复问："妈妈什么时候回来?"也有的孩子会问："谁会当我的新爸爸?"家长的回答最重要的是让孩子感到你爱他们，会一直保护他们，照料他们，直到他们长大成人。

3. 谈话开放和灵活

成人的哀伤反应通常可以预测，而孩子的哀伤反应很难预测。因此，在与孩子谈论亲人死亡时需要开放和灵活。有人建议谈话前要有谈话步骤，其实这往往并不合适。以下是一些具体建议。

- 谈话需要有安静的、不受干扰的地方和时间。
- 可以考虑在睡前谈话，一方面孩子累了，另一方面孩子在卧室会更有安全感。鼓励年幼的孩子抱着自己喜欢的毛绒玩偶。注意看着孩子的眼睛。
- 面对家中不同年龄的孩子，需要考虑是一起谈话还是分开谈话。

如果和不同年龄的孩子一起谈话,要以年龄最小的孩子能够理解的方式。

● 注意观察孩子的反应,如果孩子不希望继续谈论这个话题,那就暂停。给孩子提供支持和舒适的氛围,尽快安排下一次谈话的机会。

● 谈话时,可以抱着孩子或握着孩子的手,让孩子有支持感。

● 尽管谈话内容很沉重,但语气要尽可能平静,不要大声,以缓解紧张气氛。

● 在告诉孩子亲人死亡的消息后,请暂停几秒钟,注意孩子的反应。对于年幼的孩子,你可能需要重复说此人已经死了,不会再回来了。

● 接纳孩子的哀伤反应。不要说"别哭""你要坚强""不要害怕""不要难过",而需要告诉孩子,这些情绪是正常的,别的孩子和家长也会有这些情绪。

● 有时候家长看到孩子哭了,自己忍不住也哭了。这往往有益于孩子知道你和他们有同样的感受和反应,他们从你那里得到情感共鸣和支持,并知道自己的哀伤反应是正常的。过度掩饰你的哀伤,只会使孩子困惑。

● 如果孩子在得知亲人死讯后表现得无动于衷,依然像以前那样只关心玩和食物,请不要感到意外,更不要生气,因为这是正常的。对孩子来说,玩往往也是一种应对哀伤和管理自我情绪的方式。

● 谈话结束时,要问一下孩子:"我知道这是一次非常困难的谈话,有很多东西需要慢慢了解。你还有什么问题吗?"

● 有时候请专业人员参加谈话也会有帮助。

4. 敏锐倾听和观察

在谈话时,家长需要仔细倾听和保持敏锐的观察。要注意三点:
(1)孩子通过提出问题来获取、分析和确认信息。家长在孩子提问时,首先要让孩子把话说完。不要打断孩子的话或急于给出答案,而是思考一下:孩子为什么会重复提这个问题,是不是家长没说清楚,还是孩子通过提问确定信息的准确性。重复提问和回答有益于孩子接受现实。
(2)注意观察孩子是否真的听懂了,鼓励他们提问,并作进一步解释。

（3）谈话往往不会一次完成。家长需要观察孩子在谈话时和谈话后的反应，根据反应来决定是否进一步谈话，或者考虑请孩子信赖的亲友或专业人员和孩子谈话。

三、葬礼的重要性

与孩子谈论亲人死亡，葬礼是一个不该被绕过的话题。中国传统文化往往不希望孩子参与葬礼，觉得对孩子不好。然而，这对孩子并不是一种科学的保护。如果逝者与孩子有非常亲密的关系，不让孩子参加葬礼可能会使孩子感到终身遗憾和痛苦，严重者还会出现创伤后应激障碍。家长需要征求孩子的意见，是否要参加已故亲人的葬礼。

美国著名哀伤学者沃尔费尔特（Alan Wolfelt）认为，参加葬礼对孩子适应哀伤有六项益处（Wolfelt, 1996）：（1）认识死亡的现实性；（2）感受不同的哀伤情绪；（3）通过最后的道别、道谢或道歉向逝者表达爱和尊敬，这有助于转变与逝者的关系，从过去的互动关系转变为回忆与怀念；（4）调整逝者已逝的新的自我身份认同；（5）重新考虑生命的意义，家长有时觉得孩子还不会考虑生命的意义，事实上孩子也会考虑这方面的问题，尤其是 13 岁以上的孩子；（6）得到更多成人的安慰、支持和帮助。

如果孩子希望参加葬礼，在正常情况下（遗容没有受到损坏）家长应该尽可能满足孩子的愿望。这对孩子应对丧亲哀伤将会有帮助，但家长需要注意以下两点。

第一，家长需要事先告诉孩子葬礼是怎么举行的，需要注意什么。可能的话，让孩子选择以自己觉得有意义的方式向已故亲人道别和道谢。对于年长的青少年，可以让他们参与选择骨灰盒、服装、花朵、陪葬品以及追悼会的计划仪式等。年幼的孩子在参加葬礼时始终要有成人陪伴。

第二，如果孩子选择不去参加葬礼，那么要尊重孩子的意愿，但在葬礼后，可以告诉孩子葬礼的情况，例如很多亲友都去告别以及说了什么。

第二节 如何帮助哀伤孩子

繁忙的葬礼之后,家庭需要回归正常的生活,而这也正是漫长的哀伤之旅的开始。家长不仅要应对自己的哀伤,而且要帮助孩子应对哀伤。家长在帮助孩子应对哀伤时需要掌握六项原则:(1)共情沟通;(2)积极缅怀;(3)适当的技巧;(4)开放的态度;(5)积极的榜样;(6)社会支持。

一、共情沟通

家长在帮助孩子应对哀伤时,需要共情(empathy)。共情是深入体验他人感受和理解他人的能力。家长需要设身处地体验孩子的感受,从而理解孩子的情感。只有共情基础上的沟通和交流才可以真正地帮助孩子。

1. 倾听和理解

倾诉是一种自我疗伤的方式。在死亡事件发生后,有些孩子希望能够和他人分享自己的感受。作为家长,可以通过倾听帮助孩子。家长要避免先入为主地认为自己知道什么对孩子是最好的,当我们没有听清孩子的想法就过快地给孩子建议和表达自己的想法时,这往往会使我们无法了解孩子真正需要什么,以及什么样的帮助对他们才是最有意义的。因此,家长需要仔细倾听孩子的想法。下面是四点具体建议:(1)不要过快地提出建议或者作出判断;(2)用孩子的语言重复孩子所说的话;(3)用不同的语言重复孩子的话,确定没有理解上的误差;(4)如果有不清楚的地方,可以向孩子提出问题来澄清。

下面用一个例子来描述这样的交流方式。

孩子说:"爸爸喝醉酒开车,出车祸死掉了。我感到很愤怒,为什么他的朋友看到他喝醉酒后仍然让他开车上路。我恨他的朋友。"

家长错误的反应:"你不该用'恨'这个词,你也许只是生气,慢慢地你会好起来。"

家长正确的反应,首先重复孩子的话:"爸爸出了车祸,你感到愤怒,因为爸爸喝醉酒后他的朋友没制止爸爸开车,所以你恨他们。"然后,用另外的方式重复孩子的话:"对所发生的事,你现在有很多不高兴的情绪,有悲痛、愤怒和恨。"最后,澄清问题:"当你体验这些感受的时候,你有什么感觉,当你悲痛或者愤怒的时候会做些什么?"在理解了孩子内心的想法后,家长才可能有的放矢地帮助孩子认识和应对不同的哀伤情绪。

有时候孩子不想说话,或者很难找到适当的语言来表达自己的感受,有时候孩子想保护家长免受更多的痛苦而不去表达自己的痛苦。因此,在倾听的时候,需要注意哪些话他们没有说出来。另外,观察他们的行为,他们的很多想法和情绪往往通过行为表现出来,而不是语言。

只有当孩子感到与你说话安全时,例如不会让你有极其强烈的哀伤反应或不适当的回应,他们才可能敞开心扉,诉说他们的想法和情绪。

2. 提供真实的信息

在共情沟通中,家长需要知道,孩子希望了解真相,请不要对孩子撒谎。即使家长没有直接告诉孩子有关死亡的真实信息,孩子通常也会从不同渠道得到这些信息,也许从大人的谈话中得知,也许从邻居孩子那里得知。当孩子发现他从旁处听到的真相与家长说的不一样,这只会使孩子的哀伤过程更加复杂,因为他们会觉得自己最信赖的人并不是那么可信。

3. 理解孩子的内疚感

有些孩子对亲人死亡会自责,尤其是年幼的孩子往往会把责任归于自己。家长需要理解有这些想法的孩子,并明确告诉孩子亲人的死与他们没有关系。此外,家长也可以鼓励孩子用不同方法做自己感到可以弥补内疚的事,例如可以引导孩子写信或画画给逝者等,同时也可以帮助孩子列举曾经做过的令逝者特别高兴的事。

4. 避免不适当的期望

共情沟通需要避免不适当的期望,尤其是期望孩子像成人那样表达哀伤。在现实生活中，并非所有的孩子都愿意用语言表达悲伤。如果孩子不想谈论自己的悲伤或拒绝谈论死亡，请不要过于不安。他们需要用自己感到适合的方式去经历哀伤过程。请接受孩子的选择。如果与孩子关系十分密切的亲人（例如父/母）死亡，而孩子长期不流露一点哀伤，仿佛什么也没发生，那么家长应该寻求专业人员的帮助，以预防孩子使用过度回避策略或有延迟哀伤反应。

5. 情感交流

共情沟通需要家长和孩子有正常的情感交流。家长可以与孩子分享自己的痛苦和思念，可以在孩子面前流泪。家长也要让孩子知道失去至亲后，哀伤和流泪是正常的，这不是软弱，而是人的正常情感。小敏（化名，6岁）的妈妈死了，起初她爸爸担心女儿太难过，一直没有在女儿面前表现出哀伤。直到有一天，小敏泪眼汪汪地问爸爸：“妈妈死了，难道你一点也不难过吗？”这时候爸爸抱起了她，流下了眼泪，告诉小敏，自己也很难过，也很想念小敏妈妈。小敏爸爸这时候才知道女儿并不希望看到爸爸的“坚强”，而是想知道爸爸的真实情感，并能和她分享真实情感。后来爸爸和小敏可以互相交流情感，谈论和回忆妈妈。这对小敏和她爸爸适应哀伤过程具有积极的影响。

6. 别要求孩子“坚强”

在与孩子沟通时，家长别要求孩子用“坚强”来应对哀伤。孩子有爱，自然也就有哀伤的权利。孩子失去亲人的哀伤需要得到理解，哀伤的压力需要得到疏导。如果有人期望家长用“坚强”来应对哀伤，那么首先不要让这种期望束缚自己，其次不要把这种期望压到孩子身上。要理解孩子的哀伤不是软弱，而是人的天性。

二、积极缅怀

帮助孩子与已故亲人建立健康的持续性联结有助于孩子适应生活的变故，并培养积极的生活态度。积极缅怀对此具有很大影响。

1. 让孩子作选择

让孩子自己选择用什么方法来缅怀已故亲人，对建立健康的持续性联结十分重要。当孩子被给予选择的机会,他们会认识到自己的价值,感到自己没有被忽略。例如,在遗物的处理上,家长要尊重孩子的意愿。有时候,同一个家庭的孩子会有不同的选择。例如,有的孩子会选择照片或者纪念品,有的孩子会选择衣物。如果孩子年龄太小不知如何选择,可以把遗物存放到孩子更成熟后再来选择。在丧亲初期,有的孩子不希望把遗物放在自己的房间里,这很正常。家长不要以为适合某一个孩子的缅怀方式,就一定适合其他孩子。因此,让孩子作选择是一种健康的哀伤疗愈方式。此外,给孩子选择的机会,有助于他们感到自己对生活有一定的控制。

2. 与孩子一起悼念

积极缅怀还包括家长与孩子一起悼念已故亲人,例如一起整理照片,一起重访逝者生前喜爱的地方,与孩子一起扫墓等。

3. 与孩子谈论逝者

与孩子谈论已故亲人是积极缅怀的一个重要部分,也是一种简单易行的缅怀方式,例如与孩子谈论"这是妈妈最爱听的一首歌",或者"这是爸爸最爱吃的菜"。谈论已故亲人也是为了让孩子知道,缅怀已故亲人并不是一件不适当的事情。它会提醒孩子,对已故亲人的怀念将继续是他们未来生活的一部分。

4. 记住特殊的日子

节假日、周年纪念日(生日、忌日)是丧亲者情绪容易起伏的日子。这些日子容易引发人们对逝者的强烈怀念,重现失落的感觉。因此,在特殊的日子里,用适当的方式或仪式怀念已故亲人对稳定孩子的情绪会有帮助。每逢佳节倍思亲,尤其是春节,对失去父/母的孩子来说往往是极为艰难的。街坊邻居的热闹喜庆反衬出丧亲孩子的失落和孤独。家长可以让孩子一起参与适当的纪念活动,例如给逝者写信,制作卡片。如果孩子愿意,可以带孩子出门旅游,或去看望亲友。对青少年来说,他们也许更希望和同伴在一起。不论用什么方式,重要的是用让孩子觉得适当的方式来应对特殊的日子以及怀念逝者。

三、适当的技巧

失去亲人后，家长非常希望能给自己未成年的孩子提供帮助。有的家长会用溺爱来补偿，有的家长会鼓励孩子"坚强"。但是，这些方法往往会适得其反。家长只有好的愿望是不够的，还需要有适当的技巧才能给予孩子最大的帮助。

1. 补充"替代角色"

如果孩子曾经很依赖已故亲人，那么丧亲后家长要尽可能寻找相应的"替代角色"以避免孩子出现太大的心理失落感。晓天（化名）的家庭作业过去都是爸爸帮忙的，后来爸爸因心脏病突然死去。晓天的妈妈在丧亲初期承担起这个责任，过了一段时间，她请了家庭教师。这可以使晓天在做作业遇到困难时不会感到过于失落并引发哀伤。

2. 保持生活节奏和家庭纪律

失去亲人（尤其是父/母）初期，生活往往会比较混乱，这会使孩子缺乏安全感和控制感，日常生活的不可预测性更容易加剧孩子的焦虑感。

保持日常生活节奏（例如上学、做作业、玩耍、睡眠、饮食）对孩子适应生活的巨大变故十分重要。保持稳定的生活节奏有助于修复丧亲事件造成的生活秩序和生活模式的破碎感，在某种程度上保持与往日生活的连续性。这有助于缓解孩子的焦虑，以及重新建立安全感和增强控制感。

当孩子因情绪不好而难以控制自己的行为时，请努力保持家庭纪律。有时候家长可能想给孩子一些"例外"，但是轻易更改规则并没有帮助，因为这只会加剧孩子内心的混乱和动荡。家长需要用平静、温和且坚持的态度规劝孩子，而不是对孩子发脾气。当然，家庭纪律也可以有一定灵活性，例如睡觉时间到了，孩子想倾诉自己的情绪，家长可以继续倾听和开导，而不是马上关灯。家庭纪律并不是一成不变的，在不稳定的时期为孩子提供稳定性更为重要。此外，在设置家庭纪律和行为规范时，要考虑到孩子的接受能力，要简单可行。

3. 帮助表达情绪

哀伤情绪很多时候无法用语言来表达。家长可以使用不同方法来引导孩子,例如涂鸦、沙盘、游戏、音乐、舞蹈、绘画等。绘画适合不同年龄的孩子,包括年幼的孩子。家长还可以鼓励年长一些的孩子写日记或随笔。鼓励和帮助孩子用不同的方式来表达他们的哀伤,有助于舒缓哀伤情绪。

4. 鼓励参加有益的活动

家庭和学校活动、游戏、体育运动和有创造性的活动是缓解压力的重要方法,有助于孩子在失去亲人的压力下依然感到生活是有乐趣和意义的。另外,活动和运动有助于保持健康的身体,以及与同伴的关系,这也有助于减少孤独感和增强自信心。

5. 不要施加过重的责任

有些孩子在经历父/母死亡事件后,会变得特别有责任感。这种责任感有时是因为外界压力,例如:"父亲去世后,你要像个男子汉那样照顾妈妈和弟弟妹妹。"有时,责任感源于内在的动力,即为了减轻家长的痛苦和压力,或源于对家人的爱。

在可能的条件下,要尽力帮助孩子依然像孩子那样生活,而不是变成一个"小大人"。如果孩子因外界压力而被迫在家庭承担"母亲"或"父亲"的责任,他们往往会对命运充满抱怨。当然,有些孩子会心甘情愿地承担起这样的责任。家长要注意帮助孩子减压,让家中其他孩子共同承担一些家务。

6. 鼓励健康的饮食

有些孩子可能会出现饮食紊乱,例如暴饮暴食或食欲不振。家长要尽可能鼓励孩子保持健康的饮食,减少不健康的"垃圾食品"。家长要提醒孩子多喝水,吃健康的食物,这有助于降低患病的概率,对情绪调整也会有帮助。

7. 注意孩子的睡眠

有些孩子可能会出现睡眠障碍。例如,年幼的孩子可能会有夜晚恐惧症,他们晚上难以入睡、早醒或做噩梦。家长需要让孩子保持有规律的就寝时间,在临睡前作一些常规的交流,例如讲故事、轻松谈话等。这有助于建立孩子的安全感,并让孩子觉得需要的时候家长会在身边。在丧亲初期,家长也可以陪伴孩子入睡后再离开,或允许孩子与自己一起睡觉。

8. 避免过度保护

不要改变对孩子原来正常的教养方式,更不要用过度保护或溺爱来补偿孩子的丧失,因为这只会压抑孩子与生俱来的内在抗挫力和造成更多的困惑。陈然(化名,15岁)的哥哥在骑自行车时因意外车祸身亡,他的母亲后来就一直不让他骑自行车,但陈然的朋友都有自行车并会一起出去玩,他觉得自己被妈妈保护成了一个"异类"而感到很不高兴。这种过度保护并没有帮助孩子,反过来往往会使孩子感到愤怒和自卑。有些家长甚至停止孩子的课外活动。与同龄人保持联系并开展愉快的活动有助于孩子改善情绪,这对青少年尤为重要。参加课外活动有助于让孩子看到,即使自己失去了所爱的亲人,但是自己热爱的活动依然可以保持和继续。很多研究表明,温暖而有纪律的教养方式对丧亲孩子的健康成长极为重要。

9. 安排家庭活动

有时候,因为逝者的缺席,有些丧亲家庭的家长不愿安排孩子曾经喜欢的家庭活动。但是,对孩子来说,继续安排这样的家庭活动往往十分重要。在丧亲事件初期,安排这样的活动也许很艰难。随着时间的推移,家长要尽可能安排孩子喜爱的家庭活动。其实,当家长看到孩子开心时,自己的心情也会好转。

10. 给孩子更多的陪伴时间

很多失去父/母的孩子会有焦虑感。年幼的孩子往往希望得到家长更多的陪伴,以建立充分的安全感。家长要让孩子知道,当孩子需要的时候,他们会来到孩子的身边,家长需要给孩子联系方式,例如手机号码,当他们需要时可以联系到家长。如果孩子失去的是兄弟姐妹,父母可能会因极度哀伤而忽略其他孩子,并容易使其他孩子觉得自己对父母并不那么重要。这时候父母也要尽可能给他们帮助,让他们知道父母同样爱他们。家长要尽量按时回到家里,如有事耽搁,要通知孩子,这有利于增强孩子的安全感。

四、开放的态度

家长需要对孩子的哀伤反应保持开放的态度。不同的孩子会有不同的哀伤反应,有的孩子反应较弱,有的孩子反应强烈,有的孩子更加自律,有的孩子行为反常,同一个家庭的孩子也会有完全不同的哀伤反应。对孩子的哀伤反应,家长需要持有开放的态度,尤其在急性哀伤期,对孩子强烈的哀伤反应要能理解、宽容、接纳和持有更加开放的态度。

1. 理解不同的哀伤反应

哀伤反应受到很多因素的影响,例如和逝者的关系、死亡的方式、孩子的年龄、个性等。因此,我们需要理解和接纳孩子不同的哀伤反应,例如愤怒、羞愧、抑郁、悲痛、麻木或如释重负。梁海(化名,15 岁)的母亲得了白血病,从确诊到死亡前后经历了九个月的痛苦治疗,母亲死后,他说:"我感到解脱了,因为妈妈不用再受那么多的苦。"有研究显示,家长因病死亡,孩子最痛苦的时候是目睹家长临终前经历的痛苦和家庭生活的混乱(Kaplow, Howell, & Layne, 2014)。家长需要让孩子知道,解脱感不是冷漠,而是对已故亲人的爱。

2. 行为退化

年幼的孩子在经历亲人死亡,尤其是父/母死亡后有时会出现行为退化。家长需要理解这种行为退化,而不要斥责或嘲笑。这可能是孩子希望得到更多陪伴和关爱的表现。通常一段时间之后,孩子可以恢复同龄人的生活自理能力。但是,如果行为退化现象一直持续,就需要寻求专业人员的帮助。

3. 行为反常

成人在丧亲后的头几个月,情绪起伏会十分明显,尤其在情绪低潮时,通常很难集中注意力或容易心烦意乱做错事。孩子也会有同样的状况,他们可能会不当心摔破碗,打翻水,不能集中注意力听课或做作业,甚至在学校里出现行为问题,例如吵闹。家长要给孩子适应和调整的机会。不要因为不当心损坏了东西,或一时的考试成绩下降和行为问题而过度责备。家长对孩子的"反常过失"需要有更多的理解和耐心。

4. 情绪反复

哀伤仿佛大海的波浪,有时波涛汹涌,有时平缓。不要期望孩子能够很快从哀伤中恢复。请理解和接纳孩子的情绪反复,也请告诉孩子,哀伤情绪的反复是正常的。

5. 特殊需求

经历过亲人自杀,或其他暴力死亡的孩子特别容易感到孤独。他们往往会感到被逝者抛弃,有时还可能感到他们对死亡负有某种责任,或者认为自杀的亲人不喜欢他们。家长需要特别关注这些孩子,最好与学校老师保持联系。同时也要尊重孩子的意愿,对于孩子不希望与同学分享的信息,务必不要在同学中传播。

6. 警惕身体疾病

在丧亲哀伤中,有时候孩子会感到身体不适,例如头痛、胃痛和其他身体不适症状。有时孩子抱怨的疼痛部位正是已故亲人经历过疼痛的部位。此外,有些哀伤反应强烈的孩子也更容易发生事故,例如跌倒、碰伤等。需要及时检查孩子的生理不适,注意不要把孩子的身体不适看作单纯的心理问题。

7. 给孩子"松口气"的机会

丧亲事件发生后,家长为之痛苦不已,但有的孩子可能只关心玩游戏或把注意力转移到其他地方。孩子比成年人需要更多的时间从哀伤中恢复。可能的话,为孩子安排一些能让他们放松、愉快的活动和游戏。小欣(化名)是一个6岁的孩子,早上妈妈告诉他:"爸爸昨天晚上出车祸死了。"小欣马上问:"今天我还能出去玩吗?"妈妈感到很生气。其实这是正常的。小欣需要摆脱家中强烈的痛苦气氛,因为他无法应对和分担那种压力。陈莉莉(化名,14岁)的妹妹死于白血病,每当她看到爸妈哭泣或争吵时,她就离开家找朋友玩。孩子这样做是一种正常的自我情绪舒缓。孩子在经历丧亲事件时,需要更多的"松口气"的时间。家长要理解孩子应对哀伤的需要,并允许他们用自己的方式"消化"哀伤。

五、积极的榜样

孩子往往会从成年人那里学习如何应对哀伤,他们会观察和模仿成年人。大量研究显示,家长应对哀伤的方式是孩子能否健康应对哀伤的最重要的因素(Haine,Ayers,Sandler,& Wolchik,2008)。家长所做的一切都可能成为孩子应对哀伤时学习的对象。请记住:"榜样的力量是无穷的。"

1. 照顾好自己

丧失亲人,包括丧失配偶或子女,可能会使家长陷入困境(刘新宪,王建平,2018)。家长要注意照顾好自己。只有照顾好自己,才能照顾好孩子。照顾好自己,包括照顾好自己的情绪、健康,以及用健康的方式来应对哀伤,建立与逝者的持续性联结和对生活积极的态度。

2. 不要压抑哀伤

家长不要在孩子面前刻意隐藏和压抑自己的哀伤。如果有需要,请寻求亲友或专业人员的帮助。

3. 学习哀伤疗愈知识

为了更好地帮助孩子应对丧亲哀伤,家长需要学习有关哀伤疗愈的知识。例如,不同年龄段的孩子对死亡会有不同的认识和理解,他们的哀伤反应也会有所不同。通过学习哀伤疗愈知识,家长可以更有效地帮助孩子应对哀伤,同时也可以帮助自己积极应对哀伤,并成为孩子的榜样。

4. 积极规划未来

家长要与孩子一起积极地面对新生活。告诉孩子大家可以彼此支持,一起过好以后的生活。用积极的态度规划家庭的未来,从而让孩子对未来更有自信。

六、社会支持

家长需要为孩子寻求适当的社会支持,让孩子身边的成年人(例如老师、亲友、专业人员等)明白孩子的需要,并争取获得他们的支持和帮助。

1. 学校老师支持

丧亲事件不仅会影响孩子的家庭生活,而且会影响孩子在学校的学习和活动。因此,让孩子的老师和辅导员知道丧亲事件会对孩子有帮助。家长通过与学校老师保持联系,可以及时了解孩子在学校的表现。虽然大多数孩子的学业和学校活动可以保持正常,但也有一些孩子在亲人去世后的几周和几个月内难以集中精力上课并跟不上学习进度。家长需要与老师商量并制定完成学业的计划,保持学业成绩的稳定有助于建立自信心。但是,计划和期望不能操之过急,首先帮助孩子在自己比较喜欢的课程上恢复到过去的水平,然后逐渐提高其他课程的成绩。

2. 亲友支持

并不是所有环境都会鼓励孩子公开谈论死亡或表达哀伤。孩子需要在生活中寻找可信赖的人来倾诉他们的哀伤。家长可以寻求亲友来提供适当的帮助。

3. 同伴互助

儿童青少年不喜欢有与同龄人不同的感觉。尤其是青少年,他们正在形成自我身份认同,需要得到认可。如果一个孩子失去了父/母或兄弟姐妹,当其他孩子谈论自己的父母或兄弟姐妹时,丧亲的孩子会感到不适和尴尬,并可能会感到孤独。小妮(化名)的母亲在她5岁时去世,上二年级时,老师布置作业要求写一封给母亲的信,看到同学们都交出了作业,她感到很无助和孤独。后来,她看到另一位同学也不知如何完成作业,才得知那位同学也失去了母亲。她们在老师的帮助下,写了一封给父亲的信。她们最终成了彼此可以倾诉的好朋友。丧亲孩子需要一个能倾诉的对象。家长也许可以帮助孩子列出一个名单,寻找谁能聆听和分享孩子的哀伤与思念。建立同伴互助小组通常是一个有效的办法,它可以使年龄相仿的丧亲儿童青少年定期相聚、互相交流,使他们感到自己不是唯一失去亲人(父/母)的孩子,这有助于缓解孤独感,也可以获得同伴积极榜样的鼓励。

4. 寻求专业帮助

正如本书所谈到的,部分丧亲儿童可能会有较高风险罹患延长哀伤障碍、抑郁症、创伤后应激障碍和焦虑症以及出现行为问题。如果严重的哀伤症状持续存在,或者严重影响日常生活以及学习功能,那么家长需要考虑寻求专业人员的帮助。以下是家长需要特别注意的迹象：（1）长期情绪低落或易怒；（2）生活规律紊乱且生活方式不健康；（3）对学校或家庭活动失去兴趣或乐趣；（4）睡眠障碍；（5）食欲显著增强或减弱；（6）头痛、胃痛和其他身体症状；（7）疲劳或精力不足；（8）谈论自杀；（9）长期难以集中注意力；（10）社交退缩；（11）在学校行为严重反常，例如过于频繁地违反校规或逃学等。

本 章 案 例

本章案例取自哀伤科普畅销书《失去母亲的女儿：丧失的启示》（Edelman，2006）。该书作者埃德尔曼（Hope Edelman）在 17 岁时失去母亲，40 岁时失去丈夫。她后来成为美国著名哀伤学者、作家和教育家，她的书被翻译成 14 种语言在多国出版。通过和九十多名失去母亲的女性访谈，她归纳出四种不同类型的父亲。

一、"我没事，你就没事"的父亲

特丽莎 3 岁时母亲去世，她的父亲应对丧亲哀伤的方法十分简单：沉默、回避、再婚。他鼓励孩子让生活继续向前，仿佛母亲的死亡从来没有发生过。直到 9—10 岁时，特丽莎才开始感受到强烈的丧母之痛。她认为，这与家里不允许谈论母亲有关。父亲一方面采用了"我没事，你就没事"的方式来压抑自己的痛苦，另一方面用一种决绝的方式领着孩子们一起回避哀伤。他用绝口不谈亡妻的方式来"保护"孩子。埃德尔曼谈到，有一项研究显示，52% 的男性丧妻后会在 18 个月之内再婚，但其中约 50% 的仓促再婚最后以离婚而结束（Edelman，2006）。

两年后，特丽莎的父亲再婚了。特丽莎感到无法开口叫继母为"妈妈"，因为她有过妈妈，虽然死了，而且家中无人谈论她，这种沉默使家中每个人看起来像演戏一样，但她还是有自己的生母。她对继母有强烈反感并经常挑衅，其他兄弟姐妹也无法接受父亲的这种"我没事，你就没事"的态度,他们用各自的方式处理哀伤。她的姐姐 16 岁怀孕并生了孩子,她的大哥与母亲感情最深,时常离家出走不知去处。整个家庭四分五裂,互不相关。

特丽莎从来没和父亲认真谈过一次话。长大后,她的工作一直不稳定,在找男朋友时,她希望对方能成为一位强大的"家长"式的丈夫,但又屡屡失败,她感到愤怒和无奈。

二、毫无帮助的父亲

丹妮士在 12 岁时母亲因病去世。她的父亲是个温和、讨人喜欢又有点大孩子气的男人,但他喜欢回避问题。当医院来电话告知丹妮士母亲病故的消息时,她的父亲一下子崩溃了,无法继续谈话,是丹妮士拿起了话筒让院方把话说完。从她拿起话筒的那一刻,她开始扮演一个特殊的角色,她无暇处理自己的哀伤,因为她要扮演"母亲"的角色,照顾父亲和妹妹,负责家里的食物、账单等。她没时间出去玩,没时间打扮化妆,她被困在"母亲"和"妻子"的角色里,她痛苦、愤怒、无奈,因为她的父亲除了沉浸在自己的哀伤里,完全不能照顾孩子。12 岁的丹妮士被迫担起照顾家人的责任,却无法给自己喘息的机会。她在一个父亲不能给予她任何帮助的家中生活了七年后,搬了出去。这时的丹妮士已经成长为一个极度独立且"无所不能"的女人。

她发现自己面临的最大挑战恰好是这种极度的独立性。她无法与男友以互相帮助的方式共处,因为她似乎不需要帮助。不过,她的内心依然强烈希望有一个可以相互依靠的肩膀,但在现实生活中,她很难找到这样的男友。她感到迷惘。

三、难以接近的父亲

朗妮在 15 岁时母亲逝世。她有一个与她不断拌嘴的 17 岁的姐姐和一个如同陌路人的父亲。即使在母亲逝世前,她和父亲也几乎没什么交流。母亲是她在家中的知己,平时都是母亲照顾她们姐妹俩,父亲很少过问两个女儿的事。妻子去世后,父亲与女儿的关系更加疏远,他不知如何与女儿沟通。他可以给女儿的最大帮助就是："这是支票本,你们需要什么就自己去买。"

很多丧偶的父亲,他们不知道怎么照料女儿,尤其是女儿进入青春期后,他们和女儿的距离会更远。朗妮的父亲正是如此。朗妮的母亲去世两年后,父亲接受了公司提升去外地工作,并在那里买了房。他把两个女儿留给了一个全职保姆照顾,起初他每周回家一次,然后每月一次,再往后,逢年过节才回来。

父亲不在家的时候,朗妮和她的姐姐总是在家里举行聚会,挥霍父亲的钱。父亲和她们联结的唯一方式就是支票本,这是他表达爱的唯一方式。有时孩子用不当行为希望引起父亲的关注,父亲却熟视无睹。他和女儿之间隔着一道墙,他用放任的方式去溺爱和补偿,但用那道墙与女儿分离,在女儿最需要他关怀的时候,他是一个陌路人。这给朗妮造成很深的伤害和悲痛。大学毕业后,她所有的愤怒开始爆发出来,有一阵她甚至八个月没有和父亲说一句话。

朗妮认为自己最终没有做很多错事,是因为她就读的学校管理十分严格,她在那里学到自律。但是,由于有一个陌路人般的父亲,朗妮成了一个情感上极度自我中心的人。她觉得自己在生活中被抛弃(失去母亲),又在感情上被抛弃(父亲不关心她的感情需求)。人们都说她冰冷,缺少人情味。她也承认这些评论没错,她知道这与自己失去母亲和有一位难以接近的父亲有关。她渴望能遇到让自己敞开心扉的人,但又害怕被抛弃。多年后她的父亲经过心理咨询,意识到自己的问题。但朗妮说,她长大了,已经不可能给他机会弥补。

四、"英雄父亲"

瑟曼塔 14 岁时母亲去世。她的父亲一直和孩子们有很密切的关系,妻子去世后,他和孩子们的关系更加密切。下班后,他会陪伴孩子做家庭作业和外出活动。他给孩子们提供了安全感和情感支持,把对孩子的关爱看作对妻子的终身承诺。一个"英雄父亲"通常会和妻子分担家务,并与孩子有亲密关系。妻子离世后,他用积极的方式悼念妻子,也让孩子们可以安全地表达自己的哀伤。他可以转换自己的角色来帮助孩子。在一个有"英雄父亲"的家庭，当父亲负担太重时，孩子们通常会帮助父亲，这种互助关系是"英雄父亲"家庭中的重要部分，也是瑟曼塔的家庭氛围。

"英雄父亲"并不是完美无缺的，他们也会有抑郁和沮丧，他们不可能完全取代母亲的角色，但他们可以营造出一种安全的家庭氛围，帮助孩子建立和保持自信与自尊。虽然瑟曼塔很早失去了母亲，但在父亲的帮助下，她一直拥有自信和安全感。

本 章 结 语

失去至亲后，家长如何帮助孩子应对丧亲后的哀伤和生活，对孩子日后的成长有着深刻和巨大的影响。首先，家长自己要用健康的方式应对丧失，这对孩子保持安全感和控制感极为重要。其次，家长需要使用适当的技巧来帮助孩子，从而使孩子在经历哀伤的过程中可以得到有力的支持和帮助。这不仅可以大大降低孩子罹患延长哀伤障碍的风险，而且可以帮助孩子提升抗挫力，在丧亲经历中得到成长。

第七章　哀伤理论介绍

本章介绍当代有重要影响的哀伤理论和干预方法。这些理论已经被广泛且成功地应用于成人的哀伤干预,同样也被越来越多地有效应用于儿童青少年的哀伤干预。

第一节　持续性联结理论

一、持续性联结理论的历史沿革

弗洛伊德于 1917 年发表的《哀悼与忧郁》提出,丧亲者需要"切断"与已故亲人的联结,这是使心灵重获"自由"所必需的一项"哀伤工作"。弗洛伊德认为,全心关注的联结来自性能量(libidinal energy)和所爱对象在心中的代表(representative)。当所爱的人死去,性能量使生者通过思念和回忆来与逝者保持联结。然而,人的能量池(pool of energy)里的能量是有限的,生者需要把对逝者的全心关注"抽取"出来,才能重新获得能量资源。这就需要经过一个与已故亲人分离(detachment)的过程。弗洛伊德认为,哀伤的功能就是使生者从对逝者的深刻思念与回忆中解脱出来,并渐渐切断与逝者的联结。当生者把自己从对逝者的怀念与回忆中基本解脱出来并把能量转换到新的对象时,哀伤工作也就结束了。如果做不到这点,丧亲者将一直陷入痛苦(Stroebe, Gergen, Gergen, & Stroebe, 1996)。

20 世纪 60—80 年代,鲍尔比把依恋理论引入哀伤领域。鲍尔比和帕克斯还提出哀伤四阶段理论：（1）震惊和麻木；（2）抗议、思念和寻找；（3）混乱和绝望；（4）重组生活，放弃与逝者的关系以及与他人建立新的关系（Mallon，2008）。

从第四个阶段"放弃与逝者的关系"可以看到弗洛伊德切割理论很深的痕迹。有趣的是，帕克斯在他的哀伤研究中注意到寡妇对已故丈夫的回忆会保持很长时间。鲍尔比也注意到帕克斯的这项研究的结果。但是，他们并没有因为这个研究结果而改变有关与逝者切断关系的观点（Klass，Silverman，& Nickman，1996）。笔者认为，这也许与鲍尔比研究的婴幼儿和母亲的依恋关系有关。婴幼儿在失去母亲后，如果有了新的关爱他们的看护人，他们确实会渐渐淡忘生母，并与新的看护人建立起新的依恋关系，并获得安全感和爱。鲍尔比的研究和他著名的"哀伤三部曲"并没有深入讨论婴幼儿认知能力的局限性，所以他接受切割理论并提出阶段理论并不奇怪。

帕克斯等人认为，导致病理性哀伤症状的重要原因之一就是，生者与逝者依然保持联结。其他哀伤学者从不同角度谈论了在正常哀伤过程中，生者与逝者分离或"切断"联结的重要性。曾经有一个很热门的身份认同理论认为，丧亲者若要重建新的身份认同，就需要放弃与逝者的联结，在新的身份认同中逝者将不复存在，如果丧亲者一直保持与逝者的联结，他们将需要心理咨询和治疗（Silverman & Nickman，1996）。总之，直到20世纪90年代中期，哀伤学界依然普遍认为，丧亲者长期保持与逝者的联结是一种不健康的哀伤反应，它意味着生者拒绝承认逝者已逝的事实，或者是一种病理性哀伤症状（Klass，Silverman，& Nickman，1996）。在切割理论的影响下，很多哀伤学者和治疗师把切断联结看作哀伤干预的重要方法。他们甚至认为，父母保留早逝孩子的遗物或去给孩子扫墓不利于哀伤治疗（Walsh & McGoldrick，1991；Rosen，1988）。由于切割理论的影响，在很长一段时间哀伤干预进展甚微。

随着哀伤研究与干预的不断发展，越来越多的实证结果显示，让生者与已故亲人切断联结既不现实也不合理，此外很多丧亲者在保持与已故亲人联结的同时，依然可以健康地继续自己的生活。切割理论的合理性逐渐受到越来越多的质疑和挑战。

1996 年,美国心理学家克拉斯(Dennis Klass)与其他两位学者合作出版了《持续性联结:重新理解哀伤》(Klass,Silverman, & Nickman,1996)。他们曾经也都受过切割理论的教育,但他们在临床实践中发现,这个理论并不正确。他们开始向这个曾经被广泛接受的理论发起挑战,并首次提出"持续性联结"(continuing bond)这个明确而清晰的术语。他们写道:

> 本书将专门重新审视这样一个观点,即哀伤的目的就是生者要切断与逝者的依恋关系,从而可以获得自由并建立新的联结。我们提出一个基于哀悼者与逝者持续性联结的新模型。……即哀伤的缓解包含生者与逝者的持续性联结,而且持续性联结可以是生者日后健康生活的一个部分。(Klass,Silverman, & Nickman,1996)

克拉斯等人在书中举例,很多丧亲者并不会与逝者切断联结。在很多地方,保持持续性联结是对逝者的尊重,是文化的一个重要组成部分。克拉斯等人用了较大的篇幅回顾弗洛伊德的个人生活经历,并以此来重新审视弗洛伊德的观点(Klass,Silverman, & Nickman,1996)。弗洛伊德的女儿索菲娅 27 岁病故,弗洛伊德长期为女儿的死而痛苦:"在我内心深处,我可以感到一种深深的自恋式的不能痊愈的伤害。"九年后,他的朋友失去儿子,他给朋友写道:"尽管我们知道在这种丧失后,哀悼的悲痛会缓解,我们也知道哀伤会持续,而且将再也不会找到替代对象。无论用什么来填补这个空缺,即使它被填满了,仍会有某种东西存在。事实上,这是自然而然的。爱是我们永远不希望放手的唯一的东西。"当索菲娅的儿子在 4 岁时死去,弗洛伊德受到新的打击,他写信给朋友说,他无法与他人建立新的亲密关系,外孙的死亡之痛远重过自己的癌症之苦。通过回顾弗洛伊德的个人经历,克拉斯等人指出,弗洛伊德自己也无法超越与逝者的持续性联结。

克拉斯等人明确提出，亲人去世后，丧亲者与逝者的联结是自然且正常的，它不应被视为一种病态，而咨询师在临床治疗中引导丧亲者放弃与逝者的持续性联结是残酷的（Klass，Silverman，& Nickman，1996，p.16）。他们还提出，生者与逝者的持续性联结是有意识的、动态的和变化的。不仅如此，持续性联结还有助于丧亲者更好地适应逝者已逝的生活。

持续性联结理论被提出之后，它在哀伤学界获得广泛认可，并深刻影响了哀伤理论和临床治疗方法。学者们也注意到，持续性联结并不完全像克拉斯早期提出的那样，即持续性联结对丧亲者必然全是有益的。有不少研究显示，在很多情况下，某些持续性联结方式并不会有助于丧亲者适应逝者已逝的生活，例如有些失去子女的父母，长期和过度投入的持续性联结往往会使他们极度痛苦而导致延长哀伤障碍。也有很多研究显示，当丧亲者能够重新安置好与逝者的关系，健康的持续性联结则有助于丧亲者更好地适应逝者已逝的生活。因此，用过于简单的方法来理解持续性联结理论是不符合实际的。持续性联结理论在哀伤研究与干预领域中的革命性功绩是不容置疑的，它从根本上改变了弗洛伊德切割理论的长期影响。

从 21 世纪开始，持续性联结理论在哀伤研究与干预领域受到普遍认可和接纳，并被卓有成效地广泛应用于哀伤干预和治疗（Sussillo，2005）。

二、持续性联结理论介绍

1. 持续性联结的表现形式

在亲人逝去之后，丧亲者会保持对逝者的怀念、回忆、盼望、关注等，这是生者与逝者持续性联结常见的表现形式。

在一项由哈佛大学开展的丧失父母的儿童研究中，研究人员发现，孩子会与已故父/母保持联结，而不是切断联结（Silverman & Nickman，1996）。研究显示，这些孩子与已故父/母主要有五种联结方式或表现形式：（1）在内心为已故父/母安置安息之地。74％的孩子认为父/母死后在天堂安息。孩子持有这种看法与年龄和宗教信仰无关。（2）感受到已故父/母。81％的孩子会感受到已故父/母。有的孩子会在梦中见到已故父/母，有的孩子会听到已故父/母对他们说话。（3）主动联结已故父/母。探访墓地，和已故父/母说话，看已故父/母的照片，待在已故父/母的房间，43％的年幼儿童感到可以听见已故父/母的回应，尽管他们说不出来听到了什么。（4）生动回忆。有研究发现，在父/母死后四个月，90％的孩子每周会有几次想到已故父/母。他们会想起已故父/母生前所做的事，以及一起度过的时光。（5）保留遗物。已故父/母的遗物对孩子保持持续性联结具有重要意义，心理学家称其为联结物（linking objects）。77％的孩子会保留已故父/母的遗物，这些遗物使孩子感到温暖。

在追踪随访中，该研究还发现，有些孩子在父/母逝世初期不能感受或谈论已故父/母，但在一年多后，他们可以较放松地谈论已故父/母。

另一项关于儿童青少年丧失兄弟姐妹的研究显示（Foster, Gilmer, Davies, Dietrich, Barbera, & Barrera, 2011），有92％的丧失兄弟姐妹的孩子会与他们逝去的兄弟姐妹保持联结，他们会通过与逝者交谈或写信来保持联结（18％），将逝者的遗物作为联结物（44％），用逝者的照片或其他提醒物来回忆逝者（28％），探访逝者生前常在之处（18％），想念已故的兄弟姐妹（15％），参加纪念活动（13％），参加逝者喜欢的活动（8％）。有28％的丧失兄弟姐妹的孩子认为，保持持续性联结可以使人得到安慰。

还有大量研究显示，无论是成年人还是儿童青少年，如果拒绝承认死亡事件以及无法建立健康的持续性联结，那么丧亲者会有很高风险罹患延长哀伤障碍（Filed，2006）。

2. 持续性联结的类型

刚提出持续性联结理论时，克拉斯等学者比较注重它的积极意义，而没有指出它的负面因素、多重特征和临床应用方法。持续性联结是一种复杂的关系，它的形式和结果因人而异。后来，学者不断延拓和深入持续性联结理论的研究，并揭示持续性联结具有多元性多类型特征，不同因素对不同人可以形成不同类型的持续性联结，而不同类型的持续性联结可以帮助预测不同的哀伤症状(Stroebe, Abakoumkin, Stroebe, & Schut, 2012)。

美国学者菲尔德(Nigel Field)等人把持续性联结分为外在化持续性联结和内在化持续性联结(Field & Filanosky, 2008)。这是两种受到广泛关注的持续性联结类型。

外在化持续性联结(externalized continued bond)是指丧亲者保持与逝者有关的幻想或幻觉等,并拒绝接受逝者离世的事实。例如,一位12岁的少年说:"自从爸爸去世后,我觉得他一直和我在一起,我可以听到他的声音,当我有疑问向他求助时,他会给我帮助。"如果丧亲者把联结过度寄托于外在的形式和幻想,就容易引发延长哀伤障碍。有研究显示,突发性亲人死亡容易引发外在化持续性联结。外在化持续性联结主要表现在六个方面:(1)感觉听到逝者在和自己说话;(2)有时会忘记逝者已逝,并大声地和他/她打招呼;(3)有时会把路人当作逝者;(4)可以感到逝者在触摸自己;(5)感到逝者突然活生生地出现在自己面前;(6)真实地"看到"逝者站在自己面前。

内在化持续性联结(internalized continued bond)则是把逝者作为对自己的激励和感到安全的基础,例如将逝者作为道德准则和行为楷模并用来指引自己的人生道路,以及能够拥有对逝者的积极和温暖的回忆。这种联结注重积极的心理联结。例如:"我的父亲热爱做公益和帮助别人,我应该继续做他想做但没能做完的事情。"内在化持续性联结有助于丧亲者更好地适应丧亲过程,其表现形式主要有九个方面:(1)我之所以成为今天的我,是因为有逝者的影响;(2)自己的生活方式与逝者的期望有关;(3)把逝者视为自己的生活楷模;(4)想象逝者在无形中关注和引导自己;(5)在作重大决定时,会考虑逝者可能怎么做并以此为参考;(6)继承和实现逝者的遗志;(7)回忆逝者生前爱做的事;(8)在想象中与逝者分享自己特殊的经历;(9)想象逝者和自己说话并鼓励自己向前。

菲尔德的研究显示,时间对丧亲者的持续性联结类型有很大影响。在丧亲初期,外在化持续性联结通常是丧亲者常见的联结方式,随着时间的流逝,丧亲者会更多地转化为内在化持续性联结。

菲尔德的研究还显示,死亡原因与丧亲者的持续性联结方式有关。例如,对于突发性死亡(包括事故、自杀和暴力死亡),丧亲者形成外在化持续性联结的可能性更高。虽然有学者不完全同意这个观点(Scholtes & Browne,2015),但2019年发表的一项关于儿童青少年哀伤的研究较好地支持了菲尔德的观点(Clabburn,Knighting,Jack,& O'Brien,2019)。该研究还显示,丧亲儿童青少年与逝者的联结方式分为有意识的(intended)联结和无意识的(unintended)联结。有意识的联结主要表现为,维持和保存对逝者的回忆,孩子通常需要通过遗物(如照片、视频、语音等)来激发自己对逝者的回忆,并建立起与逝者联结的"桥梁"。有学者建议,保留逝者遗物对丧亲儿童青少年是有益的。目前,国外的一些安宁护理,鼓励晚期患者给孩子尽可能多地留下一些有积极意义的视频,以供孩子在今后不同成长阶段激励自己,此外丧亲儿童青少年还会使用网络和社交媒体来表达自己的怀念。无意识的联结主要表现为,通过内在化联结形式与逝者联结,这通常发生在丧亲较长时间之后,它主要通过内心的回忆而不是外在的遗物,把逝者的模范榜样和对自己的积极期望融入与逝者的联结。该研究也指出,有的内在化联结形式是消极的,例如将逝者的负面影响融入自己的生活和身份认同,或认为自己也会像已故父/母那样患病早逝。

这里需要指出的是,菲尔德曾把悼念活动、保留遗物、探访墓地等行为也归类于外在化持续性联结的一部分。但后来的研究显示,这类行为与延长哀伤障碍并没有显著联系(Boelen,Stroebe,Schut,& Zijerveld,2006)。在菲尔德后来发表的文献中,就没有把这些行为继续归类为外在化持续性联结。

3. 持续性联结的影响因素

施特勒贝等人对依恋理论和持续性联结作过很好的归纳和有意义的延拓(Stroebe,Schut,& Boerner,2010)。

鲍尔比认为,幼童在依恋关系发展过程中,根据母亲是否亲切以及对孩子的要求是否有敏感反应等外部因素来逐渐形成内在的心理表征,即内部工作模型(internal working model),它主要包含两部分:(1) 对自身的认识;(2) 对依恋对象的认识。这包括人际互动中的具体行为及相关的情感体验。从儿童时期开始建立的内部工作模型会影响儿童今后在人际关系中能否拥有适当的安全感。后来的学者在鲍尔比理论的基础上,把人与人的依恋关系分为安全型依恋(secure attachment)和不安全型依恋(insecure attachment)两大类。安全型依恋者对人有安全感,更容易与人融洽接触,倾向于与他人相互依靠。不安全型依恋包括占有型依恋(preoccupied attachment)、回避型依恋(dismissing attachment)和混乱型依恋(disorganized attachment)。

　　不同类型的依恋会影响丧亲者在持续性联结方面的表现方式以及对丧亲后新生活的适应性。施特勒贝等人对此作过详细分析。安全型依恋丧亲者会呈现出正常的哀伤过程,他们一方面能维持与逝者的联结,另一方面能逐渐放手,并在自己内心重新安置逝者,他们能把逝者作为自己生活的指引和启发,在追忆中获得安慰,并倾向于在丧亲事件中使用积极的意义建构。占有型依恋丧亲者会坚持与逝者保持极为密切的联结,但他们的联结与安全型依恋丧亲者的联结并不相同,他们会被无尽的思念、渴望和遗憾压倒,陷入哀伤沉思(ruminative thoughts),很难在心中重新安置逝者,并让生活继续向前。回避型依恋丧亲者通常不愿与逝者保持持续性联结,并认为没这种必要,可能会贬低逝者,倾向于保持独立,远离对逝者的回忆或提醒,而把回避视为一种自我保护。混乱型依恋丧亲者对如何保持与逝者的联结充满混乱与不安,既想与逝者保持联结又想放弃联结,不能确定保持联结有什么意义,在回避型依恋和占有型依恋之间来回动摇,对内心的矛盾感到极度困惑和不知所措,容易出现延长哀伤障碍和创伤后应激障碍。总之,安全型依恋丧亲者有利于保持健康的联结,并逐渐重新在心中安置好逝者;回避型依恋丧亲者倾向于放弃与逝者的联结,他们需要面对丧失,重新建立与逝者的联结;占有型依恋丧亲者倾向于与逝者保持过度密切的联结;混乱型依恋丧亲者倾向于游移在痛苦中而不知所措,这类丧亲者需要找到联结的稳定性和一致性。

施特勒贝等人在一系列量化研究中注意到,一些持续性联结对丧亲者适应新生活可能会具有一定的负面影响(Stroebe, Abakoumkin, Stroebe, & Schut, 2012):(1)丧亲者和逝者的关系。如果关系异常亲密,持续性联结会使丧亲者更难解脱。(2)逝者的死亡方式。突发性死亡容易产生负面影响。(3)上述两者同时发生。丧亲者的持续性联结会在适应新生活时产生更大的负面影响。(4)丧亲者和逝者关系非常亲密,如果对逝者的死亡是有准备的,那么在死亡事件发生的初期,持续性联结在调整和适应新生活方面会有负面影响,但随着时间的推移,负面影响会有一定程度的减弱。(5)丧亲者和逝者关系并不亲密,其负面影响会较小,死亡事件的形式对哀伤也没显著影响。

美国哀伤咨询师西林(Erica H. Sirrine)等人在一项对 11—17 岁青少年的研究中发现,丧亲青少年与逝者(例如父母)关系越亲密以及哀伤反应越强烈,他们与逝者的持续性联结就越强(Sirrine, Salloum, & Boothroyd, 2018)。

内米耶尔的研究显示,持续性联结是意义重建的重要部分,如果能够在意义重建方面取得良好效果,那么持续性联结对丧亲者适应新生活会有积极的影响(Neimeyer, Baldwin, & Gillies, 2006)。

美国哀伤研究者肯普森(Diane Kempson)等人对持续性联结的后现代派描述则是,将逝者融入丧亲者的生命,并成为丧亲者生命的一部分,与哀伤和谐相处,而不是克服或摆脱哀伤,更不是深陷于哀伤(Kempson, Conley, & Murdock, 2008)。这个观点与本书前面谈到的整合性哀伤理论有很多相近之处。

综上所述,持续性联结在哀伤干预中是一个极为重要的部分。问题是,如何合理、灵活地用它帮助丧亲者更好地应对哀伤和适应新生活。

三、持续性联结在哀伤咨询中的应用

美国哀伤研究者弗兰克福(Melissa Frankford)的研究显示,很多心理咨询师一般会采用下列五种方法帮助丧亲者与逝者保持健康的持续性联结(Frankford, 2017)。

1. 对持续性联结进行合理化

向来访者说明持续性联结是正常的。有的来访者会很长时间一直苦苦思念已故至亲，并感到十分痛苦，甚至影响正常的生活、学习和工作。他们会担心自己的状态。针对这种情况，咨询师会解释，生者与逝者保持持续性联结是很正常、很普遍的现象。不思念自己所爱的已故亲人反而是不正常的。

2. 建立健康的持续性联结

除了向来访者说明保持持续性联结是正常的，咨询师还会向来访者建议健康的持续性联结方式以更好地适应丧亲经历。持续性联结可以成为一种内在力量，丧亲者可以从中获取力量，并把这种力量注入自己的内心，使这种力量成为增强自信的一种源泉。持续性联结还有助于保持自我凝聚力，使丧亲者可以拥有对生活完整和连续的叙事，以及健康的自我身份认同。此外，健康的联结还会提醒丧亲者："你是受人喜欢的，有人爱你并珍惜你。"它还会提醒丧亲者："你有能力爱他人及照顾他人，并与他人建立健康的关系。"

施特勒贝建议，用双程模型来帮助不同类型的依恋个体，使他们采用积极的持续性联结方式来适应丧亲经历（Stroebe，Schut，& Boerner，2010）。相关内容会在后面章节详细讨论。

3. 分辨健康和不健康的持续性联结

正如前面所谈到的，持续性联结可以分为健康的和不健康的两种。健康的持续性联结可以帮助丧亲者逐步适应生命中的巨大丧失，不健康的持续性联结则正好相反。下面是一些具体例子（Field，Gao，& Paderna，2005）。

逝者对丧亲者作重大决定时的影响。健康的持续性联结：丧亲者在作重大决定时会主动考虑如果逝者活着他/她可能会如何做，并以此作为参考。不健康的持续性联结：丧亲者在作重大决定时会感到逝者对自己有一种难言的控制力，而自己必须被迫遵照"假设"的逝者意愿行事。

处理遗物的方式。健康的方式：合理地保留遗物，以此联结往昔岁月,并赋予其意义和价值。不健康的方式:回避遗物,或像逝者生前那样一成不变地摆放遗物。

回忆逝者时的反应。健康的反应:回忆逝者时,可能会有不同程度的悲哀,但也会有温暖、愉悦或幽默的感觉。不健康的反应:回忆逝者时,会被哀伤压倒,内心充满绝望,感受不到丝毫温暖和愉悦。

遇到困难时的表现。健康的表现:以逝者为楷模或通过逝者生前的鼓励来激发和坚定自己的信心。不健康的表现:引发对失去逝者的痛苦回忆及沮丧。

体验逝者的存在。健康的表现:体验逝者的存在时,感受到鼓励和温暖。不健康的表现:沉湎于不真实的幻想或幻觉。

面对没有逝者的新生活。健康的表现:清楚地意识到逝者已逝,从丧失事件和逝者那里汲取能让日后生活依然有意义的信息,并积极地面对生活;有意识地自我调整并适应逝者已逝的新常态。不健康的表现:感到逝者依然支配自己,或去寻找逝者,不断出现幻听、幻觉和幻想;从丧失事件和逝者那里汲取负面信息,并无法用积极的态度去接受、调整和适应新的生活。

4. 建立健康的持续性联结的建议

"死亡可以夺走亲人的生命,但不能剥夺与亲人的关系。"哀伤治疗师希尔认为:咨询师的主要工作之一就是帮助丧亲者重塑与已故亲人的关系,从往日的互动关系转变为内在化持续性联结;咨询师要强化积极的关系,调整消极的关系;如果丧亲者过于依赖逝者,那么咨询师需要采用有针对性的方法,帮助丧亲者增加社会互动,调整认知,而认知行为疗法往往是一种有效的方法;对于有强烈愧疚感的来访者,咨询师需要鼓励他们更开放地谈论逝者,给逝者写信或进行内心交谈等(Shear, Boelen, & Neimeyer, 2011)。

丧亲者需要重塑与已故亲人的关系,并成为自己生活叙事的作者,在保持与逝者关系的同时,完整地有自我地在这个世界上生活。以下是建立持续性联结的十条建议:(1)与逝去的亲人交流是许多丧亲者会做的事,在想念逝者的时候,内心的交流可以带来安慰。可以与逝者有声或无声地说话、写信、写纪念文章等。（2）用照片和录像记录那些美好的时光。（3）将逝者融入某些活动和特殊的日子。在一些重要日子和特殊活动中，让逝者也象征性地"参与"活动，例如可以在餐桌边上放一把空椅子来纪念他们。（4）当需要作艰难的决定时，想象一下逝者可能会给出什么建议，这有助于作出更好的选择。（5）选择逝者会为你而骄傲的方式生活。想一想做哪些事情逝者会为你而骄傲，并通过做这些事感到安慰。这可以帮助你继续与逝者保持积极的联结。（6）保留逝者的遗物。保留一些特别有意义的东西，例如逝者的奖状，逝者送给你的特殊礼物等。（7）体验逝者的存在。它可能只是一种感觉，但有时可以帮助减轻哀伤。（8）将逝者的优秀品质作为自己学习的对象。（9）在建立持续性联结方面，家长要为儿童青少年提供所需的帮助和支持（Charles & Charles，2006）。（10）尽可能通过家庭协商让每个成员都发表意见，然后用大家都喜欢的方法或仪式来缅怀逝者。

　　5. 哀伤知识教育

　　在国外哀伤学界，哀伤科普教育融入心理教育（psychoeducation）中。哀伤心理教育是哀伤干预的关键与核心要素。哀伤心理教育有助于丧亲者意识到哀伤是正常的，知道自己在哀伤过程中正经历什么以及今后可能会经历什么，知道如何应对来自外界的不恰当的影响或期望，尤其是"快点走出来""节哀"等。现在，几乎所有的主流哀伤干预，无论是预防还是治疗，哀伤知识教育都是不可或缺的重要部分，而持续性联结是哀伤知识教育和哀伤干预的重要部分。

四、相关案例

案例一：永久的影响

　　这是一位少年时丧母的读者写给哀伤学者埃德尔曼的一封信的摘录（Edelman，2006）。

　　　　你走出来了吗？重新开始新的生活了吗？是的，你的生活会重新开始，但她（指逝去的母亲）永远是你生活的一部分，并且对你做的每件事都会有影响。是否会有那么一天,你可以轻松地谈论她? 不,不会的。但令我感到惊讶的是,只要我不谈起母亲,没人会谈起她。他们是否觉得我们忘记了她? 我可以谈论我关心的几年前死去的其他人,但在潜意识里,我压制任何有关母亲的死亡的信息并试图隐藏痛苦。当你到了母亲去世的年龄,你会深刻地意识到自己也将死亡。我曾经历过快乐的时光和痛苦的时光,但我一直痛苦地意识到,自己无法与她分享这些时光的现实是令人何等难过,我只能用儿童的,而不是成人的视角了解她,我们再也不可能在同一个层面进行联结。

我的哥哥去年夏天结婚了,我第一次感受到重新找到家的感觉。在我的办公桌上,有一张母亲与我们的四人合影,虽然它会令人感到一种苦涩的甘甜,但我知道,拥有它是多么幸运。

案例二:母亲的"记忆盒"

以下案例取自哀伤治疗师斯托克斯(Julie Stokes)等人的论文(Stokes,Ried,& Cook,2009)。

莉娜在10岁时,她的母亲被诊断出乳腺癌。两年后母亲病故。母亲在得知病情后一方面希望能够治愈,另一方面开始为女儿准备一个"记忆盒"以防万一。"记忆盒"中每一个物件都记载了母亲对女儿的爱的故事。盒子里还有一小瓶香水。有些东西,例如信件,要在母亲死后才能打开看。母亲希望这个"记忆盒"能够让莉娜感到自己是独特的并有很多关爱。当莉娜到了青春期,在夜晚"记忆盒"成了她很好的安慰。

莉娜为"记忆盒"感到自豪,她把它放在卧室的床下。在她母亲死去的头几个月,她几乎每天晚上都要和父亲一起打开那个盒子。随着时间的流逝,打开盒子的次数逐渐减少,莉娜只把它分享给自己信任的人。进入青春期时,莉娜发现,自己对丧失母亲的哀伤有了一种新的领悟,她看到母亲作为普通人的一面,她将这些信息也放进"记忆盒",并用它来丰富与母亲的联结。在莉娜后来的成长过程中,她意识到自己与母亲的联结在不断发展,这种联结包含她对母亲的记忆、怀念,以及对生命价值的认识。她知道与母亲的联结会让她继续想起母亲,虽然有时会有苦涩的感觉,但也会令人感到安慰。它帮助莉娜形成应对哀伤的方法,即保留美好的记忆,同时放弃一些痛苦的感受。这帮助她重新建立积极的自我认同,以及培养抗挫折的心理素质,使她能够更好地应对生活中的变化,例如去新的学校,父亲再婚,家里有了继母和继母的孩子。她感到母亲一直伴随着她,并引导她,帮助她内心变得更加积极和成熟,使她可以建立自己的人际关系和结交新的朋友。她感到自信,并对自己将来也会成为母亲那样的人充满自信。

斯托克斯在案例中强调了几点。莉娜能够获得关于母亲的积极回忆是幸运的。不少丧亲儿童青少年很难找到对已故父/母的积极回忆。这往往与父/母生前和孩子关系疏远有关,也可能与死亡方式有关,例如创伤性死亡。他们往往会被消极记忆捆绑,而很难拥有积极的回忆。对于这些孩子,需要帮助他们不要只去想令人痛苦的回忆,还要想美好的回忆。只有这样才能建立完整的人生叙事,并把那些被冰封的温暖回忆释放出来,这对于帮助儿童青少年降低延长哀伤障碍风险极为重要。有研究显示,积极的和令人难过的回忆都需要保留,这样才可以建立一个完整的人生叙事,而且可以缓解愤怒、抱怨、拒绝和内疚。这对父/母死于自杀的儿童青少年更为有效。

案例三:父亲的愿望和榜样作用

李莉(化名)有一个和谐的家庭。她的父母都是医生,他们在医学院认识,相爱再结婚。从她懂事起就记得爸妈一直很忙,经常要加班。小时候接送上学都是由住在附近的爷爷奶奶帮忙。她的家庭是严母慈父型,爸爸对她比较娇宠,妈妈对她要求比较严格。她感到自己的童年很幸福,因为长辈们都很爱她,她也很爱他们。到了周末,爸妈有时也会带她去公园或游乐园玩。爸爸性格乐观开朗,妈妈善解人意。从小她就十分敬佩爸妈是医生,因为医生就是"白衣天使"。爸爸鼓励她长大后也去当医生。在她 16 岁那年,她注意到爸爸有几天一直说胃不舒服。爸爸一直有胃炎,平时不舒服就服药,但这次越来越严重,后来检查出来是胃癌,后面就是手术、化疗。但是,爸爸的病情不断恶化,从诊断出胃癌到离世,前后只有 11 个月。

爸爸去世后,爷爷奶奶精神状况很不好,就和叔叔一起住,家里就靠妈妈撑着。李莉把爸爸生前的很多照片都放在自己的房间里,其中有一张是爸爸在医院的工作照,那也是她最喜欢的一张照片。爸爸离世后,起初李莉每天晚上都会哭。爸爸不在了,家里一下子变得十分安静。她担心会影响妈妈的情绪,就一个人在自己的房间里哭。每当她想爸爸时,她就会在心里和爸爸说话。她下决心将来去考医学院,毕业后像爸爸那样也去当医生。爸爸去世后,她的学习成绩并没有下降,反而更加勤奋。她觉得爸爸在世时鼓励她去做一名医生救死扶伤是自己努力向前的动力。后来,高考时她如愿以偿地考上了医学院,在学校里她不仅努力学习,而且积极参加学校活动。她准备本科毕业后考研。她说,自己将来的专业发展方向是做一名胃科医生。

本节结语

> 为了疗伤,我们必须铭记。有时铭记很难,但这是我们疗伤的方式。
>
> ——无名者

虽然至亲逝去,但生者与逝者的持续性联结将会延续下去,持续性联结的延续与流淌在我们血液中的爱有关,与人类的天性有关。正如马伦所说:"哀伤是我们为爱付出的代价,没有依恋,就不会有丧亲之痛。"(Mallon, 2001)

第二节　双程模型

一、双程模型的历史沿革

1999年,荷兰乌得勒支大学荣誉教授施特勒贝(Margaret S. Stroebe)和舒特(Henk Schut)提出双程模型(dual process model)。

在开发双程模型时,施特勒贝和舒特认为,当时最有影响的哀伤理论主要是鲍尔比和帕克斯的四阶段理论以及沃登的四任务模型,但这两个理论都有弗洛伊德的哀伤工作理论的痕迹。它们关注如何应对丧亲后的认知问题,处理对逝者的回忆,以及切断与逝者的关系,并以此达到重获自由的结果(Stroebe & Schut,2010)。

施特勒贝和舒特认为:"尽管以前这些模型提供了有一定依据和价值的引导,但我们质疑哀伤工作理论应对丧亲方法的核心结构的有效性和合理性。"(Stroebe & Schut,2010,p.275)这些质疑包括:(1)弗洛伊德的哀伤工作理论(切断联结)并不适用于其他文化,另外男性哀伤与女性哀伤存在差异;(2)阶段理论具有被动性,忽略了哀伤过程包含丧亲者自身的主动因素;(3)没有考虑到"剂量"的因素,哀伤过程极为艰难,需要有喘息的机会;(4)没有考虑到回避策略的益处;(5)过多关注与丧亲事件有直接关系的压力因素,而没有考虑其他压力因素。另外,他们从自身的哀伤治疗临床工作中感受到,传统的哀伤工作理论因其局限性而对临床治疗效果甚微。当时,其他一些哀伤工作理论似乎只关注某类哀伤问题,因此需要改进哀伤工作理论。正如施特勒贝和舒特在双程模型问世十周年的专题论文中指出:"我们的结论是,哀伤工作理论需要改进,以根据对象和时间来决定采用什么方法最为有效。这就是开发双程模型的原因。"(Stroebe & Schut,2010)

施特勒贝和舒特一方面指出哀伤工作理论的问题与局限,另一方面也把鲍尔比的四阶段理论和沃登的四任务模型的合理部分加以扩展并应用于双程模型(Stroebe & Schut,2016)。此外,双程模型的开发还以其他一些重要的理论模型为基础，包括认知压力理论（cognitive stress theory）、压力反应综合征（stress response syndrome）、丧亲双轨模型（two-track model of bereavement）、哀伤递增模型（model of incremental grief）等（Fiore，2019）。施特勒贝和舒特指出这些理论模型的不足之处，也汲取了这些理论模型的精华（Stroebe & Schut，2016）。可以说，双程模型是在分析和提炼当时不同哀伤理论的基础上开发出来的。

双程模型的另一个重要贡献是，它从一个崭新的角度来解释导致延长哀伤障碍的重要原因：（1）丧亲者无法在丧失导向和恢复导向的生活体验之间作出协调；（2）无法应对丧失导向和恢复导向的内在压力源。后来，很多研究文献也论证了这个观点。双程模型为哀伤研究与干预提供了一个崭新的视角。

双程模型提出后很快在哀伤学界和临床领域受到广泛重视和应用。施特勒贝和舒特不断完善双程模型，包括在双程模型中增加重新评估积极与消极因素（Stroebe & Schut，2010），家庭成员间相互影响的因素（Stroebe & Schut，2015），以及巨大压力下双程模型的特征等（Stroebe & Schut，2016）。

双程模型有两大特点：（1）它融汇了很多经过实证检验的哀伤理论与干预成果，并回避了不同理论的局限性或错误；（2）它具有极大的灵活性和动态性，而不受某种单一理论模型的局限。正如施特勒贝所说，双程模型综合考虑了对象、时间和方法，这使它可以较好地应用于成年人和儿童青少年的哀伤干预。由于儿童青少年在不同成长阶段有其不同特征，他们的哀伤比成人的哀伤更复杂，作为一个更灵活的模型，双程模型显然是有益的。

目前，双程模型不仅被写进各种哀伤教科书和哀伤科普文献，而且在世界不同国家和地区得到广泛应用。在实际应用中，双程模型不仅适用于一对一的哀伤咨询或治疗，而且被越来越多地用于团体哀伤干预和网上哀伤干预。双程模型比较适合我国人口基数大而经过哀伤咨询培训的咨询师人数还十分有限的国情。双程模型采用团体辅导加上网络技术可以有效缓解哀伤关怀和干预中"僧多粥少"的局面。在笔者于武汉担任督导师的对新冠肺炎疫情丧亲者的哀伤干预中,双程模型被用作基本理论框架。由于其灵活性和兼容性,干预过程中融入了很多新颖的和适合中国文化的元素,取得了良好的效果,参加者的潜在延长哀伤障碍流行率从干预前初测的 75％下降到干预结束后测量的 12％(Yu, Liang, Guo, Jiang, Wang, Ke, Shen, Zhou, & Liu, 2022)。

二、双程模型的理论介绍

双程模型的核心是两个"导向"和一个"振荡"。在认知压力理论的基础上,双程模型把丧亲所承受的不同压力源分成两类,即丧失导向压力源和恢复导向压力源。此外,丧亲者的哀伤过程会在这两个"导向"之间来回"振荡"(或称"摆动")。

1. 两个"导向":丧失导向和恢复导向

"丧失导向专注应对与丧失有关的体验,它与哀伤工作有关。"(Stroebe & Schut, 2008)丧失导向包含与丧亲事件直接相关的压力源。对丧亲儿童青少年来说,比较典型的例子是悲痛和思念、孤独、焦虑、思绪混乱、钻牛角尖式反刍(rumination),也称为哀伤沉思、愤怒。例如:"为什么是我?""为什么是我的母亲?"年幼的孩子可能会出现魔幻思维,觉得是自己没做好什么事而导致亲人的死亡,或者盼望逝去的亲人还会回来。有的孩子会感到愧疚。这些日常哀伤体验来自一级压力源,它密切围绕着丧亲事件本身,所以称为丧失导向。应对方式可能是与社会隔离,不参加正常的学习、工作或社交等。

恢复导向是指丧亲者试图逐渐适应没有逝者的生活,尝试去做新的事情,不去思考让自己哀伤的事情,回避/否认哀伤,建立新的身份认同和人际关系,重构生命意义,让生活继续向前,并进入一种新的生活常态。在恢复导向中,丧亲者将面临二级压力源,例如经济状况滑坡、健康状况变差、自我身份认同混乱和焦虑、承担新的生活负担、对无法适应新的生活状态感到焦虑和恐惧,以及受到周围人的歧视等(Stroebe & Schut, 1999)。

对丧亲儿童青少年来说,他们在恢复导向中同样面对不同的压力源。例如,年幼的孩子会担心将来谁照顾自己,青少年正处在建立自我身份认同的阶段,意外的丧亲打击可能使他们感到困惑。有的孩子要承担起过去父母承担的家务,或者面临家庭经济状况的变化,不能参加自己喜欢的活动,有的甚至要辍学,他们可能还要面对家长去寻找新的配偶以及组建新的家庭的压力。如果丧失了兄弟姐妹,他们还要受到父母悲痛情绪的影响。此外,他们还要让自己摆脱沉重的哀伤,他们有时需要回避丧亲悲痛,并寻求生活的乐趣,结识新的朋友,做自己爱做的事,参加自己喜欢的活动,他们需要接受和适应生活的新常态。

两种导向所指的并不只是两种压力源,还涉及如何应对这些压力源。对于不同的压力源,哀伤工作理论注重情绪调整,这是哀伤疗愈必需的部分。此外,哀伤疗愈还需要处理认知问题。当前,不断丰富的哀伤干预方法提供了很多不同的干预体系和"工具箱"。双程模型除了考虑情绪和认知调整外,还强调面对—回避策略。很多哀伤理论把回避策略看作一种消极的应对策略,但双程模型则认为回避是一种极重要的哀伤疗愈策略。当丧亲者在丧失导向的压力下痛苦得喘不过气时,就需要回避,转到恢复导向,就像有人选择工作或旅游等。面对—回避与前面所说的"振荡"或"摆动"有关。

2. 一个"振荡"

双程模型认为,"振荡"是双程模型的核心部分。这是它与认知压力理论的一个重要差别,后者没有"摆动"的概念。因为丧失导向和恢复导向同时存在,所以丧亲者在哀伤过程的日常生活体验中通常会在这两种导向之间自然地"摆动"。

研究显示,随着时间的推移,"振荡"的频率会降低,强度会减弱。这可以使丧亲者在自己能够承受的"剂量"下去应对压力。在丧亲事件的早期,丧亲者一般会较多地处于丧失导向,并去应对相应的不同压力。随着时间的推移,丧亲者会把更多的时间放在恢复导向上并应对相应的压力。有研究显示,丧失导向和恢复导向之间的"振荡"方式与丧亲者心理适应和调整相关(Caserta & Lunda, 2007)。

"振荡"在儿童身上比较明显。例如,有些年幼的孩子在刚刚哭完后,脸上还带着泪痕很快就可以和小朋友一起开心地嬉笑玩耍。哭是丧失导向的特征,笑是恢复导向的特征。儿童哀伤与成人哀伤不同。即使在丧亲初期,他们也不会长期地沉浸在丧失导向里,他们通常还不具备长期聚焦于丧失导向和承受哀伤重压的能力。正常的"振荡"对儿童的心理健康极为重要。

图7-1比较明确、简洁地展示了双程模型的基本框架。

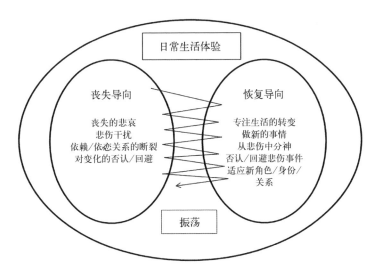

图7-1　双程模型的基本框架

(Stroebe & Schut,1999)

上述两种导向都具有积极和消极的应对方法。例如,在丧失导向中,丧亲儿童青少年应对悲痛情绪时可以向家长或朋友谈论并宣泄自己的悲痛,这比独自应对要更健康。反过来,如果人们希望丧亲儿童青少年"坚强"或"节哀",或者家长不愿聆听他们诉说悲痛,他们用沉默取代宣泄和沟通,这就是一种消极的、不健康的应对悲痛情绪的方式,会使他们感到孤独和无助。在恢复导向中,有些孩子能够在心中重新安置逝者,他们在怀念中让生活继续向前,这是积极的应对方式;另一些孩子可能会采用过度回避策略,他们强迫自己长期不去思念已故亲人,仿佛什么都没发生,这是一种消极的应对方式。因此,除了在这两种导向中能够有正常的"振荡"之外,还要考虑使用适当的应对方式来处理这两种导向的不同压力源。

有研究显示,女性会较多地处于丧失导向,而男性会较多地处于恢复导向。女性首先会较多关注情绪的感受和表达,男性更关注"应该如何解决我面对的问题"(Stroebe & Schut,1999)。

在这两种导向之间如何"振荡",直接影响丧亲者能否逐渐适应哀伤事件造成的生活变化。如果在这两种导向之间可以灵活"振荡",通常就属于正常哀伤。反之,若长期滞留在丧失导向或恢复导向的任何一方,则会增加延长哀伤障碍的风险。

2001 年,施特勒贝和舒特在双程模型中增加了重新评估(reappraisal)过程(Stroebe & Schut,2001)。因为"振荡"不只会在这两种导向之间发生,即使在同一导向中,丧亲者在积极认知与消极认知之间也会"振荡",这需要动态地评估这些因素。在双程模型中增加重新评估的内容(见图 7 - 2),使双程模型具有更大的灵活性和动态性。

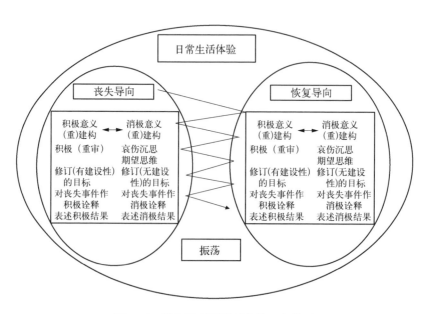

图 7 - 2　增加重新评估过程的双程模型

(Stroebe & Schut,2001)

2015年，施特勒贝和舒特在关注家庭层面及其与个体层面相互影响等因素的基础上再次修订双程模型。以往人们在哀伤研究与干预中比较多地关注某一位丧亲者，忽略了家庭层面与个体层面相互影响的因素，例如家庭成员结构的变化，家庭经济状况的变化，家庭成员应对丧亲的方式的彼此影响，而家庭互动会影响家庭成员采取积极或消极的调整方法。施特勒贝和舒特特别强调了一项关于丧子/女父母的研究，该研究关注丧子/女父母为了配偶而约束自我情绪，并发现丧子/女父母为了保护配偶，对自己的哀伤情绪采用强制性约束，他们不在配偶面前表露自己的哀伤情绪，结果对自己和配偶造成更多的负面影响。因此，应对哀伤和在哀伤适应过程中需要把家庭作为一个整体因素来考虑。修订后的双程模型包括家庭层面的压力源（即个体在调整过程中需要与整个家庭一起面对的压力源）和家庭层面的应对方式（即个体和家庭成员共同的应对方式）（见图7-3）。

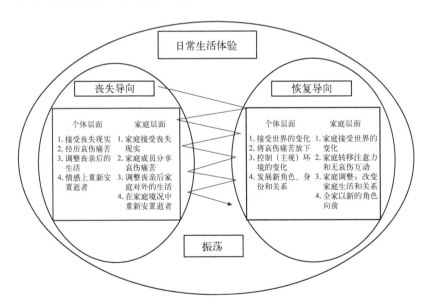

图7-3 双程模型：个体和家庭层面的应对

(Stroebe & Schut, 2015)

从图7-3可以看到，双程模型已经从原来关注丧亲者个体提升到把个体和家庭作为一个整体来考虑。在新的理论基础上,丧失导向和恢复导向的工作及内容都发生了相应的变化。施特勒贝和舒特指出,丧失导向的内容与沃登的四任务模型密切对应。修订后的双程模型的家庭应对结构的具体内容见表 7-1。

表 7-1　双程模型:个体和家庭层面的应对(Stroebe & Schut,2015,p. 877)

丧 失 导 向	恢 复 导 向
1. 接受丧失现实	1. 接受世界的变化
• *个体层面*:面对丧失调整极为重要	• *个体层面*:因失去家庭成员而出现的新责任和二级压力源(变化)增加了应对难度;承担这些责任会促进调整和接受世界的变化
• *家庭层面*:家庭成员在面对或回避丧失现实时是否一致会影响哀伤过程	• *家庭层面*:因丧亲而出现的家庭层面的压力源(矛盾、法律/财务纷争、贫困)将增加应对难度,不能接受和适应已经改变的现实世界
•*整合*:假设在应对和接受丧失现实方面,个体的回避态度与家庭成员态度的不一致将对家庭哀伤调整与家庭凝聚力产生负面影响	•*整合*:考虑个体和家庭二级压力源。可以预见两种压力源的累加影响(例如不接受已经改变的世界)
2. 经历/分享哀伤痛苦	2. 转移注意力和关注与哀伤无关的活动
• *个体层面*:压抑悲痛是个体的不适应表现(例如在配偶面前压抑自己的痛苦)	• *个体层面*:如果过度沉湎于丧亲沉思,难以短时间放下压力,则不利于调整
• *家庭层面*:为配偶而不流露自己的哀伤将导致对自己和他人的伤害。"分享哀伤是疗愈的开始,家庭是最自然、最普遍的可以允许这类分享的社会团体"	• *家庭层面*:家庭支持下的分散注意力及与哀伤无关的活动可以减少哀伤沉思和悲痛
•*整合*:个体和家庭层面的增量影响。不压抑并与家人分享哀伤可以减少每位家庭成员的哀伤,从长远看,它将增强家庭凝聚力	•*整合*:随着时间的推移,致力于接纳家庭成员各自的哀伤节奏和方式有助于降低个人的哀伤沉思和悲痛程度,并增强家庭凝聚力
3. 调整亲人已故的生活	3. 改变不断发展的生活和人际关系
• *个体层面*:极端渴望和不停地思念死者是延长哀伤障碍的症状	• *个体层面*:丧子/女父母彼此关系满意度随时间推移不断降低
• *家庭层面*:丧亲后父母的养育方式和质量(例如父母的关爱和有效的纪律)会影响孩子对丧亲的适应	• *家庭层面*:婚姻关系的变化与家庭成员哀伤程度的不同有关

丧 失 导 向	恢 复 导 向
• 整合：丧亲后父母积极的养育方式可以降低孩子对丧亲的悲痛程度（例如，孤独），并帮助家庭进行调整	• 整合：改变过程可以提升丧子/女后婚姻关系的满意度。哀伤的不一致的正面及负面因素会影响悲伤程度。帮助夫妻了解不一致/不满意的原因有助于减少矛盾，提升家庭凝聚力和关系质量，并有助于适应不断变化的生活。
4. 重新安置逝者	4. 继续向前，建立新的角色
• 个体层面：在开始新生活的过程中与死者建立持久的联结，这会使悲伤减轻	• 个体层面：丧偶者是否准备好结交新的生活伴侣
• 家庭层面：家庭成员与逝者的联结可能会影响哀伤过程，并使哀伤更长久地延续	• 家庭层面：孩子是否表示反对父/母结交新伴侣
• 整合：个体的联结是否与家庭协调会影响对逝者的安置，如果协调，哀伤会更好地缓解	• 整合：个体和家庭层面的决策过程会影响父/母进入新角色（即影响丧偶者向子女公开表达对寻找新伴侣的想法以及家庭成员间的关系）

上述修改使得双程模型不仅有助于成年人适应哀伤，而且可以有效地应用于儿童青少年的哀伤干预，因为儿童青少年哀伤干预与家庭有着极为密切的联系。

三、双程模型哀伤干预

双程模型哀伤干预需要考虑两方面的因素：一是振荡方式；二是丧亲者和逝者的联结，以便根据其联结特征来考虑用双程模型提示的方法应对不同的哀伤压力。

1. 振荡方式的影响

丧亲者在丧失导向与恢复导向之间来回振荡（摆动）时，会表现出不同的摆动类型。

正常摆动型。正常摆动型是指丧亲者可以在丧失导向与恢复导向之间灵活摆动。例如，当丧亲者在丧失导向中觉得被悲痛情感压得喘不过气时，就会回避，摆动到恢复导向一端，多想想如何适应当下和未来的生活。回避是人的一种自我保护。儿童在这两种导向之间的摆动通常比成年人更为灵活。丧亲者如果可以在这两种导向之间灵活正常地摆动,就可以降低罹患延长哀伤障碍的风险。

丧失导向型。丧亲者深陷于丧失导向不能自拔,他们只关注丧失事件的消极体验,每天沉湎于丧失的悲痛,对以后的生活充满绝望,不去思考,也不想尝试去做新的事情,久而久之就可能出现延长哀伤障碍。对于这样的丧亲者,需要帮助他们把注意力从丧失导向转移到恢复导向。例如,陈颖(化名)在母亲死于车祸的那天早上曾与母亲有过一场激烈争吵,她总觉得是自己导致母亲的死亡,并长期陷入自责,甚至出现自杀倾向。咨询师在治疗中一方面采用积极的方式帮助她调整错误认知,另一方面引导她重新在心中安置母亲,也就是从丧失导向转移到恢复导向,从而取得积极的效果。对丧失导向型的儿童青少年还可以提供很多其他方法来帮助他们关注恢复导向,例如帮助结交新的有相似经历的朋友,引导参加不同的课外活动等。

恢复导向型。人们往往会觉得恢复导向是积极的生活体验,但事实并非完全如此,在恢复导向中同样存在不同的消极压力源,以及消极应对和积极应对的方法,从而产生完全不同的结果。例如,在恢复导向的体验中,有的丧亲儿童青少年会把自己完全屏蔽在哀伤之外,他们绝口不谈逝去的父/母,也不让别人谈起,他们长期把自己与过去的丧失隔绝。这是一种不健康的回避策略。如果长期不去面对丧亲事件的现实,不去经历和体验哀伤,则容易罹患延长哀伤障碍。这里要注意,有些丧失父/母的孩子因为与父母长期分居并缺乏亲密的联结和依恋关系,他们往往不能深刻感受到丧亲之痛。另外,年幼的孩子因为成长阶段的局限,也可能无法像成年人那样去体验丧亲之痛,他们在丧亲事件发生后,基本上会一直处于恢复导向,这并不意味着他们在采用不健康的回避策略。

如果丧亲者与逝者有很亲密的依恋关系,在丧亲事件发生后,丧亲者极力回避丧失,或对丧亲事件表现得麻木不仁、无动于衷,那么需要引起关注。这种麻木会埋下隐患,例如罹患延长哀伤障碍。面对这样的孩子,家长和关怀者要帮助他们去思考和谈论丧亲事件,帮助他们一点点开启回忆的阀门,并去面对和完成哀伤工作。在这里,"剂量"的控制尤为重要。"猛挖伤口"是雪上加霜,只会使丧亲者的消极回避倾向更加强烈。

混乱摆动型。混乱摆动型的丧亲者不能很好地接纳丧失,也不能有效地应对丧失压力,他们对逝者的离去既逃避又焦虑,也担忧自己,心神不宁;他们需要向他人倾诉,以更好地接纳事实,从而整合自我。

2. 不同联结的影响

和逝者的联结形式往往会影响丧亲者如何应对丧失导向和恢复导向的压力,以及如何在两者之间摆动,不同的联结可能会产生不同的结果,因此需要用不同的方法去处理(Zeck,2016;Stroebe,Schut,& Stroebe,2005)。

安全型依恋。这类丧亲者比较容易与人和谐相处,他们愿意信任和依靠他人,他人也愿意信任和依靠他们。他们倾向于在两种导向之间正常摆动,并通常不易罹患延长哀伤障碍。

占有型依恋。这类丧亲者对他人有强烈的依恋和依赖,也要求他人与自己有亲密关系。他们在失去挚亲后倾向于停滞在丧失导向里(苦苦思念和哀伤沉思)。有研究显示,这类丧亲者容易出现延长哀伤障碍。需要适当地引导他们考虑恢复导向的问题,帮助他们在两种导向之间正常摆动。

回避型依恋。这类丧亲者与逝者保持安全距离,在失去亲人后,他们可能会表现得毫不在意,没有悲伤,滞留在恢复导向里。有研究显示,如果丧失的是极为亲密的人,他们更可能出现强烈的哀伤反应和健康问题。对于这类丧亲者,需要引导他们关注丧失导向。

混乱型依恋。这是一种很复杂的类型。这类丧亲者一方面保持联结,另一方面想要放弃联结,从而无法作出明确的决定。他们容易出现延长哀伤障碍和创伤后应激障碍。对于这类丧亲者,需要引导他们认识丧失导向和恢复导向的差异性。

我国学者何丽等人总结了如何针对不同依恋类型在不同导向及振荡中采用不同的应对方式(见表7-2)。

表7-2 持续性联结与丧亲后适应的整合模型(何丽,唐信峰,朱志勇,王建平,2016)

依恋类型	双程模型	哀伤反应	心理表征	保持联结的适应性
安全型依恋	在丧失导向和恢复导向之间摆动	正常哀伤	能将丧失转化成与逝者的心理联结	适应
占有型依恋	丧失导向	慢性哀伤	不能转化,不能代替,理想化逝者	不适应,需要放开一些联结
回避型依恋	恢复导向	延迟的、抑制的哀伤	不能转化,贬低逝者	不适应,否认联结,需要面对和保持联结
混乱型依恋	导向混乱	复杂的哀伤伴随创伤后应激障碍症状	混乱	不适应,需要找到一致性,重新安置逝者

在双程模型框架下展开的哀伤干预具有很大的灵活性,它可以融入心理教育、认知行为疗法、持续性联结和生命意义重建等。这种灵活性有助于丧亲者在哀伤过程中自我成长和自我增能。

四、案例分析

案例一:走出丧失导向

下面是哀伤治疗师泽赫(Emmanuelle Zech)在《哀伤治疗中的双程模型》一文中收录的案例(Zeck,2016)。

一个18岁女孩的男友在一场车祸中突然死去。在死亡事件发生两个月后,女孩的母亲要求治疗师为女孩提供帮助。这个女孩并不想来诊所,但她妈妈坚持一定要来,因为女儿已经好多个星期不去上学。她总是一个人待在自己的房间里,房间有她已故男友的很多遗物。

这个女孩原本担心治疗师会和她妈妈所期望的那样,把她推向正常的生活,要她离开自己的卧室,回到学校。但是,治疗师并没有这样做,他把荒废学业意味着什么的想法放在一边不谈,首先去努力理解女孩。

女孩告诉治疗师,这个世界太不公平了,她和同学们可以继续上课,继续活着,外出,欢笑,享受生活,而她的男友却死去了。她和男友的父母有着密切的联系,她觉得自己是唯一关心男友父母的人。如果她不去关心他们,那么男友生存过的痕迹将会全部消失,所以她让自己沉浸在痛苦的记忆中。人们越是希望她走出来,她就越不能接受,她为这种不公平感到痛苦。治疗师用宽容和不带评判的态度表达同情和理解,对她的一些想法表示赞同,并为她提供温暖的安慰。治疗师并没有让她去遵循社会和家庭的建议,而是让她从内心去经历和体验丧失的痛苦(丧失导向),同时去面对重建生活的需要(恢复导向)。经过六次咨询,女孩处理掉了男友的几箱遗物,但保留下最珍贵的东西,她要好好记住和那位年轻男孩的爱情,然后她开始重返课堂。

案例二：灵活摆动

这个案例取材于一个 2021 年在网上广为传播的真实故事(Yahoo News,2021)。

2021 年,就在哈佛大学宣布当年录取率创下历史新低(3.43%)后,来自马萨诸塞州的 18 岁高中生阿比盖尔(Abigail)却成功拿到哈佛大学录取通知书。不久,阿比盖尔在抖音上分享了她的入学申请论文,视频发布后的几天内便在很多国家获得两千多万的浏览量,并引起百万网友的共鸣和点赞。

她入学申请论文的开场白是："我讨厌'ｓ'这个字母。"("ｓ"在英文名词里表示复数。)英文语法习惯使用"parents"(父母)而不是没有"ｓ"的"parent"。然而,在 2014 年,当时她 12 岁,癌症夺走了母亲(37 岁)的生命。阿比盖尔从原来有"parents"(父母),变成只剩下有"parent"(父亲)。阿比盖尔说她开始讨厌字母"ｓ","parents"这个单词末尾的"ｓ"在她的家庭已经消失,并彻底改变了她的人生。但生活中"parents"末尾的"ｓ"一直如影随形地跟着她,时时刻刻都在提醒它的存在。当朋友和父母吃饭的时候,她只能和"parent"一起吃饭。在写下这篇文章时,语法纠错软件一直在"parent"下面标注蓝色下划线,提醒她修改语法。就连软件都在假设她应该拥有"parents",只是癌症不会听从修改建议。世界不会因为她而放弃"s",所以阿比盖尔在母亲离开后的日子里,尝试减少"s"的影响。她开始让自己忙碌起来,从早晨晨会、上课、课后活动、排球运动、舞蹈课到做作业、睡觉,每天周而复始。她有时忙到不能和父亲一起吃晚饭。她还参加波士顿排练演出,在舞台上的几个小时,她暂时脱离现实生活并进入一个新世界,成为另一个人,对她来说,这也是一种宣泄。她写道,当"s"回来时,她不会一直沉浸在哀伤里,她会让自己参加一项感兴趣的活动。随着时间的流逝,她发现自己对戏剧、学术和政治的兴趣越来越浓厚。即使在校外,波士顿剧院甚至参议员选举中都有她的身影。虽然失去"s"在人生中留下的空白会使人时常感到痛苦,但她利用学习和各种活动让自己不沉湎于丧失的哀伤。她说:"我逐渐不再回避单's',转而开始追寻双's',即'passion'。'passion'这个英文单词有很多含义,其中一个含义是指,充满热情地积极追寻自己的目标和有意义的方向。"她说:"passion 给我带来了人生目标,虽然我依旧会有哀伤,但我知道我正朝着一个可以让我健康发展的方向前进。"优异的成绩及表现让她成为高中毕业典礼上的荣誉致辞生,并被哈佛大学提前录取。

阿比盖尔在"s"(丧失导向)和积极追求新生活(恢复导向)之间合理摆动,这使她可以积极、健康地应对哀伤。尽管她失去最亲爱的母亲,但她能够在日常生活中很好地处理来自两种导向的压力。她把对母亲的爱和哀伤转变成一种动力。她发自内心的对生活的热爱、感恩和永不放弃的精神品质不仅激励了自己,而且激励了其他青少年。

本节结语

"哀伤是爱的一种形式",虽然刻骨铭心的爱有时会让丧亲者心碎,但它也可以引导丧亲者在哀伤中关注未来。用爱的启示呼唤对未来的责任,用爱的启示联结过去和未来,并使它成为丧失和恢复的桥梁。哀伤干预不只是一门技术,它还需要思考、感受和启示人性中的爱。

第三节 认知行为疗法

认知行为疗法(cognitive behavioral therapy)不仅融合了人类行为、心理学和认知理论,而且融合了情感、家庭和同伴影响。认知行为疗法采用多种干预方法帮助人们调整认知、行为和情感方面的问题。自 20世纪 60 年代,认知行为疗法不断发展和完善,而且广泛应用于治疗不同的心理障碍。认知行为疗法用于儿童青少年心理障碍治疗的文献最早可以追溯到 20 世纪 60 年代(Benjamin & Puleo,2012)。

一、认知行为疗法的历史沿革

美国心理学家艾利斯(Albert Ellis)被称为"认知行为疗法之父"。他于 20 世纪 50 年代提出合理情绪行为疗法(rational emotive behavioral therapy)。合理情绪行为疗法是认知行为疗法的初始形式和主要基础之一(David,Cotet,Matu,Mogoase,& Stefan,2018)。合理情绪行为疗法为认知行为疗法奠定了基础,直到今天它依然是认知行为疗法的一种常用治疗方法。合理情绪行为疗法认为,非理性信念是导致情绪困扰的主要因素。因此,它将治疗重点放在将非理性信念转变为理性信念,从而调整失调的情绪和不良行为。自 21 世纪初,合理情绪行为疗法开始应用于儿童青少年的心理障碍(如抑郁症)治疗。在合理情绪行为疗法的基础上,美国心理学家贝克(Aaron Beck)于 20 世纪 60 年代提出更为完整的认知行为疗法体系,并用于临床治疗不同的心理障碍。

认知行为疗法的另一个重要理论基础是认知模型(cognitive model)。该模型有一个基本假设,即人在遇到事情时出现的情绪和行为受自身认知的影响,而不是受事情本身的影响(Beck,1964)。由于认知的不同,即使遇到同样的事情,有些人会有积极的心态,有些人则会有消极的心态。然而,人们往往无法辨别自己对事物的认知是否准确,很多时候只是凭感觉来作判断。贝克在临床治疗中帮助来访者识别并评估他们的认知和想法。通过这个过程，来访者可以更加客观、现实地认识和思考面对的问题，从而使受错误认知引导的情绪和行为得到改善。贝克认为，无论什么类型的心理障碍，都与扭曲的思维对行为产生的消极影响有关；而有效的干预可以帮助一个人识别并意识到自己扭曲的思维，并挑战其消极影响。认知行为疗法是一种以问题为中心和以行动为中心的疗法，认知行为疗法注重患者面临的具体问题，分析和改变人的错误认知，进而调整人的错误行为和情绪。由于对认知行为疗法的巨大贡献，贝克于 2006 年获得拉斯克奖，这是生物医学界的诺贝尔奖，他在"20 世纪最具影响力的医生"中名列第四位。

自 20 世纪 60 年代起，有关认知行为疗法的研究和应用以极快的速度发展，并衍生出很多相关的治疗方法，包括辩证行为疗法、接受承诺疗法、格式塔疗法、同情中心疗法、正念、动机访谈、积极心理学疗法、人际心理疗法、心理动力疗法（涉及人格障碍）等，它也广泛地应用于心理疾病的临床治疗，包括抑郁症、创伤后应激障碍、情感障碍、焦虑症、人格障碍、神经性厌食症、强迫症、药物滥用、延长哀伤障碍等（Fenn & Byrne，2013）。

自 21 世纪初，认知行为疗法被视为治疗儿童青少年心理疾病的首选疗法（Ruggiero，Spada，Caselli，& Sandra，2018）。

二、认知行为疗法的理论基础

1. 认知行为疗法的三联要素

认知行为疗法认为，人的认知、情绪和行为互相影响，人的认知会影响情绪和行为，而情绪也会影响认知和行为。例如，一个人在情绪冲动时会作出不理性或违背原来认知的行为，而错误行为则会酿出不好的结果，这又会影响人的情绪和认知（Fleming & Robinson，2001）。当然，个体的认知、情绪和行为反应与其核心信念密切相关（见图 7-4）。

2. 消极认知三联元素

贝克认为，认知包含人们对事物的想法及思维方式，对个体有消极影响的认知包含三个相互关联的元素：核心信念、功能障碍假设、负面

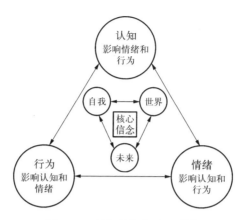

图 7 - 4 认知情绪行为三联图

自动思维(Beck，1976)。

核心信念(core beliefs)是关于自我、世界和未来的根深蒂固的信念。核心信念通常在生命早期形成，并受童年经历的影响。核心信念可以是积极的，也可以是消极的。以消极的核心信念为例，它也由三个元素组成并相互影响。图 7 - 5 显示了消极的核心信念三个元素之间的关系：(1) 对自我的消极认知，"没人喜欢我，我很没用"；(2) 对世界的消极认知，"世界是不公平的"；(3) 对未来的消极认知，"我不会有更好的未来"。

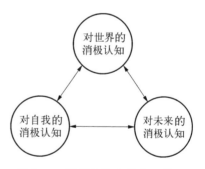

图 7 - 5 消极的核心信念三联图

功能障碍假设(dysfunctional assumptions，亦译"功能失调性假设")是人们对自己采用苛刻的规则。这些规则很可能是行不通的，因而导致种种不适应。例如，有人可能会遵循这样的规则："宁可什么也不做，也比承受可能失败的风险好。"

自动思维(automatic thoughts)是自发即时出现的，而不是刻意形成的。自动思维与核心信念有很大关系。抑郁症患者往往会持有负面自动思维(negative automatic thoughts)，其特点是消极、缺乏自尊和无用感。例如，面对新的挑战或压力时，负面自动思维的反应可能是"我肯定会失败"。对焦虑症患者来说，负面自动思维往往会对风险评估过高，而对自己的能力评估过低。

如果个体持有消极的核心信念、功能障碍假设和负面自动思维，罹患抑郁症和其他精神障碍的风险就会偏高。

三、认知行为疗法和哀伤疗愈

1. 认知行为疗法的 ABC 疗法

认知行为疗法在临床上有很多不同的治疗方法，其中 ABC 疗法是一种常用的治疗方法。下面以 ABC 疗法为例对认知行为疗法作一个比较直观的诠释。美国认知行为疗法咨询师及科普作家布兰奇（Rhena Branch）和威尔森（Rob Willson）对 ABC 疗法作过清晰描述（Branch & Willson，2010）。

A——激发事件（activating events），包括已经发生的事件、可预期未来会发生的事件或出现在自己内心的想象、记忆、梦境等。

B——信念（beliefs），包括认知、想法、处事原则、因他人或自身而产生的需求以及对事物意义的认知等。

C——结果（consequences），在信念基础上出现的情绪、行为和生理反应。不同的信念会产生不同的结果，例如积极的或消极的情绪，正常的或不正常的生理反应以及合理的或不合理的行为。

当 A（激发事件）发生后，不同人会有不同 B（信念或称为认知），而不同认知（B）会产生不同 C（结果），包括情绪和行为反应。显然，信念和认知对结果起着决定性的作用。积极的认知会产生积极的情绪和行为，消极或错误的认知会导致不健康或消极的情绪和行为。因此，很多不健康的情绪和不当行为并不全是因为所经历的事件本身，而是与人的认知密切相关。ABC 疗法关注的是如何用合理或理性的认知来替代不合理或非理性的认知，从而可以拥有健康的情绪和合理的行为。下面举一个与消极情绪有关的 ABC 疗法的过程。

A（激发事件）：考试分数没达到预期。

B(信念)："我是一个没用的人。"

C(结果)：心情抑郁(情绪反应)，胃口不好(生理反应)，不想见人，躲在家里玩游戏(行为反应)。

上例显示，错误认知导致消极结果。下例采用积极的认知，就可以看到完全不同的结果。

A(激发事件)：考试分数没达到预期。

B(信念)："这次没考好不等于以后也考不好，我可以多花些时间学习或改变学习方法，学习成绩还会提高。"

C(结果)：用积极的态度、情绪和方法去面对新的考试。

认知行为疗法就是要通过帮助人们调整非理性或错误的认知，来改善人们的情绪和行为。

2. 认知行为疗法对延长哀伤障碍的诠释

荷兰心理学家博伦(Paul A. Boelen)等学者于 2006 年提出延长哀伤障碍认知行为概念模型(Boelen, van den Hout, & van den Bout, 2006；Boelen, 2006)。该模型认为，延长哀伤障碍往往与以下三种认知问题有关。

不能将丧亲经历和自己的自传信息库(对自己的过去、现在和未来的认知)充分整合。不能整合对自我、逝者、外部世界和死亡事实的认知，原来持有的认知和死亡事实之间的冲突会使丧亲者产生更多的闯入性思维并对死亡事件过度关注而无法自拔。

消极的核心信念和对丧亲事件的误解。丧亲事件激活了患者对自我、世界和未来的消极核心信念，或颠覆了原来持有的积极核心信念，从而对自我、世界和未来失去希望。

采用错误的应对方法。包括因焦虑和抑郁而回避丧亲事件。焦虑症状的回避策略在行为上表现为回避一切可能会使患者感到痛苦的诱发因素(提醒)，在认知上表现为抑郁和专注丧亲事件本身以及沉浸在很多不现实的"如果……就"假设里，而不是面对和处理现实问题。回避策略在主观上避免承认死亡事件并逃避与之相关的痛苦情绪，在认知上表现为用消极思维去看待丧亲事件的影响和自身的处理能力，在行为上表现为社交退缩。

博伦等人在研究中还发现，消极核心信念及回避策略会使延长哀伤障碍和抑郁症状更为严重（Boelen，van den Bout，& van den Hout，2006）。

3. 丧亲者常见的五类认知问题

综上所述，错误认知往往是导致延长哀伤障碍的主要原因之一。美国哀伤学者弗莱明（Stephen Fleming）等人认为，失去至亲往往会出现核心信念的颠覆、违背事实的思维、错误的因果推论、违背事实的谬误、回避这五类错误认知问题（Fleming & Robinson，2001）。

核心信念的颠覆。核心信念是人们对自己、外部世界和未来的看法。在正常情况下，人们一般会拥有三种核心信念：世界是温暖的；世界有一定规律可循，生活在一定程度上是可控的；自己是有价值的。但是，丧亲打击可能会对这些核心信念产生颠覆性或摧毁性的影响。例如，有的儿童青少年在失去父/母后，觉得这个曾经充满温情的世界不再温暖，不再安全，不再合理；自己美好的人生计划破灭了，人生和未来变得毫无意义。核心信念的调整正是认知行为疗法在哀伤疗愈中要做的重要工作之一。认知行为疗法需要帮助来访者认识到，生活不会再回到过去的常态，但依然可以建立一种有意义的、幸福的新常态。2004年，博伦等人对失去父/母或兄弟姐妹的大学生的一项研究显示，认知行为疗法可以帮助这些大学生较好地调整核心信念（Boelen，Kip，Voorsluijs，& van den Bout，2004）。

违背事实的思维（counterfactual thinking）。丧亲者对丧失事件作不切实际的想象。例如，儿童的魔幻思维，"如果我没生妈妈的气，妈妈就不会出交通事故"。违背事实的思维会导致不理性的自我责备。认知行为疗法要帮助丧亲者用客观的眼光来看待丧亲事件。

错误的因果推论（casual inference）。有三种类型：丧亲者没有把导致丧失的各种因素都考虑进去，而只在自己身上找原因；错误地相信死亡事件本来是可以避免的；不能区分责任感和自己对死亡事件真正该负的责任。

违背事实的谬误（counterfactual fallacy）。无视或不愿面对丧亲事件的真实状况,用主观臆想对丧亲事件作违背事实的判断。例如,当父/母因无法医治的疾病而死亡,有的孩子会觉得医生没尽到责任或做错了什么。

回避(avoidant)。有的丧亲者会回避与丧亲事件有关的提醒,包括不谈、不看、不听和不想与丧亲事件有关的事情或场景。例如,一个16岁的男孩在父亲去世后,他不能容忍任何人在他面前谈论父亲。回避提醒往往有不同原因：担心不回避外部提醒,自己会痛不欲生;无法承受触景生情或者回忆等内部提醒引发的剧痛。

针对回避问题,认知行为疗法有较好的治疗方法：找出什么是错误的认知,什么是提醒,什么是丧亲者害怕的后果;考虑新的认知目标,例如,如果真的面对提醒,会有什么后果;在此基础上找出应对提醒的合理认知和方法,使后果可以承受和适应;进行行为练习,包括布置具体作业,收集评估结果以及按照一定步骤逐渐进行调整。在治疗回避症状时,需要掌握好"剂量",尤其在急性哀伤期,根据双程模型的观点,适当回避往往是必要的。

4. ABC疗法在丧亲哀伤治疗中的应用

ABC疗法在20世纪开始应用于创伤和哀伤治疗。下面是以色列特拉维夫大学社会工作学院教授马尔金森（Ruth Malkinson）和合理情绪行为疗法开发者艾利斯的合作研究结果(Malkinson & Ellis, 2000)。

ABC疗法应对丧亲事件。A指不幸事件(adverse event);B指信念或认知(beliefs);C指结果(consequences),包括情绪和行为。丧亲事件的ABC疗法是指丧亲事件（A）发生后,帮助丧亲者积极调整对丧亲事件不适当的认知（B）及由此而来的情绪和行为结果（C）。丧亲事件ABC疗法有四个重要假设：（1）丧亲事件不可逆转,而且人们会以不同的信念去认识和评估丧亲事件;（2）这些认知包含合理与不合理的因素,但不合理的因素有可能被合理的因素取代和调整;（3）事件、信念和情绪/行为三者相互作用,不合理的认知会导致消极情绪;（4）ABC模型可以区分出健康和不健康的哀伤反应。

马尔金森比较了丧亲后合理与不合理的哀伤认知特征，具体见表7-3。

表 7 - 3　合理与不合理的哀伤认知特征（王建平，刘新宪，2019）

适应性哀伤认知	不适应性哀伤认知
健康有效的看法和积极健康的情绪反应	不健康（功能障碍）的看法和消极不健康的情绪反应
悲伤：生活永远地改变了	抑郁：我的生活毫无价值
合理的愤怒：他没有考虑到后果	伤害性的愤怒：他怎么能对我做出这种事
面对痛苦时有较好的抗挫力：每当想到再也见不到他了，我就很难受	面对痛苦时有较差的抗挫力（焦虑）：这太痛苦了，我不敢去想他，我不能忍受这种痛苦
关注点：我没有为他/她做很多事情，我十分想念他/她	负罪感：都是我的错，我希望死的人是我
不断寻找生命的意义：我用不同方法去保留关于他/她的记忆	生命已被"冰封"并失去其意义：生活毫无意义

ABC疗法需要帮助丧亲者调整对丧亲事件的不适当的认知，并采用积极的认知去思考和应对丧亲的现实，以此产生有利于缓解痛苦并逐渐适应生活变化的情绪和行为。

马尔金森对咨询师如何采用 ABC 疗法帮助丧亲者提出八条建议（Malkinson，2010）：（1）了解和评估来访者的情况，并与来访者一起制定治疗方案；（2）提供有关丧亲哀伤的心理教育，让来访者了解哀伤过程、哀伤反应（包括认知和行为）；（3）识别导致功能障碍的非理性信念、消极情绪、行为和身体不适反应，并帮助建立理性信念；（4）帮助来访者了解 ABC 模型，包括 B（信念）—C（结果）的关系；（5）帮助来访者学习并练习适应性的理性思维以及积极的情感和行为；（6）帮助丧亲者思考逝者已逝之后的新的生活方式，以及如何与逝者继续保持积极的持续性联结；（7）在每次咨询后布置作业；（8）准备结束治疗和今后的随访。

四、认知行为疗法对儿童青少年的哀伤干预

20 世纪 90 年代起,认知行为疗法对儿童青少年的心理障碍治疗开始受到较多的关注和应用。例如,从 1991 年第一版《儿童青少年认知行为治疗》(*Cognitive-Behavior Therapy for Children and Adolescents*)出版至 2012 年,该书多次再版。从 20 世纪 90 年代到 2012 年,仅仅在"心理信息"网站可查阅到上千篇相关文献(Benjamin & Puleo, 2012)。

美国亚利桑那大学心理学系教授桑德勒(Irwin N. Sandler)及其团队在 20 世纪 90 年代开发的家庭丧亲课程(Family Bereavement Program)把认知行为疗法融入其中,它以预防为目标,对丧亲儿童青少年提供卓有成效的哀伤支持与干预。直到今天,它依然被用于儿童青少年的哀伤支持与干预(Sandler, Ayers, Wolchik, Tein, Kwok, & Haine, 2003)。

美国青少年创伤与哀伤学者莱恩(Christopher Layne)及其团队在 20 世纪 90 年代末开发的青少年创伤与哀伤模块治疗(trauma grief component therapy for adolescents)采用认知行为疗法,并融合其他疗法对经历创伤与哀伤的青少年(15—19 岁)进行团体治疗。根据大量应用评估,该治疗效果很好(Layne, Pynoos, Saltzman, Arslanagić, Black, Savjak, Popović, Duraković, Mušić, Ćampara, Djapo, & Houston, 2001),并在美国以及其他国家得到推广。

美国德雷克塞尔大学医学院精神病学教授科恩于 2004—2005 年开发了针对创伤性哀伤儿童青少年的认知行为疗法(cognitive-behavioral therapy for childhood traumatic grief),治疗对象为 6—17 岁的儿童青少年。治疗结果显示,认知行为疗法可以使哀伤、创伤后应激障碍、抑郁、焦虑得到显著改善(Cohen, Mannarino, & Staron, 2006)。

荷兰心理学家博伦等人于 2012 年开发儿童青少年认知行为哀伤疗法,它以一对一的形式来治疗儿童青少年的延长哀伤障碍。该疗法为儿童青少年提供 9 次单独治疗,并为家长提供 5 次咨询。治疗结果显示,患者的延长哀伤障碍症状得到明显缓解,患者和家长对治疗结果的反馈非常好(Spuij, Londen-Huiberts, & Boelen, 2013)。

博伦于 2021 年 1 月发表了另一项研究结果,该研究采用认知行为疗法为患有延长哀伤障碍的儿童青少年(8—18 岁,平均丧亲时间为 37.8 个月)提供治疗。治疗结束后的 3 个月、6 个月和 12 个月的追踪随访评估显示,认知行为疗法显著缓解了儿童青少年的延长哀伤障碍症状,对抑郁症和创伤后应激障碍的治疗效果甚至更好(Boelen, Lenferink,& Spuij,2021)。

认知行为疗法对哀伤干预的临床方法有很多,咨询师需要和来访者沟通、协调并培养默契。在治疗中不断练习布置的"作业",并在日常生活中运用学到的方法来有意识地调整特定认知上存在的问题,这才能使效果更好。

现在,网络技术被广泛地应用在认知行为疗法中,如视频咨询、网上咨询等。研究显示,其效果不仅对成人很好(Wagner, Knaevelsrud, & Maercker,2006),对青少年也很好(Sofka,2009)。

五、相关案例

这个案例较长,出于篇幅考虑仅介绍其重点内容(You,2014)。

玛丽 16 岁时母亲因病去世。6 个月后她表现出明显的延长哀伤障碍症状,例如极度悲伤,经常哭泣,情绪抑郁,对以前喜欢的活动缺乏兴趣,严重缺乏安全感,她特别担心父亲也会死去,甚至每天晚上在父亲睡着后,要去检查他是否还在呼吸。她还表现出社交退缩,因为担心自己会在别人面前崩溃和大哭,使别人觉得她非常软弱、可怜。玛丽来寻求治疗时,这些症状还在不断恶化。她对学习失去兴趣,甚至不准备去考大学,因为她要"守护"父亲的安全。

整个治疗一共有 14 次咨询,每周一次,持续了近 4 个月。咨询师首先从了解玛丽的情况入手,让玛丽填写评估表。通过评估量表和交谈来了解玛丽的病症和问题。咨询师注意到玛丽存在以下问题:(1)不当的认知问题;(2)不当的行为问题;(3)不当的应对方法。咨询师和玛丽共同制定了具体的治疗方案。

他们首先制定了三个治疗目标:(1)调整母亲去世后的悲痛情绪;

(2) 提高关于焦虑的应对技巧；(3) 学习应对压力（包括未来的压力）的技巧。咨询师也给玛丽的父亲提出两个具体目标：(1) 帮助改善玛丽的情绪；(2) 鼓励她参加课外活动。

治疗分两个阶段：第一阶段注重调整失去母亲的悲痛情绪；第二阶段注重通过帮助她重新参加社会活动和与朋友接触来控制并缓解消极情绪。

第一阶段：调整悲痛情绪。玛丽的悲痛情绪与两个消极认知有关：(1) 失去了母亲，她感到失去了归属感和十分孤独；(2) 她觉得一切再也不能像过去那样美好。

咨询师首先从心理教育开始，帮助玛丽了解有关死亡和失去亲人的哀伤知识，包括哀伤反应在认知、行为、生理和情绪等方面的症状。心理教育使玛丽觉得自己的很多哀伤反应是常见的，从而减少心理压力。关于"再也不能回到过去"的想法，咨询师首先帮助她认识到，出现这种想法是正常的，因为这是一个真实的现状，但陷在这种想法里是有问题的，那就是她过多地关注过去和不可能发生的事情（例如总想回到过去），以至于无法投入当前的生活。咨询师帮助她调整认知，虽然生活不可能回到过去的常态，但是依然可以重新建立一个新常态。通过认知调整治疗，玛丽认识到："我依然想念母亲，但我可以继续我的生活，可以建立一个新常态，可以在没有母亲的生活中去体验美好的东西，包括自己过去喜欢的东西。"

在第一阶段调整悲痛情绪的治疗中，咨询师还使用暴露疗法，在控制"剂量"和考虑玛丽的承受能力的状态下，帮助玛丽去面对丧失的提醒。咨询师让玛丽带母亲的照片来诊所，请玛丽谈论母亲去世的那段日子以及对母亲的回忆。咨询师给玛丽布置的第一份家庭作业就是给母亲写封信，需要包含三方面的内容：(1) 玛丽对母亲最怀念的是什么；(2) 最不想去回忆的是什么；(3) 告诉母亲一件想要分享的事情。在布置作业时，咨询师和玛丽详细讨论了信的要求。玛丽在下周咨询时带来了布置的作业，咨询师请玛丽大声朗读她写的信。在第一次朗读时，玛丽的声音不时会有颤抖，但她坚持把信读了下来。在后来的几次咨询中,玛丽可以越来越顺利地朗读自己写的信,直到完全没有任何障碍。玛丽觉得,作业和治疗帮助她把压在心中的很多想法和情绪都释放到了文字上。

在后面的治疗中,咨询师要求玛丽从母亲的角度给自己写信,包括母亲可能会对她提出的期望和建议。在以母亲的角度写回信时,玛丽有一种轻松感。在母亲的回信中玛丽写了一条建议,为青少年写一本小册子,帮助他们认识并了解丧失和哀伤。回信还包括在今后的生活中可能会遇到什么压力和挑战。写信使玛丽感到与母亲联结的温暖。这些治疗帮助玛丽与已故母亲建立起健康的持续性联结,也增强了她的归属感。此外,玛丽对自己的情绪控制也有了自信,相信自己不会崩溃和大哭。第一阶段的治疗使玛丽的哀伤情绪得到有效缓解。

第二阶段:治疗抑郁和焦虑。咨询师首先鼓励她重新参加自己过去喜爱的活动和恢复与朋友的正常交往,以此减少抑郁情绪。为了增强治疗效果,咨询师和玛丽一起制定活动计划,并记录每日计划的执行情况,以保证计划可以得到落实。

玛丽的焦虑包括两方面:(1)害怕在别人面前崩溃和大哭,让别人觉得她软弱和可怜。第一阶段开始的暴露疗法,例如大声朗读信有效降低了玛丽对哀伤提醒的敏感性。另外,咨询师鼓励玛丽把她写的关于青少年应对哀伤的小册子和朋友分享。这可以帮助青少年去支持其他失去亲人的朋友,也增强了朋友之间的相互了解、交流和支持,有助于缓解孤独感。(2)担心被"抛弃"。例如,担心父亲也会死去。针对每晚检查父亲是否还在呼吸的问题,咨询师建议玛丽逐渐增加检查的间隔时间,通过一段时间的调整,玛丽觉得没必要再这样做了,她的焦虑症状也大大缓解。

给母亲写信对调整焦虑起到很好的作用,信中谈论了未来可能会出现的挑战以及如何应对,提及周年纪念日及其他特殊的日子等。

在治疗过程结束时,玛丽的哭泣已经大大减少,她能够和他人谈论自己的母亲,和朋友恢复了正常的交往,积极参加自己喜爱的活动,还培养了新的爱好。在特殊日子到来时,她虽有哀伤但不会太深地陷入痛苦。玛丽的哀伤、抑郁和焦虑都极大好转。最后的检测评估显示,玛丽的各项评分都达到正常水平。

本节结语

在巨大的苦难和挑战面前,甘地(Mohandas Karamchand Gandhi)说过:"保持你的思想积极,因为你的想法会成为你的语言。保持你的语言积极,因为你的语言会成为你的行为。保持你的行为积极,因为你的行为会成为你的习惯。保持你的习惯积极,因为你的习惯会成为你的价值观。保持你的价值观积极,因为你的价值观会成为你的命运。"甘地的话永远值得回味。积极的认知是改变一切的起点,这同样适用于哀伤疗愈。

第四节　四任务模型

一、四任务模型回顾

1967 年,美国心理学家沃登在波士顿大学任教时,与哈佛大学合作研究临终关怀和自杀问题。他的早期研究使他关注丧亲哀伤这个普遍现象。在以后近 20 年,他一直在哈佛大学任教。当时的哀伤咨询与治疗还十分薄弱,一切尚处在摸索阶段。在学校的建议下,他开设了"临终和死亡"课程,其中包括哀伤咨询与治疗。后来,他把讲义进行系统整理和完善,并于 1982 年出版了《哀伤咨询与治疗:心理健康工作者手册》,这是美国第一本哀伤咨询与治疗的教科书。沃登提出,丧亲者在哀伤过程中需要完成四项任务:(1) 接受丧失亲人的事实;(2) 处理哀伤痛苦;(3) 适应没有逝者的生活;(4) 从逝者那里收回情感能量并投入新的人际关系(Worden, 1982)。该书后来修订了四次。在每次修订中,沃登不断把新的哀伤研究与干预成果引入书中,也不断修正自己一些过时的观点。在 2002 年的第四版中,他修改了第一版的第四项任务。沃登在书中谈到,1982 年的观点受到弗洛伊德切割理论的影响。20 世纪 90 年代初,他从儿童哀伤研究中清楚地看到,失去父/母的孩子不会切断与已故父/母的联结(Worden,1996,p. 15),所以把切断联结作为干预方法是不合适的。需要注意的是,沃登在书中提出上述观点与克拉斯等人提出持续性联结理论都是在 1996 年。在沃登 2018 年第五版的教科书中,他把第四项任务修改为"在寻找怀念逝者的方法中开始新的人生之旅"。直到今天,四任务模型依然广泛应用于成人和儿童青少年的哀伤咨询与治疗。他的哀伤咨询与治疗教科书被翻译成不同国家的文字,也广泛地应用于哀伤咨询与治疗。目前,沃登的教科书在美国很多州是哀伤咨询师必考内容之一。

20 世纪 90 年代初,沃登和哀伤学者西尔弗曼(Phyllis Silverman)还开展了关于儿童哀伤的系统研究。该研究针对 125 名 6—17 岁的儿童青少年,历时两年。该研究克服了过去儿童青少年哀伤研究中的很多不足之处,例如没有对照控制组,样本小,没有追踪随访,设计不合理等。在研究数据和追踪随访的基础上,沃登于 1996 年出版了《儿童与哀伤:经历父/母死亡》(*Children and grief: When a parent dies*)。沃登对儿童青少年的哀伤特征、咨询和治疗提出了系统的理论与建议。他在书中写道:"哀悼任务适用于丧亲儿童吗?我认为,当然。"(Worden,1996,p. 12)沃登把他提出的四任务模型也融入该书,并把它作为儿童青少年哀伤干预的理论基础。

二、四任务模型介绍

根据沃登 2018 年的最新版本,丧亲者在丧亲哀伤过程中需要完成四项任务。

1. 任务一:接受丧失亲人的现实

接受丧失亲人的现实是哀伤过程的第一项任务。完成这项任务最大的障碍就是无法或拒绝接受死亡的现实,其表现方式通常为不相信死亡是真实的,无法理解死亡的意义以及无法接受死亡是不可逆转的。长期拒绝接受死亡事实容易导致延长哀伤障碍。完全不相信死亡的真实性可以表现为"木乃伊化"(mummification),即觉得逝者随时都可能回到现实生活中。无法理解死亡的意义往往是因为人们为了保护自己不承受重大压力,而不愿意去思考死亡对他们意味着什么。人们会用不同理由解释为什么不需要想念逝者。例如,"我们关系并不亲密"或者"我并不想念他"。还有人会把逝者的遗物全都清理掉,努力使自己不再想起逝者。沃登曾经治疗过一个延长哀伤障碍患者,他在12岁失去父亲后,就封闭了关于父亲所有的记忆。他在读大学时开始接受心理治疗,起初他甚至无法回忆起父亲的相貌,在治疗结束后,他不仅可以回想起父亲的模样和很多共同的生活经历,在毕业典礼上,他甚至可以感到父亲还伴随着他。还有人在认知上接受了死亡的现实,但在感情上没有接受死亡的现实。他们会在死亡是真实的还是不真实的之间纠结。

和成人一样,儿童在哀伤过程之初首先也需要接受亲人已经过世的事实。儿童需要能够理解死亡的概念,年幼的儿童在不具备抽象思维时,对此会有困难。成人需要使用儿童能够理解的方式向他们反复解释。

2. 任务二:经历丧亲的各种痛苦情绪

丧亲者的第二项任务是经历各种痛苦情绪,包含悲痛、厌世、焦虑、愤怒、愧疚、抑郁和孤独。现在的社会文化比较倾向于抑制或不鼓励哀伤情绪,丧亲者较难获得适当的社会支持。丧亲者在完成第二项任务时往往会遇到两类障碍:(1)过度使用回避策略,不去面对哀伤之痛,否认自己的痛苦感受并回避痛苦感受;(2)缺乏积极的应对方式,长期陷入强烈的哀伤痛苦中。过度使用回避策略的人把麻木不仁作为应对丧亲之痛的策略,有人只想愉快的往事,有人把已故亲人过度完美化和理想化,有人使用酒精或毒品,有人使用地理治疗(geographic cure),也就是不停顿地在各地旅行以回避丧亲之痛。长期回避而不去经历和体验哀伤之痛,容易引发延长哀伤障碍。咨询师要帮助丧亲者变回避为积极应对,这就是丧亲者要完成的第二项任务。

儿童青少年在哀伤过程中,同样需要应对和适应各种不同的痛苦情绪。沃登的研究显示,5—7岁的儿童情绪是最脆弱的。他们在认知上基本可以知道死亡是怎么回事,但他们缺乏足够的自我意识和能力来应对失去亲人的强烈痛苦情绪。沃登提出，与父母关系不和谐的孩子往往会有更强烈的情绪反应，包括愤怒、愧疚和自责感。他们可能会觉得自己被"抛弃"并为此感到愤怒，也可能会觉得他们没有做好什么事或说了不好的话而对不起逝者，并为之愧疚自责。对于这些孩子，哀伤咨询师和家长需要给予更多的关怀和帮助。

3. 任务三：适应没有逝者的环境

适应没有逝者的环境是哀伤过程的第三项任务。它包含三个方面的工作，即外部调整、内部调整和信仰调整。

外部调整需要在丧亲经历中寻找到对今后生活有积极影响的意义。沃登认为，内米耶尔意义重建理论两个维度的意义重建是完成第三项任务的关键：（1）对丧亲事件有透彻的理解，也称为理解建构；（2）能够在丧亲后建构积极的生活意义，尤其是自我增能以及对生活意义新的认知，例如能够做自己感到有意义的事或承担起逝者曾经承担的一部分责任。

内部调整包括调整丧亲后的自我认知，包括身份认同、自尊和自我效能。内部调整的任务需要思考两个问题：（1）"现在的我是谁?"（2）"我对他/她的爱的方式有变化吗?"随着时间的推移，积极的思考会多于消极的思考。

失去亲人可能会使人改变核心信念与信仰。信仰调整就是要将丧亲造成的信仰丧失或困惑重新调整为积极的信念与信仰。完成第三项任务的最大障碍在于，丧亲者把自己视为无助者，并出现社交退缩以及不去面对外界的要求。若要完成这项任务，丧亲者需要重新认识逝者已逝的新常态，承担起自己过去不熟悉的责任，发展新的生存技能，并带着对自己和世界新的认知在生活中继续向前。

对儿童青少年来说，能否积极地适应父/母去世后生活的变化，在很大程度上取决于逝者在原来的家庭扮演的角色，以及逝者与孩子及其他家庭成员的关系。根据沃登和其他学者的研究，对年幼孩子来说，母亲的死亡会对日常家庭生活的变化有更直接的影响，他们的适应和调整需要较长的一段时间。有时候他们往往成长为青少年时，才会感受到父/

母死亡造成的整体丧失，并可能出现延迟性哀伤症状及延长哀伤障碍。本书第四章陈小琴的案例（即案例二：延长哀伤障碍）正反映出这个问题。

4. 任务四：重新在生活中安置逝者并寻找怀念逝者的方法

重新在生活中安置逝者并寻找怀念逝者的方法是哀伤过程的第四项任务。沃登使用美国哀伤学者艾提格（Thomas Attig）的话来描述这项任务。

> 我们可以继续"拥有"我们"丧失"的，那是一种对逝者持续的爱，尽管其形式已经完全改变。我们并没有失去与逝者共同生活的岁月或者我们的记忆。我们也没有失去他们的影响、激励、价值观以及共存于他们生命中的意义。我们可以把它们积极地融入新的生活模式，其中包含着与我们关爱的人永远不会忘怀的关系，尽管其形式已经改变。（Attig, 2011，p. 118）

第四项任务最艰难之处是，不少人沉湎在哀伤中无法自拔。然而，第四项任务还是可以完成的。沃登在他的第五版教科书中举了一个例子，一位年轻女孩在失去父亲后无法在生活中重新安置父亲，并难以适应父亲死亡后的生活。但是，两年后她逐渐克服了障碍，她在大学里给母亲写道："很多人最后都会意识到，当他们在怀念过去和继续新的生活之间纠结时，还有其他很多人可以去爱，这并不意味着我对爸爸的爱有任何减少。"（Worden, 2018，p. 53）

在哀伤过程中，丧亲儿童青少年并不需要放弃与已故亲人的关系，而是要在心中重新安置逝者，并能带着对逝者的怀念在这个世界上好好生活。儿童青少年不仅要能够理解死亡的意义，而且要理解已故亲人在他们生活中的意义。家长需要帮助孩子用健康的方法与已故亲人建立新的联结。

三、四任务模型的原则和技巧

沃登把哀伤咨询师的工作分为两种类型：一是为丧亲者作心理咨

询;二是为延长哀伤障碍患者作治疗。根据他的临床经验,前者可以采用团体形式,后者需要一对一。后者涉及很多复杂的技术,因篇幅有限,本书将着重介绍心理咨询工作部分。沃登关于延长哀伤障碍治疗的建议就不在这里作过多讨论。下面是哀伤咨询师帮助丧亲者完成哀伤过程四项任务的十项工作原则和九种技巧。

1. 哀伤咨询十项原则

哀伤咨询的十项原则并不一定要应用到每一位丧亲者的咨询中,不同的丧亲者有自己独特的哀伤过程和问题。例如,有的丧亲者在接受死亡现实上并没有什么障碍,因此不需要在第一项任务上花费时间。另外,哀伤过程的四项任务并没有规定必须按顺序去完成,尤其是后面的三项任务可以交叉反复地进行。

原则一:接受丧失的现实。帮助丧亲者接受丧失现实最有效的方法就是,帮助他们用适当的方式谈论已故亲人。咨询师可以提一些引导性问题,例如死亡时间、发生地点、如何发生、如何得到消息、葬礼是如何举办的等。这些涉及死亡场景的具体问题可以帮助丧亲者直视丧亲事件的真实性。咨询师还要做好聆听者,耐心聆听丧亲者一再重复诉说丧亲事件和感受。

原则二:帮助识别和体验不同哀伤感受。丧亲者会有各种不同的痛苦情绪混杂在一起。咨询师需要帮助他们识别和应对这些情绪,包括愤怒、愧疚、焦虑、无助和孤独。丧亲者需要在哀伤过程中识别和体验这些消极情绪,但长期陷在里边会引发延长哀伤障碍。沃登特别强调了四种常见情绪:(1)愤怒。这是哀伤反应中的一种常见情绪。有时愤怒与逝者直接有关,有时是针对他人,有时是为了转移注意力以减轻痛苦。咨询师需要帮助丧亲者识别愤怒情绪的真实原因。咨询师可以用提问的方式来帮助丧亲者识别愤怒情绪。例如:对于他/她,你最怀念的是什么? 最不希望想到的是什么? 后者往往蕴含愤怒的真实原因。(2)愧疚。有很多因素会导致愧疚。愧疚是导致抑郁症的重要因素之一,多数愧疚是非理性的。咨询师可以采用现实测试(reality testing)的方法来帮助丧亲者,请他们详细列出曾为逝者做过的事情。通过回顾,丧亲者往往会发现自己确实尽到了最大的努力。还有一类愧疚具有某种合理性。沃登举了一个例子,一位年轻姑娘在父亲死去的晚上,决定和男友一起度过,而不是与家人在一起,她后来一直觉得对不起父亲而深陷痛苦。沃登为她的家庭开展团体辅导。请她在家庭成员面前诉说自己的愧疚和痛苦,家庭成员也给予她温暖的回应,从而帮助她从愧疚中走出来。(3)焦虑和无助。丧亲者往往会感到焦虑和恐惧,分离焦虑与联结有关。还有一些焦虑和无助与丧亲者自认为无法独立生活有关。咨询师可以采用认知重建(cognitive restructuring)的方法来帮助丧亲者认识他们过去如何管理自己的生活,从而缓解焦虑和无助。还有一种焦虑是担心自己也会死去。咨询师可以采用直接和间接的方法来提供帮助,引导丧亲者明确地说出他们的担心并反省其合理性。(4)悲伤。有时候,咨询师需要鼓励丧亲者哭泣。很多时候,丧亲者怕人厌烦而不在朋友面前哭泣,也有人是因为外界环境的压力使他们不能用哭泣来表达悲痛。咨询师需要帮助丧亲者知道,哭泣是可以的,但只有哭泣是不够的,还要思考丧失的意义以及它对未来的变化意味着什么。表达和体验哀伤情绪同样重要。对于有强烈哀伤反应的丧亲者,咨询师需要考虑"剂量"的因素。

原则三:帮助丧亲者适应没有逝者的生活。这个原则要求咨询师帮助丧亲者更好地调整和适应逝者已逝的生活,并能自己独立作决定。咨询师可以使用问题解决(problem solving)的方法。首先帮助丧亲者承担起一些曾经由逝者承担的责任,例如作一些决定。但是,要注意在急性哀伤期,不要急于作改变生活的重大决定,例如卖房或者换工作。

原则四:帮助丧亲者寻找意义。哀伤咨询的目标之一就是,帮助丧亲者寻找丧亲事件的意义。寻找意义的过程和意义本身同样重要。创伤性死亡会使丧亲者在寻找意义方面遇到更大的挑战和困难。寻找意义不只是要弄清为什么死亡事件会发生,还要考虑为什么会发生在自己的身上,以及对未来的影响。有些丧亲者会对自我价值以及自我认同产生困惑,这会对自尊以及自我效能产生消极影响。最适当的咨询就是帮助丧亲者重新建立控制感,有计划地完成一系列自己能够掌控的工作有助于提高自信心。还有一种很常见的意义重建方法就是去做有益于社会的事情。

原则五：用适当方法来怀念已故亲人。安置好对已故亲人的回忆是哀伤过程的一个重要部分。有些丧亲者担心自己会遗忘所爱的已故亲人。咨询师可以为他们提供适当的建议，例如保留纪念物、参加悼念仪式、缅怀逝者的个人品质以及共同拥有的价值观等。帮助丧亲者重新安置好与逝者的关系有助于与他人建立新的亲密关系。与他人建立新的亲密关系并不意味着忘记或减少对已故亲人的爱，但用"饥不择食"的方式填补爱的"真空"可能会造成新的伤害。例如，一位女学生在父亲死后的当天，马上就轻率地接受了一位男生的求爱，不久还是以分手告终并受到伤害。这对青少年来说尤其需要注意。

原则六：哀伤过程需要时间。哀伤过程包括适应新的环境和新的生活常态，这需要时间。有时候，孩子会对家长的长期哀伤感到不理解，或者家长对孩子的长期哀伤感到不理解。咨询师需要为这些家庭提供帮助。尤其是在节假日、周年纪念日以及一些特殊的日子，强烈的哀伤情绪会重新表现出来，咨询师需要给予一些必要的提醒和建议。

原则七：哀伤反应合理化。有些丧亲者可能会觉得自己的哀伤反应是一种不正常的"疯狂"，因为他们会表现出很多与以往完全不同的情绪和行为。咨询师需要向丧亲者解释，哀伤反应（包括幻觉、苦苦思念、注意力不集中等）在急性哀伤期都是正常的。对哀伤反应的合理化有助于丧亲者正确认识自己，并可以减少不必要的压力和自卑。

原则八：允许个体差异性。不同丧亲者会出现差异很大的哀伤反应。有些父母无法理解自己孩子的哀伤反应，误认为他们出现了心理健康问题。咨询师需要帮助这些父母理解儿童青少年哀伤反应的多样性。

原则九：检查防御和应对策略。哀伤咨询的第九项原则就是检查丧亲者使用的防御和应对策略。有些应对策略是有帮助的，但有些应对策略会增加心理疾病的风险，例如有人"借酒浇愁愁更愁"。还有人采取社会退缩的方法，减少与社会的接触。咨询师需要帮助丧亲者调整消极的应对策略。积极的应对策略通常包括重新认识和理解现实困境，采用适当的情绪管理技巧,接受社会支持以及保持幽默的态度等。回避策略在短期内也许是有益的,但不能长期使用。

原则十:识别疾病并采取措施。哀伤咨询师需要具备识别延长哀伤障碍的能力。如果丧亲者患有延长哀伤障碍,仅靠哀伤咨询是不够的。这时候需要采用哀伤治疗的程序,涉及不同的专业技能、干预方法和干预目标。因此,咨询师在必要的时候要进行专业转介,请其他专业人员介入治疗。

沃登特别提到,在哀伤咨询中,咨询师要注意避免使用一些会令丧亲者难以接受的表述。例如:"我能理解你的感受。""做一个勇敢的男孩。""一切很快都会过去的。""你表现得很好。""将来一切都会好起来。"此外,需要慎用治疗精神疾病的药物,因为哀伤和抑郁症不同。但是,在丧亲初期,如果有严重睡眠障碍,适当使用安眠药还是可以考虑的。

2. 哀伤咨询九种技巧

使用不同的哀伤咨询技巧有助于丧亲者充分表达他们的想法和感受,包括他们的遗憾或失望。

技巧一:激发情绪的词语。对某些丧亲者,咨询师可以使用一些激发情绪的词语,例如,明确使用"死亡"这个词,可以激发出丧亲者被压制的痛苦感受并促使他们面对现实。

技巧二:使用象征物件。鼓励丧亲者在咨询时带上已故亲人的照片、音频、视频或遗物等有具体特征的象征物件,这有助于丧亲者更专注地谈论已故亲人。

技巧三:文字。请丧亲者想象已故亲人,写下自己的想法和感受。沃登建议写"告别信",把思念和情绪转化为文字,这有助于构建出具有一致性的叙事故事,从而把自己的想法和感受(包括消极情绪)整合起来。例如,可以通过日记、诗歌或随笔写下自己的感受。

技巧四:绘画。可以通过绘画来表达对逝者的情感和对往日经历的回忆,这对失去父/母的儿童来说特别有帮助。有研究显示,绘画有四个方面的益处:帮助表达情感;帮助识别混乱的矛盾心理;帮助识别失去了什么;了解丧亲者处在什么样的哀伤状态。

技巧五：角色扮演。设计不同境况下的角色扮演，可以帮助丧亲者学习应对恐惧和焦虑的技巧。这对完成第三项任务往往特别有帮助，咨询师也可以参加角色扮演，例如扮演帮助者或榜样的角色。

技巧六：认知重建。丧亲者通常会出现非理性认知，从而导致极端情绪或者极端思维。认知重建就是要解决认知上的问题。认知行为疗法在这方面有很多好的方法可供使用。

技巧七：纪念手册。丧亲家庭可以一起制作纪念手册来缅怀已故亲人。纪念手册可以包含往昔一起度过的美好时光的故事、照片、诗歌、绘画等，这有助于丧亲家庭一起更好地面对丧失和缅怀已故亲人。此外，孩子可以通过纪念手册把他们的丧亲经历整合进今后的生活。

技巧八：引导想象。在咨询师的指导下，丧亲者可以闭上眼睛，或者使用空椅子技术，说出他们想对已故亲人说的话。这是一种非常有效的技巧，其作用不是来自想象，而是来自"面对"逝者的谈话，逝者是谈话的对象，而不是谈话的第三方。

技巧九：隐喻。有些丧亲者无法承受强烈的痛苦而不能直接谈论死亡事件或逝者。隐喻（例如图片）可以作为一种辅助方法，帮助丧亲者使用不会使自己过于痛苦的方式来表达自己的感受。哀伤研究显示，这对舒缓哀伤症状是有效的，对完成第二项任务也会有帮助。

四、如何帮助失去父/母的孩子

沃登提出，丧亲儿童青少年有十项需要应该得到关注和满足。

1. 提供适当的信息

提供适当的信息有助于孩子减少困惑、魔幻思维或恐惧。如果没有足够的信息来了解死亡的真实原因，那么孩子可能会对死亡产生恐惧和焦虑，或者出现各种不切实际的令自己不安的想法。

2. 帮助应对恐惧和焦虑

在失去父/母后，孩子通常最关切的是他们能否继续得到照顾。他们往往会担心家长或者自己也会死去并出现恐惧和焦虑。沃登的研究显示，在父/母死后的第一年，这种恐惧和焦虑尤为明显，但到了第二年会呈下降趋势。

3. 帮助孩子避免自责

有些孩子会觉得自己对父/母的死亡负有某种责任，例如原来与父/母关系不融洽，或者在死亡事件发生前，与逝者闹过矛盾。与父/母关系不和谐的青少年，自责倾向会更普遍。需要让孩子知道无论他们与逝者曾有过什么不愉快经历，都绝对不是造成死亡的原因。对于年幼儿童的魔幻思维，需要反复解释。

4. 仔细聆听

孩子需要有人聆听他们的想法、困惑和情绪，例如恐惧、幻想和疑惑等。请注意，孩子会提出很多关于死亡的问题。对于十分复杂并难以解释的问题，可以说不知道，但不要给孩子提供不真实的答案。此外，聆听者不一定是家长。对青少年来说，他们可以是老师、亲友、咨询师或者同伴。

5. 情绪感受合理化

要让孩子明白，他们出现不同的哀伤反应是正常、合理的。成年人要避免抑制孩子的悲痛情绪。根据沃登的研究，要求孩子抑制哀伤的家庭，在父/母死亡后的第二年，孩子哭泣的频率往往更高。不同的孩子会有不同的哀伤反应，每个孩子需要用自己的方法表达自己的想法和感受。成人应该理解和接纳孩子的哀伤方式。

6. 调整极端情绪

如果孩子的哀伤情绪过于强烈，或出现极端的异常行为，那么他们需要得到帮助。沃登认为，孩子需要用安全、适当的方法表达丧失父/母后的哀伤情绪。例如，引导孩子画画来表达自己的情绪，也可以写下自己的想法。如果父/母不知如何帮助孩子缓解这些情绪，也可以寻求专业人员的帮助。

7. 参与和融入

孩子和成人一样，也需要用适当的悼念仪式来告别逝者。孩子需要得到关注，并能有一定的参与。沃登认为，对5岁以上的孩子，家长应该询问他们是否希望参加葬礼。如果孩子从来没有参加过葬礼，要事先告诉他们详细的信息。如果孩子不愿意参加葬礼，家长就不要强迫孩子一定要去参加，更不要强迫孩子去触碰或者亲吻逝者。丧亲家庭也可以用其他方式来举行悼念仪式，并邀请孩子一同参与。尤其在节日或者特殊日子，家庭可以一起悼念和缅怀已故亲人。

8. 保持日常活动

孩子需要保持符合他们年龄的兴趣和活动。很多孩子会用玩游戏的方式来表达他们的哀伤，在急性哀伤期家长往往对孩子玩耍嬉笑感到难以接受。但是，保持兴趣和活动对孩子应对丧失具有很大积极意义。

9. 成人的榜样

孩子通常通过观察大人的行为来学习应对哀伤的方式。帮助孩子适应哀伤最好的方式就是鼓励孩子去思考、回忆和谈论已故亲人，这是一种简单而有效的方法。家长在不让自己情绪失控的情况下，与孩子一起分享各自的感受和怀念同样十分重要。

沃登的研究显示，多数孩子不需要接受哀伤干预。如果家长有积极应对哀伤的能力，能够用分享和沟通的方式来应对哀伤，那么孩子通常可以表现出很强的自我增能和抗挫力。

10. 保持联结

对已故亲人的怀念将伴随孩子今后不同的成长阶段。一个失去父/母的幼童在今后不同的成长阶段，已故父/母会对他们有不同的意义和影响。家长可以用不同的方法来帮助孩子怀念已故父/母，例如照片、遗物以及一些有意义的纪念品等。保留对已故亲人的回忆和怀念，共同追忆往昔岁月，不仅对孩子，而且对整个家庭来说，都是有益的。如果家长再婚了，孩子应该被允许表达他们对已故生父/母的怀念，以及在保持与已故父/母持续性联结的同时调整好与继父/母的关系。

五、干预模式

1. 同伴互助

同伴互助是一种有效的团体哀伤干预模式，它有助于儿童青少年自由表达哀伤感受并得到同伴和组织者的帮助。与同伴的交流还有助于消除孤独感。团体干预不仅有助于认识死亡,而且有助于调整丧亲后常见的错误认知。此外,团体咨询可以让更多的孩子得到帮助,也比较容易在学校组织开展。丧亲后的青少年如果能够得到同伴的支持,他们罹患抑郁症的风险会明显下降。

当然,同伴互助也有其不足之处。例如,它不一定能解决个体独特的问题,或者无法为延长哀伤障碍患者提供所需要的深度帮助。此外,团体支持固然重要,但家庭环境依然是最关键的影响因素。如果家长不能积极应对丧亲经历,团体支持的作用就会显著降低。

2. 个体咨询

个体咨询就是咨询师为丧亲儿童青少年开展一对一的咨询。个体咨询通常注重帮助孩子理解和接受死亡的意义,采用适当的方法与已故亲人保持联结,以及处理好与家庭其他成员的互动互助关系。

在个体咨询模式方面,沃登建议,使用玩具或游戏来进行间接性的互动干预。此外,咨询师可以使用想象技术来帮助孩子学习应对哀伤的技巧。例如,在孩子感到安全的环境下,启发孩子想象一个特殊场景,让孩子与已故亲人对话。对话内容是开放的,可以说任何心里话,例如请求原谅,或者说过去想说但没有机会说的对逝者的情感。这对有延长哀伤障碍的孩子来说,往往是有效的。想象场景的设计可以改变,对话也可以采用不同的方式。

艺术,例如绘画同样是个体咨询中常用的方法,它能让孩子用创造性方法来表达他们的丧失感。对言语表达有困难的孩子来说,用绘画来表达会更为容易。

个体咨询通常比较适合有延长哀伤障碍症状的孩子,或者哀伤反应极为严重,没有团体支持的孩子。个体咨询给丧亲儿童青少年一个安全、稳定的环境。此外,个体咨询有助于孩子与咨询师建立支持性关系,而这种关系可以有效地帮助孩子增强抗挫力,以及调整并适应与社会的联系。

个体咨询也存在一些弱点。例如,成本过于昂贵,资源受到限制,它没有提供孩子与家长的互动,没有解决整个家庭系统应对丧亲时存在的问题,而家庭影响对孩子来说恰恰是十分重要的。

3. 家庭干预

家庭干预是以家庭为整体的干预模式。这种模式鼓励家庭成员互相沟通,一起分享丧亲感受,讨论今后的计划,并让家庭作为一个整体来应对和适应生命中的巨大丧失。家庭干预包括三项内容:沟通、调整家庭角色和解决问题。

沟通。家庭成员彼此保持开放的交流十分重要。这有助于家庭成员彼此分享他们对丧失亲人的感受,使孩子得到家长的支持,有时候家长也可以从孩子身上得到安慰。在家庭干预中,咨询师需要帮助整个家庭培养有效的沟通方式和应对技巧。通过与家长分享自己的哀伤和应对方式,孩子可以感到虽然他们的家庭少了一个亲人,但家庭的支持依然存在。如果家长不知道如何表达哀伤感受,孩子往往也会遇到同样的问题。良好的家庭沟通既可以有效减少孩子的极端行为,也可以避免过度使用回避策略。有研究显示,观看心理教育视频来帮助家庭进行开放式沟通是一种有效的家庭干预方法。

调整家庭角色。原来的家庭有父亲、母亲和子女,每个人在家中有其独特的角色和功能。如果父亲或母亲故去,原来的家庭结构就变了。如果家庭要继续正常运转,就需要家庭成员来扮演逝者的角色和发挥逝者的功能。虽然没有任何人能替代逝者,但让家庭成员承担起一部分责任是必要的。这里要注意,孩子承担的新的责任和发挥的功能要与他们的年龄和成熟度相配。

解决问题。孩子的延长哀伤障碍症状通常与家长的消极应对方式有密切关系。沃登在研究中也看到同样的现象。家长不能用积极的方式应对丧亲的家庭通常会有很多纠纷和争吵。家庭干预要有针对性地帮助处理一些具体和实际的问题。

丧亲对家庭的每个成员都有影响。家庭干预模式要求对孩子和家长同时作评估,从而提供更有效的帮助。它包括评估家庭及其每个成员的风险因素,了解家长的调整和应对方式,清楚家庭的沟通方式和角色替换状况,尤其是孩子在新家庭结构中的角色。家庭干预是把丧亲家庭作为一个整体，并相互帮助去完成哀伤过程的四项任务。

咨询师在使用家庭干预模式时，要特别注意聆听孩子的声音，并帮助他们解决问题。此外，家庭干预也可以把两到三个家庭组合起来，不同家庭彼此帮助和分享往往会产生更大的积极影响。

4. 整合性干预模式

整合性干预模式融合了同伴互助、个体咨询、家庭干预以及其他不同的干预方法。这种模式的合理性在于它能增强干预的有效性，并使每个家庭成员都能得到帮助。

支持性咨询（supportive counseling）是一种整合性干预模式。该模式的理论基础是，如果家长能够很好地调整和适应丧亲经历，就能有效地降低孩子罹患延长哀伤障碍的风险。这种干预模式注重向家长提供哀伤心理教育，帮助他们了解如何帮助自己与孩子，如何保持家庭生活的稳定和一致，如何营造家庭成员可以自由表达哀伤的家庭氛围，以及家长在自己经历哀伤过程的同时给孩子提供有效的帮助。在这种干预模式下，咨询师可以通过指导家长来间接地帮助孩子。

还有一种整合性干预模式，即把不同家庭的孩子组成互助小组，同时把这些孩子的家长组成另一个互助小组，在孩子互助小组中比较多地使用游戏或艺术等方法，在家长互助小组中提供哀伤心理教育，并为这些家长创造互相支持的关系。这种干预模式在实践中也显示出较好的效果。

此外，沃登还介绍了其他一些整合性干预模式。总体来说，整合性干预模式的效果往往比其他模式更为显著。本书第八章会更为详细、系统地介绍当前几种主要的儿童青少年整合性干预模式。

六、相关案例

此案例取材于我国香港社会工作者运用沃登四任务模型对儿童进行哀伤干预的过程（Wong，2012）。由于篇幅有限，作者对案例作了精简整理。

CYS是一名6岁的小学生，她过去一直与祖父母一起生活，而且和他们感情很深。自从祖父去世和祖母因病住院后，CYS的母亲开始照顾她的生活。CYS与父母之间的关系不像与祖父母那么亲密。CYS表现出严重的哀伤反应。她每天至少哭泣七次，感到悲伤和不快乐，对玩具没有兴趣，脾气暴躁，打自己，与父母很少交流互动。母亲担心CYS的情绪和行为会不断恶化，请求社会工作者（下面简称"社工"）提供帮助。

接到个案后，社工以沃登的四任务模型为主要干预方法，结合讲故事、艺术和娱乐方法为CYS提供哀伤咨询。哀伤咨询一共进行了八次。

任务一：接受丧失亲人的现实（第一至第二次咨询）

第一次咨询，社工帮助CYS回忆祖父去世的过程。CYS告诉社工，祖父以前特别照顾她，总是带她去公园，并送她去学校。祖父还为她做饭，这使她身体健康。但是，祖父不听她的话，不肯戒酒。因此，他病了，被送去医院。她经常去医院看望祖父。后来祖父的病情恶化了，需要治疗喉咙。这时候祖母也因病被送往另一家医院，而且不被允许去探望祖父。CYS提到祖母会感到恐惧，会为祖父祈祷，并希望他能康复，但祖父后来还是死了。

除了回忆丧失过程，社工还给CYS读了一本故事书——《爷爷穿着西装吗？》。这本故事书描述了年幼的布鲁诺在祖父去世后一点点了解死亡。他从混乱、愤怒和孤独变得逐渐接受丧失。社工用这个故事来帮助CYS了解祖父逝世后自己的情绪变化。CYS觉得她和故事书里的布鲁诺有很多非常相似的感受。在第二次咨询时，社工用故事节中布鲁诺的例子，启发CYS回顾有哪些方法可以使自己心情好一些。CYS说，她会看祖父的照片，有时候画画，如果感到不开心，她会玩耍和嬉笑。社工注意到，这些都是积极的应对方式。CYS谈到自己在祖父生病时有恐惧感，害怕没人爱她，没人带她去公园玩。社工让她用图画表达自己的情绪。CYS画出了蕴含恐惧、孤独、难过、生气的图画。她特别谈到，每当父母训斥她，或用拖鞋打她屁股时，她就特别想祖父。她画了一张代表祖父的笑脸。

任务二：经历丧亲的各种痛苦情绪（第三至第四次咨询）

社工通过讲故事对CYS进行关于死亡和死亡概念的教育。社工用

"恐龙的灭绝"故事和图片向 CYS 进一步解释死亡概念。CYS 指出,祖父就像图片中一只死去的鸟一样不会再回来了。通过交谈,社工了解到尽管 CYS 只有 6 岁,仍处在具体运算阶段,但她比同龄孩子相对成熟。她知道祖父因疾病和饮酒过度而去世,也知道死亡是不可逆转的、不可避免的,但她还不能完全理解死亡的其他概念。

CYS 在第二次咨询时提到自己在祖父生病时有恐惧感,社工帮助她了解这种恐惧感是因为她爱祖父,而且不想失去祖父对她的爱。CYS 意识到,如果祖父不在了,她将失去重要的看护人。她担心没有人再会带她去公园玩。社工注意到,虽然 CYS 仍然有悲伤和恐惧感,但至少开始接受祖父去世的现实。

任务三:适应没有逝者的环境(第五至第六次咨询)

社工开始帮助引导 CYS 适应新的生活环境。社工引导 CYS 回顾在之前咨询中学到的一些积极应对方法,并邀请 CYS 讨论如何使用这些积极应对方法来处理负面情绪。当社工谈论纪念祖父的方法时,CYS 提出了许多建议,例如看祖父的照片,和祖父的照片聊天(这是故事书中布鲁诺用的方法)。

社工还请 CYS 用图画来描绘她与祖父一起难忘的经历。CYS 画了和祖父在公园玩的情景,并说会像布鲁诺那样在心里怀念祖父。

社工进而引导 CYS 谈论母亲和以后的生活。她说只要好好学习,母亲就会带她去公园。还说,她觉得母亲是喜欢她的,因为有时母亲会和她一起玩,帮助她完成作业,还在床前讲故事让她入睡。她比以前更喜欢母亲。

社工注意到,CYS 正在使用积极的方法来应对丧失和逐渐适应新的生活,她努力与父母建立融洽的关系,以适应新的生活环境。

任务四:重新在生活中安置逝者并继续生活(第七至第八次咨询)

为了加强积极应对方法,并更好地在情感上安置祖父,社工协助 CYS 创作一本《再见——你好》的小册子以纪念祖父。社工为 CYS 准备好材料(故事书、白纸、彩色铅笔、签字笔和彩色纸)。在绘画过程中,CYS 选择了不同的彩色纸,并在小册子中画出她祖父的画像。在小册子完成后,社工邀请 CYS 谈论她的绘画和故事。小册子一共有四页,主题分别为公园、愿望、我的努力、种子。

第一页"公园"。CYS 选了一张白纸画出公园的风景。她说,喜欢和祖父一起去公园,自从与父母住在一起后很少去公园。社工指出,这是对以前生活的怀念。CYS 说,她会在心中记住公园,并希望父母也能像祖父那样照顾她。

第二页"愿望"。社工问她:"如果有一位仙女可以帮你实现一个愿望,你想得到什么?"她回答,她想与祖父、祖母、母亲、父亲、姨母和姨父一起去海洋公园,因为她想与他们一起度过快乐的一天。社工知道她想拥有一个和谐而完整的家庭,因此她期望与家庭成员一起去海洋公园。她知道祖父不会再回来了,她会在心中记住他,但她希望和父母一起去。社工鼓励她将自己的愿望告诉父母。她说,今天就去说。

第三页"我的努力"。她在白纸上写下她学过的单词,并在纸上写了"100"。她想告诉祖父自己在学习中取得了出色的成绩。她还写下对祖父的祝愿。CYS 问道,祖父是否会为她的祝愿和学习上的进步而高兴。社工说,会的。

第四页"种子"。CYS 为祖父取了一些种子,因为他喜欢种植。她希望这些种子能长大,并在天堂开出五颜六色美丽的花朵。她希望祖父能在天堂快乐地欣赏它们。社工赞赏她为祖父制作这份珍贵礼物付出的努力和展现的创造力,并说祖父会非常喜欢。

对于每一次咨询,社工会征求 CYS 及其老师与父母的意见和反馈,并评估干预的效果和进度。社工通过哭泣、悲伤、不开心及发脾气的频率来进行量化评估。社工注意到,CYS 在咨询过程中不断取得进步,她的各项哀伤症状的频率有了明显下降。例如,在咨询前她每天至少哭七次,在第八次咨询结束后,她每天只哭一次。此外,她与父母有更多的交谈,而且有更多的积极情绪和微笑,并变得更加快乐和感恩。

本节结语

哀伤适应过程极为复杂,每个人的情况不一样,没有统一公式或标准,咨询师需要运用不同的方法来处理不同的任务。此外,任务也不是可以一劳永逸地完成,哀伤可能会反复出现,但频率和强度会逐渐降低。

第五节 意义中心心理治疗

对儿童青少年来说,自己身患严重疾病和父/母死亡这两种经历是最痛苦的(Howell,Barrett-Becker,Burnside,Wamser-Nanney,Layne,&Kaplow,2016)。意义中心心理治疗(meaning-centered psychotherapy)由美国心理学家布赖特巴特(William Breitbart)领导的纪念斯隆·凯瑟琳癌症中心(Memorial Sloan Kettering Cancer Center)精神科团队开发。肿瘤心理学是一个较新的心理学领域,其重点是为癌症患者(包括年轻患者)及其家人提供心理服务。

一、意义中心心理治疗的历史沿革

临床心理学家弗兰克尔(Viktor Frankl)的意义疗法(logotherapy)是意义中心心理治疗的理论基础。弗兰克尔一生出版过很多书,其中最有名的《活出生命的意义》(*Man's Search for Meaning*)被翻译成 40 多种文字。

弗兰克尔出生于奥地利维也纳,他是一名神经科和精神科医生。1942—1945 年,他曾先后被关押在四个纳粹集中营,包括奥斯威辛集中营。他幸运地活了下来,然而他的父母和妻子都被杀害了。弗兰克尔在书中讲述了他在集中营的残酷经历,他在被关押到集中营前就开始了意义疗法的研究。在集中营,他把意义疗法的原始手稿隐藏在外套衬里,但被狱警发现并销毁。弗兰克尔在集中营还患上伤寒,作为医生,弗兰克尔知道如果他睡过去,就很可能死去。当时他努力让自己保持清醒,从而挽救了自己的生命。弗兰克尔在集中营的经历深刻地证明,人类可以通过自身的努力,即使在最痛苦的困境中,依然可以找到生命的意义和希望。这些经历帮助他不断发展自己的理论和治疗方法,并在后来创立了维也纳第三心理治疗学派。弗兰克尔的理论远远超出心理学范畴，它对哲学、人类学等都有很大的影响（Dezelic，2014，pp. 58-59）。

弗兰克尔提出一个著名的公式：D=S－M。其中，D（despair）是绝望，S（suffering）是痛苦，M（meaning）是意义。该公式告诉人们，绝望是因为在经历痛苦时失去了生命的意义。此外，弗兰克尔很喜欢引用尼采的一句名言："一个人知道为什么而活，就可以忍受任何一种生活。"

弗兰克尔的意义疗法和美国团体心理治疗权威亚隆（Irvin Yalom）的存在主义心理治疗理论，为意义中心心理治疗的开发打下了坚实的基础。

布赖特巴特是意义中心心理治疗的主要开发者。他于1984年进入纪念斯隆·凯瑟琳癌症中心精神病学服务部，该癌症中心是世界上第一个提供肿瘤心理服务的癌症中心。布赖特巴特在国际公认的肿瘤心理学创始人霍兰德（Jimmie Holland）的指导下展开了肿瘤心理学的研究与临床治疗。布赖特巴特后来成为纪念斯隆·凯瑟琳癌症中心心理治疗研究室的主任。布赖特巴特很早就注意到，在治疗过程中晚期癌症患者不仅在生理上会经历很多痛苦，他们的精神和心理同样会备受折磨，并很容易出现绝望、哀伤和求死的想法，而这与他们在人生最艰难的阶段失去生命意义有直接关系。如何在生命之旅的最后一程保持尽可能良好的状态是姑息治疗（palliative care，指通过对患者的疼痛等症状以及其他生理、心理和精神方面问题的早期诊断和正确评估，来缓解患者痛苦的治疗措施）的一个极为重要的课题，而这与寻找和认识生命意义有关。布赖特巴特以弗兰克尔的理论为基础开发了意义中心心理治疗并将其成功应用于临床治疗。布赖特巴特等人于2014年出版了《晚期癌症患者意义中心个体心理治疗手册》（Breitbart & Poppito，2014a）以及《晚期癌症患者意义中心团体心理治疗手册》（Breitbart & Poppito，2014b）。这两本治疗手册的出版使得意义中心心理治疗的应用更为普及和标准化。

近年来，意义中心心理治疗开始从晚期癌症患者心理干预扩展到对子女死于癌症的父母的哀伤干预（Lichtenthal，Napolitano，Roberts，

Sweeney，& Slivjak，2017），由于篇幅有限，读者可以参考《哀伤理论与实务：丧子家庭心理疗愈》一书（王建平，刘新宪，2019）。此外，意义中心心理治疗还扩展到对青年癌症患者的心理干预（Kearney & Ford，2017）。2017 年，以意义中心心理治疗为基础开发的意义中心哀伤心理治疗（meaning-centered grief psychotherapy）被美国国家癌症研究所批准为基于临床论证的哀伤干预方法（Breitbart，2017）。

二、意义中心心理治疗的理论介绍

意义中心心理治疗以弗兰克尔的理论为基础，弗兰克尔的理论有四个核心概念，即生命意义、寻求意义的意愿、自由意志、意义的来源（Lichtenthal，Roberts，Pessin，Applebaum，& Breitbart，2020）。

生命意义。即使在生命的最后阶段，依然有可能创造或体验意义。生命毫无意义的想法是因为人们与赋予生命意义的事物或经历出现了"脱节"（disconnect）。

寻求意义的意愿。在生存中寻求意义的意愿是人类行为的主要动力，它驱使人们在自己的一生中不断寻求和创造意义。

自由意志。人们可以自由选择用什么态度去面对困境。例如，生活或疾病造成的局限性、困境的挑战、丧失和未来（病情）的不确定性等。

意义的来源。人们通过与意义源联结获得意义，在弗兰克尔的意义源（工作、爱情、应对苦难的态度）基础上，意义中心心理治疗理论提出了四种意义源：与个体历史相关（个体、家庭、社区历史，过去/现在/未来的"遗产"）；与应对困难的态度相关；与创造相关（工作、承诺、工作动力）；与具体人生经历和体验相关（自然界、美、艺术、人际关系）。

根据以上理论，意义中心心理治疗针对晚期癌症患者开发的治疗体系可以帮助晚期癌症患者在承受痛苦时，与自己为什么活着（生存理由）建立联系。弗兰克尔将苦难视为寻求和发现意义的潜在跳板。意义中心心理治疗帮助患者从自身面临的挑战中获得动力来积极应对痛苦，并减少消极想法和情绪。晚期癌症患者常见的消极想法和情绪包括哀伤、失去生活意义和精神上的幸福感、对未来感到没有希望、丧失自我身份认同、抑郁和焦虑、希望尽早地死去等。

三、意义中心心理治疗对癌症青少年的心理干预

美国每年约有 70 000 名 14 岁以上的青少年被诊断出患有癌症,这比 14 岁以下儿童诊断出癌症的数量高出 6 倍,此外他们比年幼的儿童生存概率要低。癌症使他们丧失生命意义并感到哀伤,这严重影响了他们的生活质量和癌症治疗(Kearney & Ford,2017)。美国精神病学家卡尼(Julia A. Kearney)把 14—30 岁这个年龄段的人归为青年(adolescents and young adults,AYA)。

针对青年癌症患者的心理(哀伤)干预,主要由卡尼博士近十多年以意义中心心理治疗为基础而开发。她是儿童青少年精神科医生和儿科医生,也是纪念斯隆·凯瑟琳癌症中心精神科团队的成员。她在学习意义中心心理治疗时就开始关注如何把意义中心心理治疗应用于癌症青年的心理干预,并称其为"青年意义中心心理治疗"。青年意义中心心理治疗的核心基础主要有:意义中心心理治疗、意义中心哀伤治疗、埃里克森心理社会发展阶段理论和临床经验。

2021 年,卡尼团队完成了一项针对 15 名青年癌症患者(18—30 岁)的心理干预研究。由于整理资料和发表论文还需要较长时间,因此笔者于 2021 年 5 月对卡尼作了访谈并获得很有价值的信息。卡尼对青年意义中心心理治疗效果的回答十分简单和肯定,称它"非常非常好"。青年意义中心心理治疗除了有坚实的理论基础,还充分考虑到年轻人的成长阶段特征以及相应的哀伤反应(Kearney & Ford,2017)。

1. 青少年成长理论

卡尼把埃里克森的心理社会发展阶段理论及其新近相关研究成果融入意义中心心理治疗,从而使意义中心心理治疗对青年癌症患者的心理干预更具有针对性。笔者在本书第二章介绍过埃里克森理论的基本观点。这里将更详细地介绍卡尼特别关注的青少年阶段的相关内容。

生命意义的建构是青春期成长阶段的重要任务,也是复杂的自我身份认同形成过程中的核心任务。大量关于身份认同发展的研究显示,意

义建构是一种能力，它需要把生活中经历的事件和思想融入自己的生活叙事，人们通过思考和探寻重要生活事件的意义，建构出自己具有整合性和一致性的生活叙事。身份认同的形成需要将过去和现在融为一体，并延伸出对未来的想法。青少年就会考虑："我是谁？""我将来会成为什么样的人？"青年意义中心心理治疗需要帮助青年癌症患者处理好青春期的身份认同发展问题。

埃里克森在《同一性：青少年与危机》（Erikson，1968）及其他著作中提出，青少年在建立起对家长的信任后，会拥有自主、主动和勤奋的意识，并会探索自我和建立自我身份认同。如果青少年在青春期可以建立起具有同一性和连贯性的自我身份认同，他们便会顺利成长，否则会出现角色混乱和身份认同困惑。埃里克森使用"危机"一词来描述青春期的挑战。埃里克森认为，身份认同是一个漫长而复杂的自定义过程，它提供过去、现在和未来之间的连续性，并赋予生活方向、目的和意义。

在埃里克森之后，身份（同一性）发展理论有了进一步发展。例如，身份状态理论认为，不是每个青少年在建立稳定的身份认同时都会经历"暴风骤雨"或叛逆，青少年往往会建立承诺（例如明确的理想，要成为什么样的人），并去做某些事来积极实现承诺，以此来引导自己建立自我身份认同和渡过青春期的危机。很多青少年在早期就有了自己的承诺，也就是明确的身份状态（identity status）。有一项大样本研究显示，对身份状态缺乏承诺的青少年出现抑郁症的概率偏高。自我身份认同高的青少年会有更稳定的情绪，而且他们会把每天做的事与未来的目标结合起来（Kearney & Ford，2017）。

身份发展理论的另一个延拓就是叙事性身份发展，即"我们创造了我们正在叙述的故事"。从青春期到成年会经历很多变化，这些变化会给个人叙事的连续性带来断痕，而这些断痕可以通过建构生活叙事和生命意义来弥合。叙事性身份发展的核心思想是，叙述自己的生活故事是建构一个整合的稳定的自我的核心过程。建构有连贯性的自我叙事的过程也就是建构生命意义的过程。但是，当生活发生重大变故，自我叙事的连贯性和生命意义的建构会受到阻碍和破坏，例如父母离婚或罹患癌症等。有效的叙事性身份发展可以建立起自传诠释（autobiographical reasoning），它包括以下因素：（1）时间排序，即能够按时间顺序讲述重要的生活事件；（2）明确个人传记内容的重要部分，即知道生活故事中应包括哪些重要的事件和细节；（3）因果连贯性，即意识到外界各种事件可能出现变化和发展，但自己不必随波逐流；（4）主题连贯性，即能够诠释不同生活事件中的复杂主题并跨越时间对它们加以整合。

叙事性身份可以反映出青年如何看待自己的个人成长和发展。此外，他们的叙事方式（消极或积极）会影响自己的性格和适应能力（例如，焦虑、情绪稳定和责任感）。积极的生活经历叙事会成为积极的身份认同和意义源。这里需要注意的是，消极的生活经历叙事如果能发生积极的转变，同样可以成为积极的身份认同和意义源（Kearney & Ford，2017）。

咨询师在对青年癌症患者开展意义中心心理治疗时，引导积极的叙事对建构和保持积极的身份认同与人生意义是一种有效的方法。

2. 青年意义中心心理治疗的方法介绍

卡尼认为，青年癌症患者往往会经历患病前的健康自我和患病后的患病自我，从而出现生活经历和身份认同的巨大变化，并产生身份痛苦。他们不得不继续处处依靠父母，停止学业或事业，失去正常的社交，经历生理疾病和治疗的痛苦以及死亡的威胁。他们可能会对自己的现状感到哀伤、自卑，并感到生活失去意义。青年意义中心心理治疗旨在帮助青年癌症患者应对身份变化、哀伤压力和生命意义等方面的挑战。

卡尼于2021年完成的针对青年癌症患者的意义中心心理治疗主要是一对一咨询，分为八个单元，共十次咨询。青年意义中心心理治疗除了讲解意义中心心理治疗概念之外，大量的咨询是通过体验练习和讨论来完成的，即让患者在咨询师的引导下，按事先设计的不同主题顺序来讨论、梳理和调整自己的想法，从而帮助患者将这些概念应用于生活，最后可以用积极的态度去面对癌症和死亡的威胁。咨询师会鼓励患者在每个单元的咨询前完成对应的体验练习，如果可能，以书面形式写下来。咨询的最终目标是帮助患者寻找自己的生命意义源，即使在治疗结束后患者依然可以继续用学到的方法去开拓应对生存困境的方式。由于疾病的进展，某些意义源可能变得越来越少。青年意义中心心理治疗会帮助患者从一种意义源转移到另一种意义源，并帮助患者认识到意义也可以在被动的境况下获得。在治疗过程中，患者的家长或亲友会应患者的邀请也来参加部分咨询（包括第一次、中间一次和最后一次）。青少年有时会请自己的朋友来参加，但家长参加一般更有益处，家长可以帮助青少年建构生活叙事和人生意义，尤其是帮助青少年了解过去的事件。此外，家长的参与也可以使咨询师得到更多的信息并更加有的放矢地提供治疗。

目前，青年意义中心心理治疗手册还在编撰中，根据卡尼的介绍，青年意义中心心理治疗以现有的成人意义中心心理治疗手册为基础，另外增加了哀伤心理教育和身份认同两个新单元。本书对青年意义中心心理治疗体系的介绍主要以《晚期癌症患者意义中心团体心理治疗手册》（Breitbart ＆ Poppito，2014b；Breitbart，Applebaum，＆ Masterson，2017）、卡尼等人已发表的文献（Kearney ＆ Ford，2017），以及有关卡尼2021年最新研究结果的访谈为基础。

第一单元：生命意义及意义源的基本概念（第一次咨询）。在第一单元中，将弗兰克尔《活出生命的意义》一书分发给患者，并鼓励他们在治疗期间和治疗后阅读讨论。咨询师会介绍生命意义以及四个生命意义源的概念。完整的生命意味着，在生活中以及在自我身份认同、发展方向、对未来的希望、爱和人际关系中创造出意义，而生命意义本身也正是来自它们，若要充实地生活，就要创造出有意义的生活。

第一单元的体验练习要求患者列出一两个在自己生活中感到特别有意义的经历或时刻，它可以令人特别振奋也可以很平凡。例如："谈谈你在十分艰难的某一天，是什么东西支撑着你，或者谈谈你生命中最令人激动的日子。"在谈论的过程中，咨询师会帮助患者发现这些经历和时刻有什么意义，以及它们的意义源是什么。有时候一件事的意义可以来自几个意义源，例如一位青年热心帮助他人，并从中感到快乐。咨询师会启发他认识到做这些事的意义源可能包含爱、创造和人生体验等。有的患者会谈到自己在过去生活中经历的困境,以及自己如何克服困境,这里也包含不同的意义源,例如应对困境的态度和爱等。这个练习有助于通过自身的生活经历和自己的语言来加深对意义和不同意义源的理解。

第二单元:认识哀伤(第二次咨询)。哀伤心理知识教育不仅可以帮助患者理解自身的哀伤反应,而且可以使咨询师与患者更加亲近。当患者觉得咨询师对他们了解得越多,他们就越容易和咨询师交流自己的想法,而不会把咨询师看作局外人。在哀伤心理知识教育中,咨询师会引导患者关注自己的哀伤反应症状,并对这些症状作合理化解释。对年轻的癌症患者来说,预期性哀伤不只会发生在亲友中,也会发生在自己的内心深处。认识到自己的哀伤反应及其特征可以更好地提升积极认知和情绪控制。针对青年的意义中心心理治疗要帮助患者处理认知和情感上的问题。哀伤辅导可以提供较好的帮助。

第三单元:身份认同与癌症(第三至第四次咨询)。身份认同作为重要的咨询内容与青年的成长阶段有关。咨询师会介绍基本的心理社会发展理论和身份认同理论,并提出青年面临的挑战,尤其是身患癌症之后的挑战,以及如何才能保持或发展积极的身份认同。

这个单元会探讨身份认同与意义的核心要素的联系。探讨是什么因素使自己成为独特的自己,以及癌症如何影响自我身份认同。咨询师会引导患者分享过去有意义的经历,以及这些经历对自己后来的生活和意义建构的影响。咨询师会引导患者详细说明是什么或谁使这些经历对自己具有特别的意义,以及癌症对自己身份认同的影响。咨询师会引导患者谈论"我是谁?"和"我要成为什么样的人?",并以此引导患者展开生活经历叙事。叙事内容可以是积极的或消极的,包括人格特征、身体形象、过去所做的事情和认识的人等。例如,叙事的开始可以是:"我在家中是长子,我是一名高中生,我希望将来从事教育工作,我喜欢音乐……"这个谈话可以反映出患者身份的信息。在有关身份叙事的过程中,咨询师会引导青年叙述从出生到现在的一些生活故事,并在叙事中特别关注积极、消极和转折的经历,进而考虑和讨论这些经历或事件如何影响自己的身份认同。一般来说，积极的经历有助于形成积极的自我身份认同，它可以增强对自我身份的承诺（要成为什么人）。如果消极的经历或人生的转折点能够转化为一种积极的自我身份认同，那么同样可以对自我身份的承诺产生积极的影响。在叙事过程中，咨询师会引导患者认识身份认同发展、意义创造和积极/消极生活经历叙事之间的相互作用。掌握个人生活叙事的能力可以增进积极应对困境和创造的能力。

这个单元的练习题目是："癌症如何影响你？"通过完成这个练习，患者可以讨论癌症如何影响自己的身份认同，以及如何影响自己对有意义的生活经历的认知。

身患癌症对青年来说无疑是一种巨大的破坏性事件。除了疾病和治疗的痛苦以及对未来病情和生死的不确定性之外，它还对青年以前形成的身份认同有严重的负面影响。患者对自己的身份认同可能会出现患病前和患病后的转折，这个转折可能是人生叙事的裂痕。咨询师需要帮助青年癌症患者在裂痕上架设桥梁，从而可以建立完整的叙事，把过去积极的自我身份认同延续到现在和未来，使自我身份认同保持连贯性和一致性。

许多青年癌症患者将癌症视为"生命的浪费"，癌症使他们无法实现自己以前承诺的目标（例如升学、毕业），无法参加正常的社会活动和与朋友交往，无法朝着更加独立的方向发展，甚至损害形象，影响恋爱关系，挑战自尊心，丧失控制感等。这个单元需要帮助青年癌症患者认识到，并非所有的青年癌症患者都会经历这种身份变化，并引导他们建立和保持积极的身份认同。青年癌症患者会学习当某种意义源受到阻碍时，还可以寻找新的意义源，并对未来计划作相应调整，即使罹患癌症，青年癌症患者依然可以用不同的方式展现独立和主动的自我。

第四单元：历史的意义源（第五至第六次咨询）。每个人的生活历史都会留下不同的痕迹，它包含过去、现在并影响未来。第四单元的重点是让患者通过分享过去的生活故事，来更好地欣赏过去的成就，同时考虑当下和未来的目标。

第四单元前半部分的主题是，生命是往昔岁月的"遗产"。在这里，

"遗产"是指每个生命都来自家族和父母,以及社会生活环境给予个体的影响,它不仅创造了个体的生命和生活,而且塑造了个体对生命意义的理解。这个单元会帮助患者了解生命的一部分意义存在于自己成长的历史背景中,故称为"历史遗产"。这个单元要求患者考虑在过去从他人那里获得的"遗产",以及他们如何从这些"遗产"中获得意义。在这个单元的体验练习中,咨询师会引导患者讨论若干问题。例如:"当你回顾自己的生活和成长过程时,对成为今天的你,具有最大影响的经历、人际关系、传统等是什么?"咨询师可能会用不同例子来启发。例如:与父母、兄弟姐妹、朋友、老师的关系,姓名的来历,过去发生的有意义的事件。这可以帮助患者探索和叙述过去的有意义的经历,也可以了解自己的历史背景。

咨询师会布置一项家庭作业,要求患者向家人讲述自己的人生故事,谈论过去有哪些经历使他们感到自豪和有意义,以及他们希望以后去完成哪些对自己特别有意义的事。

第四单元后半部分讨论的重点是,生命"遗产"不仅来自过去,而且包含自己当下的生活、角色以及将来会给他人留下的"遗产"。咨询师会启发患者考虑这些"遗产"与意义的关系。因为每个人的生活方式和生活态度的痕迹本身就是一种"遗产",所以患者需要知道自己的生活痕迹也会成为他人的"遗产"。这些与现在和将来有关的"遗产"也是意义源的一部分。在体验练习中,咨询师会引导对未来生活目标的讨论:(1)当你考虑今天的你是谁时,哪些有意义的活动、角色或成就使你感到最为自豪?(2)当你展望未来时,你希望把自己从人生经历中学到的哪些东西分享给他人?这些讨论有助于青年癌症患者学习跨越时间的历史意义源。

第五单元:应对困境态度的意义源(第七次咨询)。人在努力做自己想要做的事时,总会受到不同限制,包括终极限制(例如死亡)。这个单元的重点是,即使人们受到很多限制,依然拥有自由意志去选择采用什么态度来应对生命的局限性和生活困境。通过对生活态度的合理选择,即使面对死亡,人们依然可以在生活中找到意义。咨询师会要求患者重温弗兰克尔的核心理论之一,即使面对无法控制的境况(例如癌症和死亡),我们依然可以通过选择自己的应对态度来发现生命和痛苦的意义,并以此帮助我们从心理上摆脱困境甚至获得精神的升华。

这个单元会讨论构成一个"好"的和"有意义"的死亡的想法。这可能会涉及在哪里死(例如在家中自己的床上),如何死(例如没有痛苦,有家人陪伴),以及死后的交代(例如葬礼、家庭事务等)。这个练习可以增强对死亡话题的免疫力,并能用一种安全的方法来审视和接受自己过去的生活。这个单元的体验练习聚焦于遇到生活限制时的态度。它要求患者讨论三个问题:(1)你曾经遇到过哪些生活限制、丧失或障碍,当时你是如何应对的?(2)自从诊断出癌症,你遇到的具体限制或丧失是什么?你现在如何应对这些限制或丧失?面对生活的局限性和生命的有限性,你依然能够在日常生活中找到意义吗?(3)你认为"好"的或"有意义"的死亡是什么?在亲人的记忆中,你认为自己会给他们留下什么印象?(例如,你的个人特质,共同拥有的记忆,或对他人有意义的生活事件。)

在这个单元,咨询师会给患者布置关于生命遗产的家庭作业,它需要把在癌症治疗中的想法整合进来(例如,意义、身份、创造力和责任等),以促进患者产生意义感。这项作业可以是制作相册或视频,修复与他人的关系,或去做过去一直想做但还没有做的事情。这项作业将在最后一个单元分享。

第六单元:创造的意义源——让生活充实(第八次咨询)。第六单元讨论创造是生命的一种意义源,体验练习会涉及责任。咨询师邀请患者讨论对社会、亲友等的责任。患者要考虑还有什么事情需要完成但尚未完成。体验练习可以帮助患者不仅关注他们的苦难,而且关注需要完成的事情。通过考虑承担起可以承担的责任,患者意识到,即使在苦难中,甚至面临死亡,依然可以超越自己并影响他人,从而充实自身的生命意义。这个单元的体验练习还可以使患者探索自己生活中的创造力和勇气。以下是第六单元体验练习的提示性问题:(1)生活和创造需要勇气和奉献精神。请回想一件你曾充满勇气做过的有意义的事。(2)谈谈过去最有意义且富有创造性的事情(例如,学校活动、帮助他人或工作)。你是怎么做这些事情的?(3)你的责任是什么?你对谁负有责任?(4)你有未完成的计划吗?有什么是你一直想做但尚未去做的?如果有,你会怎么做?

在实际体验练习中,患者往往会谈到首先需要负责的对象是自己,只有照顾好自己才能为他人或社会负起更多的责任。咨询师需要鼓励患者这个想法是正确的。它不是自私,而是患者应有的态度。

第七单元:生活体验的意义源——与生活联结(第九次咨询)。第七单元重点讨论生活体验是意义源的一部分,例如对爱、美和幽默等的体验。前面讨论的来自创造和态度的意义源是个体对生活积极主动的参与和投入,而来自生活体验的意义源则更多地体现为对生活被动的或者只是感官的参与。咨询师会引导患者通过对爱(家庭、亲友)、美(大自然、艺术、音乐、电影、服装)和幽默(令人快乐的谈话、笑话、喜剧)的体验来寻找与生活相关的美好时刻和经历,并将它们与现在的生活联系起来。讨论生活体验的意义对癌症患者来说尤为重要,由于疾病的限制,一些原来可以主动参与的有意义的活动在实施上会有一定的困难。在体验练习中,咨询师会邀请患者分享如何在当下(罹患癌症、生活受限)与被动获得的意义源建立更多的联结。

第八单元:转变——回顾与对未来的期望(第十次咨询)。第八单元也是最后一个单元,它的重点是回顾生命意义源,并讨论如何把它们作为未来继续向前的资源。

在最后这个单元,患者会分享在第五单元布置的生命遗产作业,以及针对青年的意义中心心理治疗对患者的启发。患者会讨论以下问题:(1)你对这10周的咨询和学习有什么感受?通过这些咨询,你对生活和癌症的看法有什么变化?(2)你是否对生命意义源有了更好的理解,而且能够在日常生活中使用它们?如果是,你会怎么做?(3)你对未来有什么期望?

最后这个单元会较多地关注并讨论对未来的期望和如何应对困难,并用新的态度和方法面对未来。

目前,美国国家癌症研究所咨询委员会已经确定把青年癌症患者心理辅导作为优先研究课题,并要开发基于青年癌症患者特征的心理干预方法。近年来,卡尼在针对青年的意义中心心理治疗方面开展了不少实证研究并取得良好的成果。此外,她还在编写可供推广使用的手册。笔者认为,针对青年的意义中心心理治疗将成为一个新的、很有发展潜力的青少年哀伤干预体系。

四、相关案例

此案例取材于卡尼等人的论文《青年癌症患者的意义中心心理治疗:意义和身份认同问题》(Kearney & Ford,2017)。

2012 年 5 月下旬,读大二的伊丽莎被诊断出患有急性髓系白血病。当时她感到大腿和背部十分疼痛,很快她就被送进纪念斯隆·凯瑟琳癌症中心。在化疗的最初阶段,她很坚强并对治愈疾病充满希望。但在后一轮化疗中,剧烈的疼痛和恶心使她感到十分痛苦。尽管她的病情有所好转,但她深刻地感到自己成了一个"无用"的人,她抱怨这是"时间的巨大浪费"。她感到日子过得毫无意义,感到哀伤和焦虑。为了缓解精神上的压力,她接受了纪念斯隆·凯瑟琳癌症中心精神科提供的意义中心心理治疗,她当时的治疗师就是卡尼博士。

治疗伊丽莎使用的资料主要是《意义中心心理治疗成人指导手册》,参考资料有弗兰克尔的《活出生命的意义》。治疗师花了很多时间帮助伊丽莎去探索如何寻找人生经历的意义源,以及这些意义源如何反映在她的身份认同中。在治疗师的引导下,伊丽莎开始撰写自己的人生叙事,包括罹患白血病及其治疗经历。通过意义中心心理治疗,伊丽莎感到,在过去的自我和现在的自我之间可以保持很强的自我身份认同连续性。她意识到,自己经历的苦难在将来可能成为她生命中的一种意义源。由于并发症,伊丽莎原本计划的 6 个月化疗变成 9 个月。在整个治疗过程中,她得到有力的心理辅导和支持。最后,她的病情得到控制,并重返大学。

两年后,她以优异的成绩从大学毕业。在毕业典礼上,她代表毕业生发言。通过生活经历叙事,她谈到意义和身份认同,谈到在逆境中去寻找意义和生活目标,以及如何在苦难中超越自己。她说:"从癌症中幸存下来以及恢复意志和活力是我人生中最具挑战性的经历。我的奋斗经历从很多方面改变了我的未来,我相信在苦难中,我们可以获得机会去寻找更重要的人生意义和经历新的成长。"

卡尼指出,处理好意义以及身份认同问题可以使患者和治疗师有机会创造出一种叙事方式,它可以超越负面经历的巨大影响,预防丧失身份认同,甚至有可能将苦难转变为对今后生活有积极意义的经历(Kearney & Ford,2017)。

本节结语

当你心存善良和满怀爱来珍惜自己历经磨难的生命的时候,你的生活就是有意义的;

当你心存善良和满怀爱来看待这个世界的时候,你的生活就是有意义的;

当你心存善良和满怀爱来感受这个世界的时候,你的生活就是有意义的;

当你心存善良和满怀爱为这个世界付出的时候,你的生活就是有意义的;

因为只有善良和爱才能真正给你灵魂深处带来平和的宁静和无声的喜悦,使你看似平凡或不平凡的生活变得多姿多彩和充满意义。

还有,生命中最重要的意义首先来自你自己的感受,而不是外界的馈赠。

——摘自《哀伤疗愈》(刘新宪,2021)

第六节 意义重建理论

一、意义重建理论的历史回顾

在当代哀伤研究与干预领域,美国孟菲斯大学心理学教授内米耶尔是一位令人瞩目的领军学者。他早期的学术研究致力于死亡和自杀干预，后来才延伸到哀伤领域。2001年，他基于后现代建构主义提出意义重建理论（meaning reconstruction theory）并成功地将其应用于临床哀伤治疗（Neimeyer，2001；Neimeyer & Anderson，2002）。

他的学术研究以及提出的意义重建理论与他的个人经历有直接关系。在内米耶尔9岁的时候，他的祖母在家中自然死亡。在他快要过12岁生日时，他的父亲自杀了。因为青光眼，他的父亲经历了视力不断下降的折磨乃至最后完全失明，随之而来的抑郁症使他一直依赖酒精。内米耶尔认为，也许父亲还承受着失去祖母的哀伤，以及其他他无法理解的痛苦。最后，他的父亲因服用过量巴比妥类药物而死亡。父亲死亡带来的创伤，使得整个家庭支离破碎并陷入贫困。他的母亲也长期深陷于哀伤和酒精之中。内米耶尔不仅要应对自己的哀伤，而且要为母亲提供心理帮助。那段艰难的日子给他留下了许多未解答的问题。他在一次访谈中说道："这些问题至今仍让我一直反思和寻找意义。"（British Association for Counselling and Psychotherapy，2019）

意义重建理论和治疗体系自提出后，受到哀伤学界的广泛关注。在哀伤临床干预中，它融入其他一些重要元素，如持续性联结、认知行为疗法、双程模型等；在方法上，它十分强调使用灵活的叙事。目前，该理论已经形成系统完整的哀伤咨询与治疗体系并应用于临床。虽然目前尚未看到把意义重建体系用于青少年的哀伤治疗，但该体系的很多概念、元素和方法已应用于一些有影响的青少年哀伤干预工作。笔者认为，意义重建疗法在青少年哀伤干预领域具有极大的发展潜力。

二、意义重建理论的基础

1. 意义疗法

弗兰克尔的意义疗法对内米耶尔有很深的影响。事实上，弗兰克尔的生命意义理论是所有以意义为核心的哀伤咨询与治疗的最重要的基础。内米耶尔指出："弗兰克尔在他的开创性著作《活出生命的意义》中提出，人类在心理需求的驱动下，会寻找或创造出他们的生命意义和目标，这种驱动力还可以提高他们面对和超越极为可怕的经历的能力。这个主题不仅为心理学,而且为哲学、艺术、文学以及其他领域定下了最深刻的弦音,并被应用到人类应对苦难的很多经历中,包括丧亲经历。因此,丧亲哀伤领域展开了关于丧亲者寻找意义的研究。"(Gillies & Neimeyer, 2006)

2. 认知创伤应对理论

认知创伤应对理论(cognitive, trauma, and coping theories)对意义重建理论也有深刻的影响。该理论强调,人对生命意义具有三项核心信念,即世界是温暖的、生命是有意义的,以及自己是有价值的。但是,经历了重大创伤,这些核心信念会发生动摇,并影响人的心理健康(Janoff-Bulman, 1992)。美国马萨诸塞大学阿默斯特分校心理学教授亚诺夫-布尔曼(Ronnie Janoff-Bulman)等人在丧失父/母的大学生中做过测试,发现如果能够重新建立对世界和自己的积极信念,这些学生的自尊和哀伤反应都会表现得更为健康和积极(Schwartzberg & Janoff-Bulman, 1991)。这个理论在哀伤学界经过实证研究后被普遍接受。

3. 建构主义理论

建构主义心理学虽然有很多流派,但都有一个共同点,即个体对世界、环境、事件及其意义的认识或知识建构在自身以往经历的基础上。

内米耶尔曾这样介绍建构主义意义重建理论:"建构主义是一种后现代心理学方法,它强调人们会为自己的生活经历赋予意义。建构主义的一个基本命题就是,人类有动力去建构和维持一个有意义的自我叙事,它可以定义为'一种综合的认知情感行为结构',它把'微观叙事'融入'宏观叙事',把日常生活经历变成一种稳定的自我认同,在此基础上建立我们独特的情感和生活目标,并指导我们在社会舞台上的表现。个人身份认同基本上是自我叙事的产物,因为我们的自我认同的形成来自我们的生活经历和与他人的互动。"(Neimeyer, Burke, Mackay, & van Dyke Stringer, 2010)

三、意义重建理论的核心要素

内米耶尔认为,当代哀伤理论从不同方面揭示了哀伤的整合模型,意义重建理论则把不同的理论融入自身框架。意义重建理论认为，丧亲事件发生后，人们会用三种方法来重新建构生命意义：（1）理解建构（sense making）；（2）寻求益处（benefit seeking）；（3）身份认同改变（identity change）。能否从理解建构和寻求益处中得到积极的信息，直接影响到丧亲者能否重建生命意义以及有效地应对哀伤。在一项研究中，内米耶尔研究团队向 1 000 多名丧亲者提出开放性问题：（1）他们对失去亲人的感受；（2）丧失事件是否给他们带来了任何积极的意外启示或生活教训；（3）他们在失去亲人后自我身份认同是增强了还是减弱了。在研究中，内米耶尔注意到，如果无法合理地理解丧失事件（理解建构）和看到任何积极因素（寻求益处），就很可能导致延长哀伤障碍（Neimeyer，2011）。

还有很多研究也显示，如果无法重建生命意义，那么罹患延长哀伤障碍的风险将会很高。咨询师可以通过理解建构和寻求益处来降低风险并治疗延长哀伤障碍（Neimeyer，2011）。

1. 理解建构

理解建构是指对丧失事件的发生提出疑问和寻求答案，从而获得对该事件前因后果的理解。人们可能会有很多疑问：是什么造成了死亡？为什么这会发生在我们所爱的人和我们自己身上？为什么死亡会以这种形式发生？丧亲经历对人们过去理解的生命意义意味着什么？有人可以寻得答案并完成理解建构，有人则不能，还有人甚至从来就没有思考过这些问题。意义重建理论认为，理解建构是哀伤过程的核心工作之一。

如果丧亲者无法完成理解建构，通常就会有更强的哀伤反应。有研究显示，在丧亲事件的早期，能否完成理解建构，对以后的哀伤平复至关重要（Holland，Currier，& Neimeyer，2006）。

内米耶尔等人通过一项研究列举了丧亲者在理解建构方面一些有积极意义的认知（Lichtenthal，Currier，Neimeyer，& Keesee，2010）：（1）已故亲人正在一个安全的地方，将来我们总会有团聚的机会；（2）生命是脆弱的、短暂的，死亡、苦难、挫折是不可避免的；（3）宿命论，即一切是命中注定而无法改变的;(4) 死亡使已故亲人摆脱了生理或精神疾病的痛苦折磨;(5) 从家族遗传史和医学角度理解死亡;(6) 自身行为(积极、消极)对死亡事件的关联影响;(7) 通过获得死亡事件发生时的具体境况的信息来理解死亡为什么会发生;(8) 相信死亡是一种随机现象;(9) 从自然律的力量来理解死亡为什么会发生;(10) 上天的安排有其特殊意义,尽管我们尚不能理解。

无论人们从什么角度来理解死亡事件,积极的理解建构有助于哀伤疗愈。咨询师的任务就是帮助无法完成理解建构的丧亲者走过困惑的沼泽地。

2. 寻求益处

这里的"益处"是指在丧失事件后,寻求对自己的认知、情绪和行为有积极意义的结果和启示。它是重新建构生命意义的重要部分。内米耶尔认为,丧亲者通常不会在短期内从丧失事件中看到有积极意义的结果和启示,这往往要在几个月或几年之后才会发生,有些丧亲者也许永远也达不到这一点。

内米耶尔等学者的一项研究列举了一些丧亲者从丧失事件中看到的具有积极意义的结果和启示(Lichtenthal, Currier, Neimeyer, & Keesee, 2010):(1) 个人社会行为的进步,例如去做有益于社会的事情,尤其是去帮助那些正在经历丧亲之痛的人;(2) 提高了同情心、同理心、共情心,并能更敏锐地理解别人的感受;(3) 更加感恩生命,活好当下,珍惜每一天,不把得到的东西视为天然该有的;(4) 对他人的帮助不仅会心存感激而且会表达感恩;(5) 对信仰有了更深的认识;(6) 比以前更明智、更有耐心和更有宽容心;(7) 与新老朋友的关系有所增进;(8) 为有需要的人捐献器官;(9) 增强抗挫力,如比以前更坚强,更有勇气去面对困难,对死亡不再感到那么恐惧;(10) 认识到人生真正有价值的东西是什么,重新安排生活的优先顺序,包括承担的责任、人际关系、时间使用等;(11) 学习新的东西,接受新的教育,寻求新的事业;(12) 结交新的朋友,尤其是结交有丧亲经历的人为友;(13) 能够更好地帮助别人,因为在悲哀的低谷中,人们往往可以学会更好地理解别人的痛苦;

（14）用积极的方法去调整与逝者的关系；（15）对家庭生活作出更合理的调整，例如搬家，结束一些消极的人际关系；（16）从死亡事件中吸取教训，帮助自己和他人；（17）关心和选择更健康的生活方式。

3. 身份认同改变

意义重建理论认为，在失去亲人后的意义重建过程中，必然会重构自我身份认同。尽管在这个过程中，有人会感到痛苦，但与此同时也可能出现有积极意义的变化，即创伤后成长（posttraumatic growth）。能够适应丧亲经历的人基本上都会出现这样的变化。他们会改变自我认同，表现出更强的抗挫力、独立性和自信心。他们也会承担起新的责任，对生命的脆弱性具有更深刻的洞察，并对日后的一些丧失会有更好的控制。他们还会改变社会关系，增强共情心，并在情感上与他人更亲近。此外，他们往往还会经历精神层面的成长。在成长的过程中，虽然有哀伤但是更加富有智慧。丧亲者积极的身份认同改变有时犹如凤凰涅槃，浴火重生。

人类在正常生活中的意义结构通常包含六个方面：（1）日常活动和优先事项；（2）自我认同；（3）人际关系；（4）对未来的看法（未来观）；（5）从精神、哲学或信仰的角度对世界的看法（世界观）；（6）有意义的社会/社区活动。重大丧亲事件后意义结构可能会出现变化。丧亲后意义重建模型图（见图7-6）有助于较好地理解意义结构变化及丧亲后意义建构过程。图中有一个词语"或者"，它是指新建构的意义结构既可能有助于减轻痛苦，也可能使痛苦加剧，还可能两者皆有。因此，丧亲后的意义建构是一个持续的摸索过程。痛苦是一种启动机制，它使人启动意义重建过程并衡量意义重建是否完成。从这个角度看，痛苦本身并不需要去回避，人们更需要从弗兰克尔存在主义的基本立场，即悲剧乐观主义，去公开和真诚地面对它（Gillies & Neimeyer, 2006）。

四、意义重建哀伤干预的常用方法

意义重建在哀伤干预中使用了不同的方法，而这些方法的核心目的是帮助丧亲者从丧亲事件中重建生活意义。最常用的方法主要有叙事

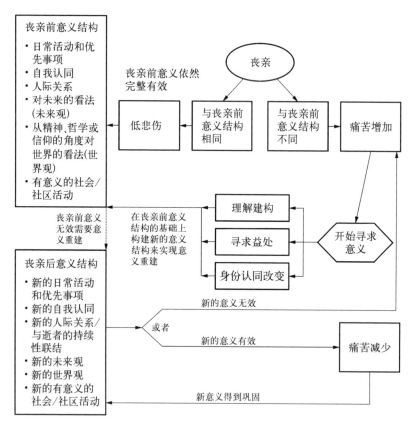

图 7-6　丧亲后意义重建模型图

(Gillies & Neimeyer，2006)

复述（narrative retelling）、写作治疗（therapeutic writing）、隐喻与形象化回想（metaphor and evocative visualization）和应对前症状立场（encountering the pro-symptom position）（Neimeyer，Burke，Mackay，& van Dyke Stringer，2010）。

1. 叙事复述

建构主义的一个基本命题就是，人类有动力去建立和维持一个有意义的自我叙事。人需要把"微观叙事"融入"宏观叙事"，并把日常生活经历变成一种稳定的自我认同。因此，叙事疗法自然成为意义重建理论的重要方法。意义来自人生经历。在丧亲的重大打击下，很多丧亲者很难把他们失去亲人的经历用一种有意义的方法整合进他们的生活中,这使他们的生活经历叙事的连贯性和一致性受到破坏,并使他们无法重建积极的意义结构,从而增加罹患延长哀伤障碍的风险。有些丧亲者因为害怕痛苦而回避思考这方面的问题,有些丧亲者在重创下缺乏能力去梳理脉络。因此,意义重建十分重视循序渐进的叙事,把被丧失事件破坏的、似乎是无序的和不为人注意的失落的叙事(故事)引入主导叙事。把支离破碎的混乱的叙事用安全的和有意义的方法整合成完整的叙事,从而使人生经历叙事重新获得连贯性。叙事复述可以帮助理解丧失事件的前因后果,也就是我们前面所说的理解建构,同时也能有助于寻求益处,即找到对今后生活有积极影响的生命意义。叙事方法往往需要和其他方法结合使用,以达到最佳效果。但需要注意,在使用日记方法来寻求益处时,有两种状况不适合:(1)仍有明显急性哀伤症状,丧亲者对此会感到是一种冒犯;(2)咨询师诊断出丧亲者暂时无法寻求任何积极意义(Lichtenthal & Neimeyer,2012)。

叙事复述要注意两点:(1)谈论与死亡事件本身有直接关联的事件故事以及它对自身生活的影响;(2)探寻死亡事件的背景故事,包括与逝者的关系、对死亡事件的想法、与逝者联结的形式,以及与逝者相关的尚未厘清的心愿、矛盾或困惑。咨询师会使用不同的问题来启发对事件故事和背景故事作叙事复述。考虑到篇幅有限在此就不赘述,读者可以通过查阅本书的文献找到相关信息(王建平,刘新宪,2019;Neimeyer & Thompson,2014)。

2. 写作治疗

写作治疗在哀伤治疗中是常见的方法。意义重建疗法也会使用写作治疗,它使丧亲者感到更加亲和并容易接受。写作治疗有不同形式,可以给逝者写信,可以以逝者的口吻给自己"回信",可以从第三方角度给来访者写有关丧亲事件的信,可以用日记或随笔等方式写下与逝者共度的时光,还可以写通过咨询得到的新认知、感受和意义等。

3. 隐喻与形象化回想

有些来访者很难用直白的语言表达和交流某些感受。咨询师可以和来访者一起建构隐喻交流的方式,即用比喻的、间接的表述方法。它可以为来访者在理解建构方面提供更适当的成长边界(growing edge),在这个边界后面就是人们想碰又不敢碰的问题和事情。用隐喻的方式谈论难以启齿的事情或想法可以让来访者更顺利地交流和理解自己的想法。隐喻可以是讲一个虚构的故事,讨论一个虚构的场景,但它们可以让来访者更安全地回忆过去的经历或表达自己难以直叙的想法和情绪。对儿童来说,沙盘和绘画也是很好的隐喻方法。

4. 应对前症状立场

丧亲者在寻求治疗时,往往有不同的痛苦症状,例如哀伤反应、人际关系冲突、情绪痛苦等。意义重建疗法首先对这些症状及痛苦作共情验证,即不事先论断,而是带着共情心去探索来访者在出现这些症状前的思维方式和意义结构(即前症状立场),因为有些以前的意义结构是导致当前症状的关键因素。意义重建疗法更注重从意义结构的根上来寻求问题的解决,然后再来处理具体症状。

五、相关案例

此案例虽然没有涉及具体来访者,但它是意义重建疗法的一个完整疗程的介绍。它涵盖意义重建疗法在临床应用中的各个主要单元和内容,从而使读者可以看到意义重建疗法如何应用于哀伤干预。

2018 年,内米耶尔等人提出了意义重建治疗体系(Neimeyer, Batista, & Gonçalves, 2018)。该治疗体系有六个阶段,分为十二次咨询,既可以用于个体,也可以用于团体(8—10 人)。由于生命意义是一个比较抽象的概念,因此该治疗体系并不适合年幼的儿童,但对青少年会有帮助。

阶段一:启动叙事(第一至第二次咨询)

第一至第二次咨询注重介绍已故亲人。咨询师首先介绍咨询计划和方法。鼓励来访者介绍逝者,包括他们的死亡过程、生平、性格特征、品质、曾经共同度过的时光(通过视频、照片或其他相关物品来加以说明)、家庭成员及彼此关系等,以此来充实事件故事的内容,并为下一步的背景故事和咨询打下基础。为了便于讨论,咨询师可以使用一些具有启发性的问题。例如:"对你来说,他是什么样的人?""他在你的生活中有什么意义?""他有什么特别的故事可以分享?""他可能如何表达对你的感谢?""你可能用什么方法来应对目前的困境?"谈话需要由表及里,由浅入深。

阶段二:为丧失事件建构有序篇章(第三至第四次咨询)

第三次咨询注重撰写人生叙事的有序篇章。为了解来访者的整个生活轨迹,包括他们曾经有过的丧失经历,咨询师需要帮助他们制作一个丧失时间表,它包含以往生活的重大变故,以及相应的情绪和反应,然后把这些信息分为不同的生活篇章,并为各篇章命名。通过把过去的丧失经历放入有序篇章,来访者可以看到过去的应对方式和帮助自己适应困境的社会关系及其意义,这有助于来访者更深刻地认识曾经历过但没被认真处理的丧失(例如生病、失业、亲密关系的丧失等)。通过这样的梳理,咨询师和来访者可以审视不断浮现出来的问题,诸如挑战和生存、放弃和希望,并将来访者的经历顺着时间的脉络与相关的家庭、文化、信念、支持资源联结起来。如果来访者过度沉湎于或回避死亡事件,咨询师需要使用重复叙事方法来帮助情绪调整和应对创伤经历的意义建构,从而帮助来访者从丧亲事件中寻找积极体验,并能逐渐直接面对死亡叙事中最困难的细节。

第四次咨询注重讨论意义重建。在上一次咨询中,咨询师获得来访者丧失经历的概况。现在咨询师可以更全面地了解死亡事件,并将其融入意义重建的总体框架。在这个灵活的框架下,来访者需要有序地进入、经历、体验和谈论问题。咨询师可以鼓励来访者通过回想死亡事件来进入细节,包括他们当时的反应,后来的情绪变化,进而再现某些关键场景及当时的情绪反应,促进对死亡事件的理解建构(前因后果),明白丧失事件对他们未来生活的影响,提升对生命意义的理解。在使用叙事复述方法时,筛选出主要的丧失,例如某些创伤性事件和无法释怀的死亡事件。在这次咨询结束时,需要布置一项家庭作业,即引导性日记(directed journaling),旨在鼓励来访者围绕特定主题和提示进行反思性写作,从而帮助他们巩固在咨询中学到的关于如何对丧失经历进行理解建构和寻求益处的内容。

阶段三:探索意义源(第五次咨询)

第五次咨询注重哀伤心理教育。咨询师和来访者使用不同哀伤理论模型来讨论在前两个阶段咨询中获得的信息,具体包括双程模型的丧失导向和恢复导向,双轨论的哀伤反应及与逝者的关系,以及认知理论的信念破碎模型,即重大丧亲可能会导致丧亲者对世界的合理性、可预测性以及自我价值的怀疑和困惑。在进行哀伤心理教育的同时,咨询师与来访者一起考虑这些理论模型对自己的丧失经历会有什么帮助,从而可以更清楚地看到自己的问题和应对方法,加深对生命意义与信念的认识。咨询师帮助来访者学习调整情绪,重新思考动摇的信念,积极参与原来回避的活动,保持与社会的联系等。这次咨询会布置一项家庭作业,即开始思考写一封向逝者再次问候的信。

阶段四:探索背景故事(第六至第八次咨询)

阶段四的工作通过重新开启与逝者的对话,把死亡事件故事转向背景故事,即来访者与逝者生前和今后关系的故事,并在持续性联结理论的基础上,帮助来访者与逝者建立一种新的可以长期持续下去的关系。

第六次咨询要给逝者写一封信,说"你好",而不是"再见"。信件要谈论彼此的关系或想要分享的信息。当来访者不确定如何动笔写,咨询师可以提供一些启发。例如:"你留给我最珍贵的记忆是……""我最想问你的问题是……""我想通过……方法让你永远陪伴我。"来访者需要在第六次咨询后完成这封信,他们可以以邮件的方式将其发给咨询师,或在咨询中分享信的内容。咨询师会建议来访者朗读这封信,然后进一步讨论信的内容和写作过程。在第六次咨询结束前,咨询师会布置另一项家庭作业,请来访者从逝者角度写一封回信,并在信中讨论他们的感情、困惑和需要。

第七次咨询的重点是讨论从逝者角度写的回信,讨论在今后生活中永远陪伴的爱和支持。在上一次咨询后,来访者草拟了一封已故亲人的回信。来访者需要谈论写信时的情感体验,并朗读这封信。咨询师也可以朗读这封信,这使人更强烈地感到声音是来自外部而不是来访者自身。对许多来访者而言,与逝者重建象征性的对话可以促进与逝者精神上的交流,尽管逝者已逝,但一种具有安全感的联结不会中断。为了进一步强化这种体验,在下次咨询之前,来访者需要完成关于生活痕迹的家庭作业。生活痕迹包括逝者生前的言谈举止、行事风格、职业、个人爱好、性格特征及价值观等。

第八次咨询需要探索并讨论逝者对来访者的生活和价值观的影响。意义重理论认为,我们的身份认同形成与他人有关,尤其是那些与我们有密切关系的人。因此,回想逝者的生活痕迹有助于思考逝者对丧亲者个人身份认同形成的影响,在回顾这些生活痕迹时,咨询师需要鼓励丧亲者用回忆和故事的形式详细表述这些信息,从而使丧亲者深刻地感到在今后的生活中逝者在精神上依然会陪伴自己。生活痕迹包含着珍贵的联结,但它也可能有负面因素。在这种情况下,咨询师需要帮助来访者关注并释放这些负面因素。在第八次咨询结束前,咨询师需要和来访者商量讨论一项适当的活动,来表达对逝者留下的有意义的生活痕迹的尊重和怀念,该活动可以是探访一个特殊的地方,或以逝者的名义做慈善活动等。

阶段五:信息整合(第九次咨询)

第九次咨询注重加强联结。在探索背景故事以及自我反思的基础上,来访者需要进一步思考和谈论与已故亲人的其他联结方式,例如在日常生活中或精神上的联结。这次咨询具有承前启后的功能,它旨在使来访者能够进一步考虑如何用适合自己的方式与逝者及其生活痕迹有更多更积极的联结。

阶段六:结束工作——使用仪式(第十至第十二次咨询)

第十次咨询,咨询师引导来访者写一个关于丧失的虚拟故事。写作时间只有8分钟。内容可以是"一位丧亲者和一个空房子""人们和他们谈话或哭泣的声音"等,虚拟故事可以包含任何自己喜欢的内容。由于写作时间很短,来访者没机会修改或重写,因此故事通常会具有较强的情感色彩,并会包含来访者丧失经历的影子。在咨询师请来访者朗读这个故事后,他们可以考虑用另一种方法来延伸新的治疗方向,例如,延伸想象性的对话,从另一个角度重述故事并发现新的含义。使用新方法是为了促使来访者进一步考虑他们写的故事揭示了哪些想法和需要,这将有助于在下次咨询时有的放矢地为解决相关问题制定可行的计划。

第十一次咨询的重点是纪念仪式策划。咨询师引导来访者策划一个纪念已故亲人的仪式,仪式可以是向逝者致意或表现对未来的一种象征性期望,例如来访者可以通过适当的公益活动来表现逝者的价值观,也可以策划一个家庭节日纪念活动,通过一起缅怀逝者确定家庭会以一种新形式重新凝聚在一起。有些仪式和活动可以很快举行,有些仪式和活动需要长期坚持和不断丰富。

第十二次咨询的重点是讨论纪念仪式的实施情况和结束咨询。咨询师请来访者回顾在咨询过程中自己的认知变化,包括对未来生活意义的认知、不同的认知转折点,以及纪念仪式的实施情况与下一步的计划。如果是个体治疗,咨询师可以考虑给来访者一个象征性的小礼物。如果是团体治疗,可以举办一个小组仪式活动,例如每人写一句话来组成一封信,表达对生命的尊重和对未来的希望。

本节结语

大江大河由无数溪流组成,人生故事由无数经历组成。重大丧失是一条苦涩的溪流,是一个悲剧的故事,但它是生命长河和人生故事的一部分。人不能让生命永久地驻足于一场悲剧。要适应丧失后的新生活,就必须把它融入人生的宏观故事。只有理解它、融入它、整合它,甚至从中领会积极的启示,才能清楚定位自己新的身份认同,重新调整与逝者的关系,在废墟中重建新的人生意义,并继续有意义地生活下去。这就是意义重建理论的核心思想。

第八章　儿童青少年哀伤治疗

哀伤干预对丧亲儿童青少年的心理健康是有益的,尤其对创伤性哀伤以及年龄偏大的儿童青少年效果更好(Rosner, Kruse, & Hagl, 2010)。瑞典林奈大学社会工作系教授伯格曼(Ann-Sofie Bergman)等人的元分析研究结果显示,即使相对简短的干预也可以有效地预防儿童青少年在失去父/母后出现严重的创伤性哀伤或心理障碍,此外对家长的心理健康也有积极影响(Bergman, Axberg, & Hanson, 2017)。本章将介绍四个有实证基础并被广泛使用的儿童青少年哀伤干预体系。

第一节　多维哀伤治疗

多维哀伤治疗(multidimensional grief therapy)是一种以实证为基础的儿童青少年哀伤干预方法。它注重儿童青少年丧亲哀伤的多维性,并从不同维度来理解儿童青少年的丧亲哀伤反应,以及不同维度的相互影响。多维哀伤治疗对儿童青少年(7—18岁)哀伤的认识、评估和干预有一套完整的体系,并在临床受到越来越广泛的应用(Kaplow, Howell, & Layne, 2014; Howell, Barrett-Becker, Burnside, Wamser-Nanney, Layne, & Kaplow, 2016; Hill, Kaplow, Oosterhoff, & Layne, 2019)。

一、多维哀伤治疗回顾
美国青少年创伤与哀伤学者莱恩(Christopher Layne)是加利福尼

亚大学洛杉矶分校/杜克大学国家儿童创伤后应激研究中心联席主任及多维哀伤治疗的主要开发者之一(Layne，Kaplow，Oosterhoff，Hill，& Pynoos，2017)。20 世纪 90 年代末,莱恩在联合国儿童基金会做博士后研究员,受到雅各布斯(Selby Jacobs)和普里格森(Holly Prigerson)哀伤研究的启发,开始产生多维哀伤理论的初步想法,而这个理论的完善是一批优秀的心理学者和精神病学者长期合作共同努力的结果。他们多年来运用多维哀伤理论模型来解释、评估和治疗儿童青少年适应不良的丧亲哀伤反应,大量的临床实践又不断丰富了多维哀伤理论和治疗方法。

20 世纪 90 年代末,莱恩开始尝试把多维哀伤治疗用于丧亲青少年的哀伤干预。后来,莱恩团队以《精神障碍诊断与统计手册(第 5 版)》为基础,开发了儿童青少年多维哀伤评估工具——持续性复杂丧亲障碍检查表,在《精神障碍诊断与统计手册(第 5 版修订版)》发布后,该量表也作了相应调整。

经过二十多年的努力,莱恩团队不仅在大量实践检验中建立并完善了多维哀伤理论模型,开发了评估工具,完善了儿童青少年哀伤干预体系和培训材料,而且培训了大批儿童青少年哀伤干预咨询师。目前,莱恩是纽约生命基金会资助的多州临床研究网络主要负责人之一,在美国不同州的 11 个工作站为丧亲儿童青少年及其家庭提供临床和支持性咨询服务。

二、多维哀伤理论的基本概念

多维哀伤理论以当代哀伤研究与干预为基础,它包含并扩展了正常哀伤和病理性哀伤的理论与临床诊断方法,包括《精神障碍诊断与统计手册(第 5 版)》提出的持续性复杂丧亲障碍诊断标准。

多维哀伤理论把哀伤分为三个维度：(1) 分离痛苦(separation distress)；(2) 存在/身份认同痛苦(existential/identity-related distress)；(3) 死亡境况相关痛苦(distress over the circumstances of the death)。多维哀伤理论基于两个基本假设：(1) 丧亲儿童青少年在哀伤三个维度

都可能出现不良调整(maladjustment)和积极调整(positive adjustment,亦称"良性调整");(2) 不良调整会导致不良适应哀伤反应(maladaptive grief reactions),积极调整会促进良性适应哀伤反应(adaptive grief reactions)。该理论认为,丧亲儿童青少年在不同维度可能会对不同的特定问题同时表现出良性适应哀伤反应和不良适应哀伤反应,此外不同生态环境下的多重因素和影响变量对哀伤反应和调整状态具有直接的影响,这些因素和变量包括儿童青少年的成长阶段、应对哀伤的方式、创伤和哀伤提醒、二次伤害和父母养育方式等。因此,该理论强调,若要对丧亲儿童青少年的哀伤反应有清晰的认识、评估和干预,需要一个更广泛的生态框架视角,包括家长、家庭、社会网络、生活环境、社区和文化背景。多维哀伤理论认为,儿童青少年的丧亲哀伤调整高度依赖养育环境,哀伤干预需要考虑个体(年龄/成熟度、应对策略)和社会环境(家长、家庭交流)因素,并以此为基础来识别良性适应哀伤反应和不良适应哀伤反应,并提供相应的帮助。儿童青少年的哀伤干预与成年人的哀伤干预并不相同,因为成年人要治疗的心理疾病主要与依恋关系断裂、错误信念和不良应对策略等因素有关,成年人罹患延长哀伤障碍与成长阶段无关,此外社会生态环境对其影响也相对弱一些(Nader & Salloum,2011)。儿童青少年罹患延长哀伤障碍则与成长阶段及社会生态环境有很大关联。

多维哀伤理论的三个主要维度领域(domain)见图 8-1,各维度既不相互依赖,也不相互排斥。此外,各维度还有自己的核心挑战以及相应的良性适应哀伤反应和不良适应哀伤反应。

1. 分离痛苦

分离痛苦的主要挑战表现为:"我该如何继续与逝者保持联系,从而使逝者仍然是我生活中重要的一部分?"分离痛苦在丧亲早期通常表现为对逝者的苦苦思念,为失去逝者而悲痛,极度渴望与逝者重聚,尤其受到丧失提醒的激发,这种感觉会更加强烈(Kaplow,2013)。分离痛苦既可能表现为良性适应哀伤反应,也可能表现为不良适应哀伤反应。

在丧亲初期,分离痛苦对儿童青少年来说是正常的,并具有良性适应作用,因为这能帮助他们接受丧失现实,并促进他们与能为他们提供

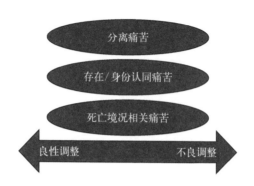

图 8 - 1　多维哀伤理论示意图

(Kaplow, Layne, Saltzman, Cozza, & Pynoos, 2013)

安慰和支持的人交往。随着时间的推移,他们通常会逐渐建立起与逝者健康的联结,分离痛苦的出现频率和强度也会降低(Kaplow, Layne, & Pynoos, 2019)。

分离痛苦也会引发不良适应哀伤反应:(1)用不合理的方式来看待逝者生前的生活、价值或行为;(2)如果与逝者生前关系紧张或说过伤害逝者的话,则会感到困惑、愧疚;(3)心理成长减慢或出现行为退化,这与渴望和逝者保持联结的愿望有关,因为他们希望继续停留在逝者还活着的状态;(4)自杀想法,觉得这样可以与逝者重新在一起;(5)过激行为或在认知上采用回避策略,例如回避已故亲人的照片,这类哀伤反应会影响接受死亡的现实。

如果丧失父/母,以下情况会使儿童青少年的分离痛苦更为强烈:(1)与家长关系紧张;(2)家长不愿和他们谈论逝者;(3)家长因丧偶而深陷哀伤(Kaplow, Layne, & Pynoos, 2019)。

2. 存在/身份认同痛苦

存在/身份认同痛苦的特点是自我认同感被破坏,失去人生经历的连续感,或者出现个人生存危机感。丧亲儿童青少年既可能出现良性适应哀伤反应,也可能出现不良适应哀伤反应。

存在/身份认同痛苦的良性适应哀伤反应通常表现为:(1)积极调整被丧亲事件颠覆的自我认同、日常生活、工作以及关于未来生活的计划；（2）寻找新的生活意义、目标和成就感；（3）寻找新的令人感到愉悦的生活方式；（4）积极应对二次伤害，例如经济条件变差、承担逝者生前的部分工作（例如照顾弟弟妹妹）。在多数情况下，丧亲儿童青少年能够通过积极调整来逐渐适应丧亲后的生活并继续健康成长，包括承担起新的职责，建立新的人际关系，从丧亲经历中重建生命意义，分辨出什么才是生命中最有价值的，珍惜生命和已故亲人积极的生活痕迹，帮助他人，发展新的兴趣爱好等（Kaplow，Layne，& Pynoos，2019）。

存在/身份认同痛苦也会表现为不良适应哀伤反应：（1）由丧亲引起的严重且持续性的身份认同及生存危机感，这种危机感可能表现为个人身份认同的丧失，例如"我生命中很重要的一部分随他死去了""没有她，我不知道自己是谁"；（2）丧失生活目标和意义，例如"没有什么值得我去做的"；（3）虚无主义，例如"我失去了生命中最宝贵的人，没有什么可以再让人介意了"；（4）幸存者负罪感或对未来生活有挫败感，例如"我应该和他一起死，不应该继续活着"；（5）绝望感，觉得未来生活已被破坏，例如"在我的生活中，永远也不会出现像他那样好的人"；（6）失去生活快乐感；（7）认为今后的人际关系和活动不可能变得更好，所以也不值得投入精力和时间（Kaplow，Layne，Saltzman，Cozza，& Pynoos，2013）。这里需要区别存在/身份认同痛苦与创伤后应激障碍的不同。创伤后应激障碍有末日感的恐惧，存在/身份认同痛苦则是对未来持有消极的设想，即认为自己将在一个没有意义，没有成就感，不值得花费精力的世界中继续生活下去（Layne，Kaplow，Oosterhoff，Hill，& Pynoos，2017）。存在/身份认同痛苦对青少年的潜在风险可能表现为极端的冒险和鲁莽行为，或者对自己的人身安全及福祉漠不关心，例如"生死对我并不那么重要"，忽略自我照顾，缺乏积极的生活动力。

3. 死亡境况相关痛苦

死亡境况相关痛苦与特定的死亡方式有关。一般来说，当死亡具有创伤特征，死亡境况相关痛苦往往会比较强烈。创伤性境况通常包括自杀、谋杀，有社会组织策划的非正常死亡，违反社会法律导致的死亡（疏忽和渎职）或极为痛苦的疾病死亡（Kaplow，Layne，Saltzman，

Cozza，& Pynoos，2013）。还有一类死亡具有强烈的悲剧性特征（例如父/母因病早逝），它同样可能引发死亡境况相关痛苦。死亡境况相关痛苦的主要挑战在于："我如何应对死亡境况引发的痛苦思维、信念、期望、情感和冲动？"（Kaplow，Layne，& Pynoos，2019）同样，死亡境况相关痛苦既可能引发良性适应哀伤反应，也可能引发不良适应哀伤反应。

死亡境况相关痛苦引发的良性适应哀伤反应包括：（1）想到死亡境况时，可以调整自己的情绪；（2）在合理的时间范围内出现不同程度的哀伤反应，例如愤怒、悲伤、恐惧，以及想到逝者的死亡方式会感到不安。死亡境况相关痛苦通常会随着时间的流逝而逐渐缓解，而且对已故亲人积极和令人愉悦的记忆会逐渐增多（Kaplow，Layne，Saltzman，Cozza，& Pynoos，2013）。创伤性死亡事件往往会激发个人、社区和社会采取行动来防止类似的死亡事件再次发生，包括惩处肇事者，维护社会道德规范以及建立新的规章制度或法规。虽然存在/身份认同痛苦反应也会激发利他行为，但由死亡境况相关痛苦激发的利他行为更关注如何预防某种特定类型的死亡事件再次发生，寻求对类似死亡事件的补偿，或者减少这类死亡事件造成的强烈痛苦。死亡境况相关痛苦激发的利他行为包括参加志愿者活动、帮助丧亲家庭、从事法律相关工作（保护社会安全）、社工服务等。事实上，在社会层面，许多与安全相关的创新改进，例如紧急出口标志、逃生通道、安全气囊、自杀热线等，都是在创伤性死亡事件发生后出现的建设性改进（Kaplow，Layne，& Pynoos，2019）。对死亡境况相关痛苦的适应性反应还包括参加相关社会活动（Saltzman，Layne，Pynoos，Olafson，Kaplow，& Boat，2017）。

死亡境况相关痛苦也会引发不良适应哀伤反应，例如：（1）脑海里频繁出现死亡场景的闯入性画面、思维和情感反应，"每当想起姐姐时，我就会想到她临终前最后一刻的场景，于是我会感到痛苦和愤怒"；（2）羞耻感，例如亲人自杀或药物过量等污名化死亡；（3）长期麻木，抑制悲伤；（4）专注报复幻想和持有报复欲望；（5）幻想通过做什么事来避免死亡事件或让死者"起死回生"；（6）自责，"如果我没有错过朋友最后打来的电话，他就不会自杀了"；（7）为防止自己将来遭受伤害而出现对社会有破坏性及不当攻击性的行为(Kaplow，Layne，Pynoos，Cohen，& Lieberman，2012)。

三、多维哀伤治疗步骤

多维哀伤治疗基于多维哀伤理论及评估，分两个阶段。第一阶段的主题是"认识哀伤"：(1)通过心理教育了解不同的哀伤维度并将哀伤反应正常化；(2)情绪识别/调节策略(如深呼吸、应对技巧)；(3)讨论哀伤反应如何随时间波动及如何应对；(4)帮助家长调整哀伤反应，并识别丧失和创伤提醒；(5)帮助儿童青少年识别丧失和创伤提醒，包括它们如何引起不同的哀伤反应；(6)学习认知行为疗法，消除无益想法。第一阶段的咨询还会鼓励积极回忆逝者，以促进和加强对分离痛苦的适应性哀伤反应。

第二阶段的主题是"讲述我的故事"(丧失叙事)，帮助丧亲儿童青少年在咨询师的引导下叙述有关丧失事件的想法、情感和经历，侧重：(1)叙述丧失事件；(2)帮助儿童青少年建立健康的持续性联结；(3)了解死亡的意义；(4)为没有逝者的未来作准备，并找到继承积极"遗产"的方法，建立更好的家庭关系及计划未来(Kaplow，Layne，& Pynoos，2019)。

多维哀伤治疗认为，用小组形式对儿童青少年进行哀伤干预有很多独特的益处。因为很多丧亲儿童青少年会觉得自己与别人不同，感到自己不正常，容易有孤独感，很难与人正常相处。小组干预的形式可以形成一种社会支持力量，因为丧亲儿童青少年可以相互分享他们的经历和哀伤反应。与有类似经历的丧亲儿童青少年在一起，不会有令人不适的标签感，并可以对自己的哀伤反应有合理化的认知。另外，在与其他丧亲儿童青少年的相处中，可以看到自己的表现并不是最糟糕的，这有助于增加自信和控制感。小组咨询还可以帮助丧亲儿童青少年建立他们的共同语言以提供相互支持。

1. 一阶段一单元：哀伤知识教育

很多儿童青少年会把自己的哀伤反应视为不正常的，从而使自己承受更大的压力。哀伤知识教育以多维哀伤理论为基础,用通俗易懂的语言解释哀伤的三个维度。哀伤知识教育需要将不同的哀伤反应合理化,而且对每一种相关的情绪和认知都给出明确的定义。这样,即使7—10岁的孩子也可以分辨自己有什么哀伤反应以及哪些反应特别严重。

哀伤知识教育可以帮助儿童青少年了解,什么是适应性哀伤反应和不适应性哀伤反应,从而有意识地采用适应性哀伤调整策略来应对丧失。例如,在应对分离痛苦时,可以用健康的持续性联结方法与已故亲人保持联结。在应对死亡境况相关痛苦时,可以采用帮助社会的方式等。

2. 一阶段二单元:情绪管理

多维哀伤治疗通过情绪管理单元训练孩子的情绪识别能力和情绪管理技巧,从而帮助孩子提高情绪控制能力。情绪管理单元一般在认知管理和创伤哀伤叙事咨询之前展开,因为创伤哀伤叙事咨询会引发情绪上的痛苦。多维哀伤治疗的情绪管理练习通常包括深呼吸、冥想、肌肉放松和引导性境况想象。

3. 一阶段三单元:哀伤波动

多维哀伤治疗会向孩子充分揭示哀伤情绪波动的正常性和应对方法。这涉及情绪、认知、哀伤提醒等多方面因素,很多具体技巧会在不同单元有更深入的训练。

4. 一阶段四单元:帮助家长

家长的支持和参与对缓解儿童青少年哀伤反应有着十分显著的影响。多维哀伤治疗在实际操作中需要家长的参与:(1)家长需要与孩子一起参加咨询;(2)家长学习和提高帮助孩子的技巧,包括识别丧失提醒;(3)家长学习和提高自己应对哀伤的技巧;(4)家长学习和识别什么行为会对孩子产生积极或者消极的影响;(5)学习良好的养育方式。

5. 一阶段五单元:识别创伤和丧失提醒

哀伤心理知识教育还需要讨论可能会激发孩子痛苦情绪的创伤提醒。创伤提醒包括会让人想起已故亲人死亡方式的人物、场景、物品或者地方等并感到强烈的创伤痛苦。丧失提醒同样可能包括人物、场景、物品或者地方等,但它们会让人更多地想到已故亲人再也不会与他们在一起并感到强烈的丧失痛苦。识别创伤和丧失提醒以及它们如何引起不同的反应和应对方法,将有助于缓解症状和适应生活的变故。

6. 一阶段六单元:认知调整

认知调整以认知行为疗法为基础。咨询师会采用认知应对或认知重建来帮助孩子改变关于死亡事件和已故亲人的不真实、不健康的认知。这一单元的治疗高度注重哀伤提醒以及与已故亲人相关的想法、感觉、行为和后果。这可以帮助孩子识别自己的创伤和丧失提醒,并了解它们为什么会引发痛苦反应,从而使孩子可以更好地预测在什么情况下强烈的创伤/哀伤反应可能会爆发出来,增强控制能力。认知调整还可以帮助孩子处理复杂或令人困惑的一些情感和想法,例如与逝者和死亡事件有关的愤怒、愧疚、悔恨等感觉,从而有助于形成更多的良性适应想法。

为了有效地帮助认知调整,咨询师会让孩子列出令自己感到特别痛苦的想法和情感,然后引导他们分析这些想法和情感是否有合理、真实的基础,以及它们对于适应性调整是否会有帮助,然后考虑如何用积极和良性适应认知替代原有的消极认知。

7. 二阶段一单元:创伤/哀伤叙事

咨询师通常会引导有创伤性哀伤的孩子采用系统选择的方法来回顾和叙述创伤经历。创伤叙事通常从有比较严格界定的事实描述开始,例如发生了什么事情,然后一步步走向更深的层面。它通常需要若干次咨询才能完成。建构并分享创伤叙事需要在一个安全和有支持的环境下进行,例如由咨询师指导的小组咨询。创伤叙事对创伤治疗有很多特有的益处:(1) 它可以帮助孩子敢于接触创伤事件,增加对谈论创伤事件的承受力,把过去努力回避的记忆和情绪与自己的人生经历连贯起来;(2) 降低对这些回忆的过度反应;(3) 深刻理解哪些创伤提醒对自己的信念和未来期望会有负面影响;(4) 为自己的哀伤反应提供合理化的解释,并且通过和他人分享来降低孤独感。

大多数创伤叙事首先从创伤事件发生前后的生活境况开始,并关注每一成长阶段的重要生活经历。这些经历既可以发生在创伤事件之前，也可以发生在创伤事件发生之时，还可以发生在创伤事件之后。创伤叙事需要得到咨询师及小组同伴的支持性反馈。为了使创伤叙事得到更好的效果，孩子们通常会被要求分享自己喜欢的音乐、绘画和视频等，从而帮助他们把创伤经历更清晰地表达出来。多数创伤叙事还会涉及影响当前生活的闯入性回忆，以及与之相关的最痛苦的经历。咨询师会鼓励孩子去思考与这些创伤相关的认知，并分辨哪些是有积极意义的，哪些是消极的。比较典型的消极认知是干预幻觉（intervention fantasies），即"如果当时我做了什么，这个悲剧便可以避免"。这种消极认知往往会引发哀伤沉思和使人陷入愧疚陷阱。

创伤叙事对于治疗境况相关痛苦，以及与创伤后应激障碍共病的哀伤症状是一个十分关键的单元。需要注意的是，创伤叙事有助于缓解创伤症状，但不适合缓解丧失痛苦（与分离痛苦和存在/身份认同痛苦有关）。

丧失叙事需要根据哀伤症状评估有针对性地展开。例如，一个孩子显示出特别强烈的分离痛苦，在丧失叙事中可以鼓励他/她更深地挖掘对已故亲人特别思念的是什么，以及用什么方法可以让自己感到与已故亲人能保持健康的持续性联结。如果一个孩子表现出很强的存在/身份认同痛苦，那么咨询师会鼓励他/她在叙事建构中去更多地叙述生活环境、日常生活、能够激励自己的生活目标，以及寻求死亡事件的意义。这部分内容在后面的单元中会进一步深化，包括在设置未来生活目标时如何将已故亲人的有价值的精神遗产传承下去。咨询师有时会引导孩子从第三方，也就是旁观者的角度来展开丧失叙事，这往往会减少叙事过程中的痛苦和增强应对能力。

8. 二阶段二单元：回忆和持续性联结

对已故亲人的怀念方式通常包含不同的悼念或怀念仪式，以及保存有积极意义的遗物。在多维哀伤治疗中，这个单元主要是帮助儿童青少年重新调整与已故亲人的关系，例如从注重与遗物的接触转变为内心回忆或精神层面的接触。儿童青少年通常需要成年人的帮助来建立与已故亲人健康的持续性联结方式。

咨询师会鼓励孩子在小组讨论时带上遗物,来分享积极怀念已故亲人的方法。选择并保存使人感到温暖和自信的遗物,是持续性联结的重要部分。

如果家庭中不同成员在应对分离痛苦和怀念方法上有很大的差异,这对于孩子建立健康的持续性联结会有一定的负面影响。咨询师需要帮助家庭成员作好协调。

9. 二阶段三单元:意义建构

在成人哀伤干预中,意义建构是一种常见的治疗方法(Neimeyer,2011)。本书第七章第六节对此有较详细的介绍。现在这种方法在儿童青少年哀伤干预中也得到更多的应用。意义建构干预方法有很多不同的形式。在多维哀伤治疗中,它通常应用于创伤叙事或丧失叙事。如果儿童青少年对死亡事件的前因后果有困惑,例如无法理解死亡原因,或者怀疑别人隐瞒真相,他们就很难完成理解建构,从而很难完成意义重建。咨询师会帮助家长用孩子能够理解的方式向孩子解释死亡原因。现在有一种儿童青少年哀伤干预方法,它被称为"向医生提问"的咨询,可以使孩子得到可靠的医学解释来理解死亡原因(Siddaway,Wood,Schulz,& Trickey,2015)。

当孩子了解死亡原因之后,他们更加容易开展意义建构工作。咨询师还会引导他们进行遗产建构(legacy-building),即思考已故亲人留下的积极的生活痕迹(个性、人品和行为等),并选择用适当的方式把这些遗产融入自己今后的生活。

咨询师还可以引导孩子从死亡事件中吸取教训或学习对自己今后生活有积极意义的启发。

另一种意义建构方法是,帮助他人避免类似的死亡事件。孩子们通常在创伤和丧失叙事中会产生这类想法,即使年幼的孩子在适当的引导下也会产生愿望去帮助他人不再经历类似于自己的丧亲事件。

10. 二阶段四单元:计划未来

丧亲经历往往会使儿童青少年出现对未来人生计划的消极期望,这种变化来自不同因素。例如,因丧亲对未来产生的严重消极看法、丧亲事件后经历二次伤害并限制了自己的发展机会(经济条件变差、家长支持减少)、错误认知(如愧疚感)等。另外,某个成长阶段或人生转折点(如入学或毕业)往往也会成为一种丧失提醒并引发强烈痛苦。因此,计划未来对儿童青少年今后的成长十分重要,咨询师需要帮助他们为未来的挑战和变化作好准备。丧亲儿童青少年需要与已故亲人保持积极的持续性联结,并设定未来的成长目标。

计划未来还要学习如何获得社会支持。帮助孩子学习哪些社会支持是有益的,哪些人可以提供支持,以及如何从他们那里得到支持,在获得社会支持的同时,还要能够反馈社会和帮助他人。最有效的疗伤方法就是,通过帮助他人来建立自信和自尊。

四、多维哀伤治疗案例

以下案例取自多维哀伤治疗团队的论文——《持续性复杂丧亲障碍》(Kaplow, Layne, & Pynoos, 2019)。这是一个有助于直接了解多维哀伤治疗的个体咨询案例。

艾莫莉(12岁)在看心理咨询师的八个月前,经历过一场失去母亲的车祸,她亲眼看到一辆大货车直接撞向他们的小汽车,然后就失去了知觉。等她醒来时,发现自己已经躺在病床上。父亲告诉她,母亲死了。艾莫莉伤得不严重,但她长期表现出严重的哀伤反应。通过评估,咨询师注意到艾莫莉有较轻的创伤后应激反应和严重的延长哀伤障碍症状,尤其在分离痛苦方面表现得特别强烈。咨询师使用多维哀伤治疗帮助她逐渐缓解哀伤。

哀伤知识教育。通过哀伤知识教育,艾莫莉学习采用健康的持续性联结方法来怀念母亲。她知道母亲希望她去参加游泳队。在泳池里,她会感到母亲离自己十分近,并正面带微笑看着她。艾莫莉还学习识别创伤提醒物。她注意到自己很难承受警车的警笛声,因为这总会让她想起失去母亲的那场车祸事故。另外,艾莫莉的姨妈长得很像她的母亲,对她也会产生创伤提醒,她说每当看到姨妈总会想起母亲,并有焦虑和孤独感,有时候她感到自己都没有勇气去看姨妈。通过哀伤知识教育,她知道这些都是正常反应,也可以用积极适应的方法去应对它们。

情绪管理。艾莫莉告诉咨询师,她在晚上经常会有恐惧感,觉得母亲就在房间里的某一个角落。为了缓解她的紧张情绪,咨询师给她听放松情绪的音乐,引导艾莫莉想象她最喜欢的最轻松的场景,例如夏天在表兄妹家后院的游泳池里,躺在一块大海绵垫上。咨询师让她在每天睡前先听一段轻松的音乐,把注意力放在令人放松的场景上,并让自己完全放松。这对舒缓艾莫莉的紧张情绪和提高睡眠质量起到很好的作用。

认知调整。在给艾莫莉咨询时,咨询师给她一幅画,画中有一个失去父亲的男孩不愿意参加棒球运动,因为他觉得自己的父亲不在了,参加这项运动令人不愉快。咨询师引导艾莫莉去思考这个男孩的感受、认知以及其他想法。艾莫莉认为,这个男孩感到悲伤、孤独,担心他再也不会快乐,也许再也不会去做自己以前喜欢的事,他也许会失去朋友,感到更加孤独、抑郁,甚至有自杀的想法。在咨询师的引导下,艾莫莉认为,这个男孩应该知道这些不愉快的感觉不会永久持续下去,他如果尝试去参加棒球运动,感觉也许会好一些,因为这项运动可以让他想起和父亲一起度过的美好时光。他的父亲不希望看到他不快乐和不去做有乐趣的事。当他去做使自己快乐的事,并不意味着他不再想念和爱自己的父亲。参加棒球运动可以结交更多的朋友,就不会感到孤独。他应该继续去做自己过去喜欢做的事情。通过认知调整咨询,艾莫莉看到了自己过去的一些消极想法和行为,例如她的父亲曾经邀请她一起做巧克力饼干,但她拒绝了,因为她觉得他们再也不可能做出母亲的味道,当时她的父亲很难过,而她回到自己房间哭了一场。认知调整使艾莫莉转变了想法,她认为母亲不希望看到自己一直悲伤,并希望她去做和母亲曾经一起做的有趣的事情。她依然可以在做快乐的事情时想念母亲。后来她会去做母亲生前喜欢做的事情,并从中感到快乐。此外,她还喜欢跟父亲和妹妹一起做大家都喜欢的事情。咨询师鼓励艾莫莉坚持下去,因为这有助于增进与家人的关系,减少孤独感,并形成新的令人愉快的回忆。通过这类练习,积极思维会不断增加,从而可以更好地应对困惑和痛苦的想法。

创伤/哀伤叙事。艾莫莉在创伤叙事中发现了自己有干预思维（intervention thoughts）。她曾经认为，如果自己看到车祸即将发生时更大声地喊叫起来，应该可以避免那场事故。这种干预思维导致自责。前后连贯的创伤叙事帮助她意识到自己的干预思维是不合理的。后来，当她想到创伤事件时，就不再会责备自己。

回忆和持续性联结。在咨询中艾莫莉带来了母亲遗留的一串项链，她觉得当自己带上这串项链就会感到离母亲很近，仿佛母亲在用某种方法保护着她。这个遗物使她感到温暖和自信。咨询师还注意到，艾莫莉的家庭成员在怀念母亲的方式上有很大的差别，这对她建立积极的持续性联结不利。例如，艾莫莉希望能常去墓地，因为她会感到和母亲更加亲近，但父亲并不愿意常去墓地，因为他会感到很痛苦。咨询师建议让艾莫莉的姑妈领她去墓地。另外，也帮助他们家庭寻找大家都能感到安慰的怀念方法，例如在后院种上母亲生前喜欢的花朵来纪念母亲。

意义建构。艾莫莉通过这部分咨询意识到，母亲总是关心和帮助别人，因为很多参加葬礼的人都说母亲给他们很多帮助。她觉得在这方面她和母亲很像，但还需要更加努力，才能像母亲那样做得更好。艾莫莉希望能像母亲那样对待生活，并相信母亲会为她感到骄傲。在咨询师的引导下，艾莫莉还意识到，自己现在可以更好地理解有些丧亲同学的哀伤，并能够成为他们的好朋友，帮助他们减少孤独。

养育方式。艾莫莉告诉咨询师，每当她谈论母亲时，父亲会流露出不安并马上转移话题。咨询师帮助艾莫莉的父亲学习使用适当的方式进行情感沟通，例如和艾莫莉一起看母亲的照片，让艾莫莉在母亲的项链中挑出一串来自己保存。另外，她的父亲也注意改进不利于孩子情绪调整的行为，例如当艾莫莉谈到母亲时不再转移话题。

计划未来。在咨询中，艾莫莉学习和了解今后可能会遇到的挑战，并对未来有比较清晰的目标和积极的态度。她希望做一个像母亲那样助人为乐的人。

本节结语

多维哀伤理论及治疗融合了当代很多有临床实证基础的理论和方法，是一个十分有推广潜力的儿童青少年哀伤干预方法。多维哀伤治疗团队认为，如果第一阶段治疗取得良好效果，第二阶段治疗可以不用继续。治疗对象的年龄段也更为宽泛（6—17 岁）。目前，多维哀伤治疗团队正在编写系统的多维哀伤治疗手册，手册的完成将有助于它更广泛地应用于儿童青少年哀伤干预。

第二节　青少年创伤与哀伤模块治疗

一、青少年创伤与哀伤模块治疗回顾

青少年创伤与哀伤模块治疗（trauma and grief component therapy for adolescents）由莱恩团队开发，采用模块式递进方法为有创伤性哀伤症状的青少年（12—20 岁）作心理干预。

青少年创伤与哀伤模块治疗的开发和早期应用可以追溯到 1988 年亚美尼亚大地震后的青少年心理治疗。五年后的追踪评估显示，经过青少年创伤与哀伤模块治疗的青少年在创伤后应激反应、抑郁症状、适应性行为方面都保持了良好的疗效。从 20 世纪 90 年代开始，青少年创伤与哀伤模块治疗在很多国家和地区不断得到推广、评估和完善。1997 年，波斯尼亚和黑塞哥维那在结束了长达三年的战争后，由联合国儿童基金会资助，青少年创伤与哀伤模块治疗用于当地青少年的心理干预。"9·11"恐怖袭击事件发生后，纽约儿童青少年创伤治疗和服务协会将青少年创伤与哀伤模块治疗作为丧亲青少年的主要干预方法。后来，它也用于一些重大自然灾难之后青少年的心理干预。它还广泛应用于高中生的创伤性哀伤干预。大量实证数据显示，青少年创伤与哀伤模块治疗对创伤性丧亲青少年有良好的干预效果。

2017 年，莱恩团队把青少年创伤与哀伤模块治疗编撰为可实际操作的应用手册（Saltzman, Layne, Pynoos, Olafson, Kaplow, & Boat,

2017)。该手册详细介绍了青少年创伤与哀伤模块治疗不同单元的每一个步骤和大量的课堂与小组练习,该手册对如何将青少年创伤与哀伤模块治疗应用于个体或团体也有不同的介绍。

二、青少年创伤与哀伤模块治疗的基本概念

青少年创伤与哀伤模块治疗把创伤反应和哀伤反应作为既独立又相关的症状来治疗。它的设计充分考虑到创伤与哀伤之间的相互作用及负面影响,并采用整合的方法把这两类症状结合起来治疗。

青少年创伤与哀伤模块治疗有三个干预层次:(1)第一个层次是基本的支持性干预,包括心理教育、提高应对技能和积极的适应性调整;(2)第二个层次为有风险的创伤/哀伤反应提供干预;(3)第三个层次为有很高风险的青少年提供具有针对性的专业治疗,这类专业治疗可以取代青少年创伤与哀伤模块治疗,也可以是青少年创伤与哀伤模块治疗的辅助方式。

尽管青少年创伤与哀伤模块治疗适用于个体干预,但它对小组(5—9人)形式的团体干预有更好的效果。青少年创伤与哀伤模块治疗认为,小组咨询有四个特殊功能:(1)小组成员有类似的经历,大家容易彼此理解,从而使小组成为一个安全的环境,以便大家叙述和宣泄内心的情绪;(2)在互相支持的氛围下,大家可以更好地学习关于创伤和哀伤的认知与情绪调整技能;(3)通过彼此交流,大家可以得到非常实用的帮助,例如如何更好地入睡或与人相处等;(4)通过交流和互相支持,学习应对生活变化,并努力创造更美好的未来。青少年创伤与哀伤模块治疗小组咨询一般需要15—20次,每次约一小时。

青少年创伤与哀伤模块治疗的开发和完善,借鉴了青少年创伤和丧亲领域最新研究成果。尤其是在哀伤治疗方面,青少年创伤与哀伤模块治疗采用了多维哀伤理论来指导症状评估、计划制定、进度和治疗结果检测。

青少年创伤与哀伤模块治疗采用模块化评估和引导的干预方式。青少年创伤与哀伤模块治疗的四个模块分别为:(1)创伤后应激与哀伤

反应基本应对策略；(2)创伤性丧亲经历叙事；(3)应对哀伤；(4)面向未来。它把多维评估作为基本的评估方法，并在此基础上制定有针对性的治疗方案。下面是关于青少年创伤与哀伤模块治疗四个模块的介绍。

三、青少年创伤与哀伤模块治疗的模块介绍

青少年创伤与哀伤模块治疗首先使用多维评估方法对小组成员或个体作评估，符合治疗条件的青少年必须在12岁以上，有创伤或丧失亲人的经历，有严重的创伤或哀伤反应并有功能受损症状，例如人际关系障碍、学习成绩严重下降等。如果评估显示出有非常严重的精神障碍，则需要和家人联系，提供转介信息，让更高层次的专业人员进行干预和治疗。

根据评估结果，咨询师帮助小组成员或个体制定计划和设定目标来应对不同的创伤和哀伤症状。这里要掌握好四个要点：(1)分辨出与创伤和哀伤有关的迫切需要解决的问题；(2)参加者有强烈的动机希望解决这些问题；(3)目标具体而详细，例如"不再轻易大发脾气"；(4)目标要切实可行，而且能够在一定的时间内达到。

1. 第一模块：创伤后应激与哀伤反应基本应对策略

策略一：学习放松技巧。青少年创伤与哀伤模块治疗首先从放松技巧训练开始。它训练参加者使用情绪温度计。情绪温度计是自我情绪评估表，共有10分(1—10分)，不同分数代表情绪的不同强度，例如1分表示情绪平稳，10分表示情绪极度不好。参加者需要经常使用情绪温度计作自我情绪评估。

放松技巧训练首先从深呼吸开始。当人们感到恐惧或焦虑时，心脏跳动会加快，肌肉变得紧张，呼吸变得浅而急促，从而使体内氧气过多。长时间的体内氧气过多会导致许多身体问题，例如肿胀、高血压和肌肉疼痛。缓慢的深呼吸能使体内氧气水平达到正常，使神经系统平静，减缓心跳和出汗，从而帮助情绪平静下来。深呼吸法是青少年创伤与哀伤模块治疗使用的一种有效的放松方法，在每次咨询的开始都会练习深呼吸(具体见专栏8-1)。

专栏8-1 　　　　　　　　　深 呼 吸 法

通过鼻子向腹部缓慢而深深地吸气,胸部略微移动,想象对腹部的"气球"吹气,将空气尽可能地吸入腹部。

每次吸气结束时要屏住呼吸,数到"10"后,根据自己的喜好,通过鼻子或嘴将气慢慢呼出。呼气的时间比吸气略长。呼气时要将整个身体放松,可以想象手臂和双腿变得松软无力,考虑一个令人放松的单词或短语,例如"平静""我很好"。

做10次缓慢的腹式深呼吸:

缓慢吸气……暂停……缓慢呼气(计数为"1"),缓慢吸气……暂停……缓慢呼气(计数为"2"),缓慢吸气……暂停……缓慢呼气(计数为"3")……

如果在练习深呼吸时感到头晕,正常呼吸30秒钟,然后重新开始。

完成练习后,可以检测一下自己的情绪温度计,看焦虑感是否减弱。

一般建议在清晨、中午和入睡前做10次深呼吸练习。当然在其他时候也可以做。

策略二:创伤和哀伤反应合理化认识。了解创伤和哀伤反应对自己生活的影响以及为什么会出现这些反应。儿童青少年常见的创伤反应主要有:(1)闯入性和非自愿性记忆或思维(闪回)使人紧张与恐惧;(2)回避和麻木;(3)长期陷入消极认知或情绪,例如愤怒或恐惧;(4)过度警觉。儿童青少年常见的哀伤反应主要有:(1)悲伤;(2)看不到希望;(3)迷惘彷徨;(4)愤怒等。

小组成员或个体需要检验自己有哪些反应,进而学习和识别这些反应通常在什么情况下会出现。

策略三:分辨创伤和丧失提醒。其中,创伤提醒包括外部创伤提醒和内部创伤提醒,此外还要学习应对提醒的技巧。

外部创伤提醒:(1)人物、地点或境况,如创伤事件发生时在场的人、创伤事件发生的场所、警察、警车、色彩、电影等;(2)声音,如巨大声响、脚步声、沉重的呼吸、警笛、呻吟、哭泣等;(3)气味,如烹饪气味、医院气味、燃烧的气味、香水等;(4)时间或日期,如假期、生日、周年纪念日、每天的特定时间(如就寝或晚餐)等;(5)生活规律的变化,如搬家、更换学校和社区、新的家规;(6)媒体,如新闻或电视节目的提醒(如死亡、交通事故、医院等)。

内部创伤提醒:(1)回忆,往事在脑海出现;(2)想法,对创伤经历的想法和考虑;(3)情绪,出现情绪波动;(4)感受,对生活变化的感受;(5)生理感觉,如心跳加快。

学习应对提醒的技巧,具体包括:(1)转移注意力,如看轻松的电视剧或玩游戏;(2)专注思考事物好的一面并保持乐观;(3)思考和寻找解决问题的方法,如与他人交谈以获取更多信息来解决问题;(4)通过自言自语、祈祷、散步、听音乐或放松练习来使自己平静;(5)接受事实和现状,不去无意义地责备;(6)与他人交流,谈论自己的感受并寻求情感支持;(7)从家人、朋友或其他人那里获得帮助和支持。

策略四:监测管理强烈情绪。有创伤性哀伤的青少年的情绪每天都可能会出现变化,所以需要学习调整情绪的方法。青少年创伤与哀伤模块治疗监测管理强烈情绪的三步骤法对调整情绪有良好的效果。步骤一:我现在有什么感觉?并赋予这些感觉明确的名词定义,例如恐惧、悲伤或愤怒等。步骤二:为什么我会有这种感觉?注意外部提醒(人、物件、日子、环境等)和自身内在的提醒(回忆、想法、生活变化的感受等)。步骤三:我怎样做才能让自己感觉更好?

策略五:放慢节奏调整情绪。出现强烈创伤和哀伤反应时,可以通过放慢节奏来使自己放松,调整情绪:(1)放下手上的事情;(2)观察环境和内心的变化;(3)调整情绪,例如参加放松心情的活动,享受喜欢的食物、音乐或者愉快的回忆;(4)用积极想法来取代消极想法。

策略六:学习应对创伤和境况错觉。创伤症状可以表现为境况错觉,即误把安全的境况看成有危险的境况。青少年创伤与哀伤模块治疗会在训练策略五的基础上做以下四件事:(1)观察周围环境,深呼吸,放慢思维,让自己感觉周围环境是安全的;(2)观察自己,自己当下有什么想法和感觉;(3)观察自己所处的环境、时间以及和谁在一起;(4)采用合理的认知,如"现在很安全",进而使用能让自己平静的方法来调整紧张情绪,例如听音乐,与人交谈,运动或者写日记。

策略七:使用不适当行为清单,找出不适当行为。咨询师帮助小组成员或个体列出自己的不适当行为清单(Mess You Up, MUPS)。该清单由美国国家儿童创伤压力网络开发(Saltzman, Layne, Pynoos, Olafson, Kaplow, & Boat, 2017),包含十七种不适当行为:(1)长期极力回避令人感觉不适的人和地方;(2)回避亲朋好友;(3)退出社会活动;(4)在需要帮助的时候不去寻求帮助;(5)遇到问题时拒绝他人接近自己;(6)退出人际交往;(7)饮酒、吸毒;(8)暴饮暴食;(9)沉湎于电视剧或网络游戏;(10)做危险的事情;(11)发怒/对他人有攻击行为;(12)责备他人,对小事过度反应;(13)对丧亲事件有强烈愧疚或自责;(14)日常生活规律(饮食、睡眠)紊乱;(15)经常生病;(16)对什么都不在乎或麻木;(17)自我伤害行为。小组成员或个体根据不适当行为清单,看看自己有哪些行为被列在清单里,从而可以更准确地知道自己有哪些行为需要调整。

策略八:学习和练习不适当行为应对策略。在列出不适当行为清单后,可以更深入地学习和练习十三种应对策略:(1)练习放慢节奏技巧。(2)中断消极的自我对话。自己问自己:"我为什么会有这种感觉,这种感觉是否合理?"采取放松或者分散注意力的方法中断消极的自我对话,有意识地对自己说"停止""放松"等。(3)放松情绪的自言自语。默念能让自己放松的语句,例如"我很冷静""我不紧张""我很有信心""这种感觉会过去的"等。(4)现实提醒。在感到紧张时,有意识地提醒自己,当下并不是过去。(5)减少与负面提醒不必要的接触。为了避免给自己带来巨大压力,有时有意识地避开创伤和哀伤提醒是必要的。这与长期回避提醒或自我麻木的回避策略不一样,前者是有益的,后者是不健康的。(6)作好遇到提醒的准备。有些提醒是无法避免的,例如亲人去世的周年纪念日,遇到与创伤性丧亲经历有关的人或物等,所以需要对此作好充分的准备,考虑好如何应对遇到提醒时的情绪波动。必要时,寻求亲友的支持。(7)使用多种放松技巧。使用放松技巧有助于管理情绪,减少过度反应。除了深呼吸外,还要学习其他技巧,例如肌肉放松练习、剧烈运动、听音乐和唱歌等。(8)生活规律化。通过正常的饮食、睡眠和运动来增强适应能力。(9)通过积极的活动分散注意力。当身体进入警报模式时,可能需要一个多小时才能平静下来,如果这时候开始慢跑,身体可以更快地放松下来。(10)寻求支持。必要时,向亲朋好友、老师、心理咨询师寻求帮助和支持。(11)放下手中的事。当你感到压力很大的时候,可以放下手中正在做的事情,去一个能让自己平静的地方或做让自己平静的事。(12)写日记或者随笔。写下自己的感受和对问题的想法,这可以使人感到平静。(13)提升自己的精神和信仰。阅读,听令人心情愉快的音乐,记住令人振奋的格言警句等。

策略九:学习认知行为疗法。认知调整可以改变情绪和行为。青少年有时会用绝对化(非黑即白)的思维方式来看待事物,把"应该"看成"必须",把"不重要"看成"极为重要",把"当下"看成"永久"等。在不合理思维方式的影响下,很容易出现自我责备、自我贬低,以及用有限的信息去推断绝对化的结论,也可能会自以为是地预测未来,猜想别人对自己的看法,或认为未来会有新的灾难发生。青少年创伤与哀伤模块治疗帮助青少年学习什么是认知、什么是情绪、什么是行为,然后帮助他们识别什么是消极(不合理)或积极(合理)的认知和思维方式,并为青少年提供常见的消极认知清单。

常见的错误思维方式:(1)负面的有色眼镜,即看事物多着眼于消极信息,而非积极信息;(2)应该和必须,即对自己、他人和外界有不切实际的期望,如达不到期望就不高兴;(3)思维绝对化,即用非黑即白的方式观察和思考问题;(4)把现在看成过去,即把现实生活的经历看成过去创伤经历的再现;(5)自责,即把自己不能掌控的事件看作自己不作为或做错了什么;(6)不适当地承担责任,即过多地为他人的问题承担不必要的责任,并自我责备;(7)视感觉为真实,即用感觉来代替客观理性的判断;(8)自我贬低,即给自己贴上"失败者"的负面标签,自己贬低自己;(9)思维僵化,即用有限的信息推断普遍性的结论,如"某件事已经发生,那么它注定会一再发生";(10)预言未来,即觉得自己是算命先生,可以预算出未来的消极事件,或自己有能力预见并终止消极事件的发生;(11)读心术,即觉得自己可以知道别人的想法,并把猜想当作事实;(12)灾难思维,即总觉得会有灾难发生,或过度渲染不好的事情。

常见的消极认知问题:(1)感到人们不喜欢自己,如"没人理解我""没人在乎我""没人喜欢或需要我";(2)自我责备,如"我与众不同""我有很多毛病""我讨厌自己""这都是我的错""我很无能"等;(3)绝望感,如"一切不会变得比以前更好""我看不见前途""没有人可以帮助我""任何尝试都是没用的"等;(4)对人缺乏信任,如"没人值得信任""如果我向别人敞开心扉,他们可能会伤害我""我不该让别人因为我而有压力"等;(5)过度关注负面事件或危险事件,如"我不能让自己感到安全和放松""我必须时刻准备着应对最坏的情况"。

积极认知清单,即常见的积极认知问题,具体如下:(1)被关爱感,如"有人了解我""有人爱我""我和别的孩子一样好""我是一个不错的人";(2)自信心,如"我可以做到""我可以做好我需要去做的事""我并不傻""人们尊重我""虽然现在有一些问题,但我有能力解决它们"等;(3)信任感,如"如果有需要,我可以得到他人的帮助""我并不孤单,因为人们理解我"等;(4)被需要感,如"人们欣赏我,需要我"。

策略十:寻求帮助五步骤。青少年创伤与哀伤模块治疗训练有效寻求帮助的五个步骤:(1)审视自己的内心,看一下自己有哪些想法和情绪需要他人的帮助。(2)向外看,看谁能提供帮助。思考一下身边的亲友,谁可能帮助自己,或者通过建立新的关系,结交新的朋友,来获得更多的支持。(3)在合适的时间去寻求帮助。征求他人是否有空和是否愿意。(4)提供明确的信息。告诉别人自己需要什么样的帮助。(5)真挚的感谢。对帮助过自己的人给予真挚的感谢。

2. 第二模块：创伤性丧亲经历叙事

第一模块学习了创伤后应激与哀伤反应基本应对策略，第二模块将进行创伤性丧亲经历叙事。创伤性丧亲经历叙事具有较大挑战性。这个模块的主要目标是让小组成员或个体学会承受创伤回忆，能够描述他们经历的创伤事件，可以把这些经历组织成一个连贯的叙事，并用积极的方式理解这些经历。这个模块可以帮助青少年合理选择并重新系统审视和理解在他们生活中发生过的重要的创伤事件，从而帮助他们解决在现实生活中遇到的情感和人际关系等方面的问题，重新建立更合理的自我认同，并对未来充满期望和信心。

在安全和有专业人员支持的环境中，建构和分享创伤叙事可以获得积极的效果，它可以提高宽容度，帮助青少年把长期回避的记忆和情感经历连贯起来，它可以降低对创伤记忆反应的强烈程度，可以改变自卑，建立期望，通过分享还可以减少孤独感和不合理的自我责备。

因为创伤叙事本身是一个很强的创伤提醒，所以在这个模块中需要青少年经常温习他们在第一模块中学到的情绪管理技能。

任务一：明白叙事内容。叙事内容包括以下五方面：（1）事实陈述。从一个旁观者的角度来叙述整个事件，包括创伤事件发生之前、发生之时以及发生之后的情况。（2）情绪陈述。创伤事件发生时自己的感受，以及回想该事件时的感受。（3）生理感受陈述。在创伤事件发生时，看到、听到、触摸到或闻到什么？（4）思想陈述。创伤事件发生时的想法是什么，现在的想法是什么？谁对该创伤事件负有责任？创伤事件对自己和他人的生活产生了什么影响？创伤事件对自己的思维方式有什么影响？（5）其他陈述。提出如何应对困境并继续自己生活的建议。

任务二：熟悉小组叙事方法。小组叙事具体包括角色分配和安全叙事指南。

首先要作好小组叙事的角色分配，小组中的角色有组织者、协助者、叙事者和小组成员。（1）组织者的角色。在小组成员分享自己的叙事时，组织者将提供支持，不时用情绪温度计检测叙事者的情绪水平以保证叙事者能够承受叙事压力，另外必要时还会询问叙事者在经历创伤事件不同时间的想法或感受。（2）协助者的角色。协助者需要观察小组成员的反应，如果叙事者对叙事分享出现极其强烈的情绪反应，则需要将叙事者带离小组，并给予安抚。协助者要高度关注叙事表述中潜在的消极想法或信念。（3）叙事者的角色。叙事者需要分享所选定的创伤或丧失事件的经历。组织者将指导叙事者描述外部的事件和状况等，以及内部的想法和感觉等。（4）小组成员的角色。在他人叙事时，小组成员需要用尊重的态度倾听，并努力理解叙事者的感受。小组成员可以在他人分享时用简短的话语表达支持，但任何评论都要在叙事结束后并受到邀请时再提出。在小组叙事的前一天，小组负责人应与叙事者沟通，了解他们是否需要任何帮助。

在小组叙事过程中（包括开始叙事、引导叙事建构和结束叙事三个阶段），要注意叙事安全。

开始叙事阶段：首先在情绪温度计上获得基准评分（共 10 分，1分＝情绪很好，10 分＝情绪极度不好）。

引导叙事建构阶段：引导叙事者使用客观和主观的组合来建构叙事，将外部发生的事情与内心感受交融在一起。注意分享外部和自身的关键信息，在叙事时尽量不要打断，但必要时可以使用叙事提示指南来引导叙事。叙事时请叙事者经常检查情绪温度计的分数，并进行引导性提问。例如："事件发生时你感觉如何？""现在感觉如何？"如果叙事过于简短或太肤浅，组织者可以根据叙事提示指南来引导。例如："当时你看到和听到了什么？""你的想法和感受是什么？"如果在叙事过程中，叙事者经常跳过创伤经历中最令人紧张和痛苦的部分，那么组织者要用婉转的方法请叙事者回到故事的某个点，并放慢叙事速度。如果叙事者在讲述自己的经历时突然中断，那么组织者需要重复叙事者说的最后一句话，然后提示："接下来发生了什么？"如果叙事者在讲述过程中表现出很痛苦的情绪，那么组织者可以将叙事者的注意力转移到创伤较少的部分，并引导他们专注谈论事实而不是感受，通过事件的结局和随后发生的事情来完成叙事。重要的是，即使是简短叙事，也要讲到最后。如果叙事者情绪控制良好（在情绪温度计上处于 5—8 分），则可以进一步询问感受或通过以下方式来增加参与度,例如:"你身体感觉如何？你看到和听到了什么?"也可以要求放慢叙事速度,专注最困难的部分,并询问当时的情绪体验。

结束叙事阶段:叙事者再次检查情绪温度计。叙事者在完成叙事之后往往会有不适感觉,这是正常的。咨询师会询问叙事者对叙事分享的感受。对于在叙事过程中暴露出来的羞愧和尴尬,要表示理解并对其作合理化解释,将注意力转移到创伤事件之后的经历和感受方面来结束叙事,如参加葬礼、接受治疗、对当前生活的安全感、与亲友的关系、当前面临的困难(经济压力、搬家等)。咨询师可以在叙事完成后,用引导性提问来帮助叙事者回想美好的回忆,例如:"关于母亲,使你感到最快乐的回忆是什么?"咨询师要赞扬叙事者分享个人经历的勇气,并注重强调叙事中谈到的勇气和抗挫力的例子,然后邀请小组成员使用积极评论方法来分享自己的想法,最后根据需要开展放松活动,包括深呼吸、渐进式肌肉放松或听音乐。

任务三:重新审视认知问题。第二模块叙事的最后一次活动是邀请小组成员分享各自在叙事和聆听过程中的收获,讨论有共性的认知问题和错误归因,从而提升对自身问题的认知。

3. 第三模块:应对哀伤

第三模块的重点是缓解哀伤。这一模块需要完成六项任务:(1)了解哀伤,进行哀伤心理知识教育;(2)了解丧失提醒、哀伤反应及其后果之间的联系;(3)应对创伤性死亡后的困扰;(4)辨别积极和消极认知;(5)用健康的方式与逝者保持联结;(6)为日后情绪反复作好准备。

这一模块有六个具体目标:(1)减少不良适应反应;(2)在生活中减少悲伤带来的消极影响,例如回避亲友、放弃成长等;(3)增强对哀伤提醒的应对能力和技巧,减少对哀伤的消极反应和行为;(4)增加对已故亲人的积极回忆;(5)提高对创伤性丧亲事件的应对和适应能力;(6)强化良性适应哀伤反应,包括积极的自我认同、生活目标、人际关系、日常活动和对未来的期望。

任务一:了解哀伤,进行哀伤心理知识教育。哀伤心理知识教育会邀请家长一起来参加。它以多维哀伤理论为基础,帮助参加者理解什么是分离痛苦、存在/身份认同痛苦以及死亡境况相关痛苦,强调不同人会有不同的哀伤反应。

哀伤心理知识教育采用讨论的方式来建立对哀伤的基本认知。这些认知主要包括以下方面:(1)多数哀伤反应是正常的、健康的;(2)哀伤反应持续时间并不存在某个特定的长度,例如6—12个月;(3)长期回避谈论已故亲友并不是积极应对哀伤的方式;(4)哀伤反应不会一成不变地持续下去;(5)健康的哀伤并不意味着要忘记或停止怀念已故亲友;(6)不同家庭成员会有不同的哀伤方式或哀伤持续时间;(7)在失去所爱的亲友之后,人们依然可以获得快乐;(8)丧亲后没有表现出常见的哀伤反应并不表示对逝者没有真挚和强烈的爱;(9)在一些特殊情况下,亲友的死亡使人有解脱感,尤其是他们经历了长期的疾病煎熬又不可能得到恢复。

学习三个维度的哀伤反应特征。第一类哀伤反应与分离痛苦有关,其形式往往表现如下:(1)感觉孤独;(2)哭泣;(3)避免任何关于丧亲的提示;(4)害怕与人接近;(5)感到遗憾或愧疚;(6)搜寻逝者;(7)从哀伤体验中感到安慰;(8)觉得可以看到、听到或感觉到逝者;(9)总是感觉逝者在看着自己。

第二类哀伤反应与存在/身份认同痛苦有关,其表现形式有:(1)感觉自己生命的一部分随逝者一同消失,对生活感到迷惘;(2)对未来失去希望;(3)失去好好学习或为今后的美好生活而努力的动力,感觉这一切不再重要了;(4)不关心自己的身体健康;(5)对建立良好同伴关系的兴趣和动力减弱;(6)对生活感到无聊;(7)可能很容易被激怒,生气或指责他人;(8)即使感到孤独和无聊,也不愿与人接触;(9)有帮助其他经历哀伤的青少年的愿望(积极的哀伤反应);(10)希望按逝者期望的那样去生活(积极的哀伤反应)。

第三类哀伤反应与死亡境况相关痛苦有关,其表现形式有:(1)对死亡方式感到愤怒;(2)为没有做更多的事情来制止死亡而内疚;(3)每当想起逝者,更多的是想起他们死亡时的境况,而不是过去美好的时光;

（4）想报复自己认为对死亡负有责任的人。

任务二：了解丧失提醒、哀伤反应及其后果之间的联系。这部分咨询主要帮助青少年识别丧失提醒会对自己有什么影响，从而增强控制感。这里首先需要了解常见的丧失提醒。

常见的丧失提醒：（1）听到逝者的名字；（2）逝者的遗物；（3）逝者的照片或视频；（4）逝者曾常去的地方（逝者的工作单位）；（5）逝者最喜欢的东西（如歌曲、菜肴等）；（6）与逝者共度的日常时光（如早餐时间、晚餐时间或周日下午）；（7）与逝者有联系的人（如家人、朋友或同事）；（8）逝者会参加的家庭聚会或社交活动（如聚会、度假、生日、毕业典礼、婚礼）；（9）遇到曾经得到逝者帮助的困难（帮助做功课）；（10）看到他人与亲人共度快乐时光；（11）与其他正经历悲伤的人在一起；（12）因丧亲事件而出现的困难（如经济拮据、搬到新家、上新学校、家庭成员之间关系紧张）；（13）看到别人有强烈的情绪，例如悲伤、愤怒或恐惧；（14）自身感受（如悲伤、孤独、恐惧、愤怒）。

练习应对丧失提醒。在青少年创伤与哀伤模块治疗体系中，大量练习都采用"帮助好朋友"的方法。咨询师会展示情境图（例如一位神情哀伤的女孩看着已故朋友照片的图画），让青少年以第三人称的方式分析、讨论和反思该情境图。"帮助好朋友"是一种安全的认知调整方法，它可以在小组内提供支持，帮助青少年免受个人情绪的困扰，并提升应对技能。"帮助好朋友"的方法贯穿整个应对丧失提醒的练习。

这些练习会提供不同的哀伤情境图并涵盖以下主题：（1）回避哀伤提醒物（分离痛苦）；（2）与逝者重聚的幻想（分离痛苦和存在痛苦）；（3）害怕与人接近（分离痛苦和存在痛苦）；（4）失去亲人也就失去了生活意义（存在痛苦）；（5）我永远不会再爱了（存在痛苦）；（6）对父亲自杀感到羞愧（死亡境况相关痛苦）；（7）"每次想到他，就会想到他的死亡场景"（死亡境况相关痛苦）。

"帮助好朋友"方法要求小组成员或个体根据情境图展开思考和讨论。以前面提到的情境图（一位神情哀伤的女孩看着已故朋友照片的图画）为例，咨询师会邀请小组成员或个体就以下问题展开讨论：（1）这张情境图描述了什么?(2)这位女孩可能会有什么错误认知?(例如,"最好不要与人过于亲近,否则再次失去自己喜欢的人将会使自己重新经历痛苦")(3)这些错误认知会产生什么样的消极情绪?(悲伤、孤独、恐惧和焦虑)(4)在这种认知和情绪之下,她可能会出现什么行为?(与亲友疏远,自我封闭,自我伤害或者一直沉浸在消极情绪中)(5)这样的行为会带来什么样的负面结果?(孤独,失去快乐,在学校出现行为问题,自我伤害,自杀倾向)(6)你是否能够提供一些积极的方法来应对这样的情况?(和朋友在一起,和朋友分享一些美好的回忆,"我不会失去其他朋友","已故朋友并不希望我自我封闭")

任务三:应对创伤性死亡后的困扰。在这个部分,咨询重点放在一些常见的困扰上,包括:应对特殊日子、日常交谈、返校、面对谣言、家庭关系、与什么人分享感受、如何向别人解释死亡事件、如何回答出于好奇心的问题(例如可以这样回答"我不想讲细节,但我可以告诉你,那是我一生中最糟糕的日子")、别人不经意的言语伤害、感到受同伴排斥等。"帮助好朋友"练习同样会被应用在这个部分。

任务四:辨别积极和消极认知。这部分训练的重点是帮助青少年辨别消极认知和情绪(内疚、羞愧、愤怒、遗憾等),以减少消极的哀伤反应。消极认知主要来自两个方面:(1)与事实不符的想法,例如过于夸大;(2)虽然对所发生事件的理解是正确的,但使用了错误方法去看待这个事件。青少年将使用在上一个模块学到的方法来调整自责或报复心理。这部分练习将继续采用"帮助好朋友"的方法,下面以调整认知来缓解愤怒为例。

愤怒情绪是丧亲青少年常见的哀伤反应。愤怒可以压抑悲伤和思念的感觉。有很多可能会导致愤怒情绪的想法,例如:(1)为死亡方式愤怒。"他不该这样死去。"(2)将死亡原因归咎于他人。"他们不该那样做。"(3)为不公平而愤怒。"怎么可以让这么年轻的人死去?"(4)对上天感到愤怒。"怎么可以让这样的事情发生?"(5)对身边的人感到愤怒。"他们对我的痛苦无所谓。"(6)对死者感到愤怒。"他怎么可以抛下我?"(7)对自己感到愤怒。"我怎么什么事也没做来预防这样的事情发生?"

愤怒并不意味着要伤害自己或者他人。停止愤怒或放弃愤怒并不意味着要忘记已故亲人。即使愤怒不能完全消失,但也不能让它控制自己的生活。青少年创伤与哀伤模块治疗采用"帮助好朋友"的方法来调整认知并缓解愤怒情绪,包括鼓励使用以前学到的技巧。例如,参加有建设性的活动、停止思考练习,以及在以前课程中学到的应对情绪变化的不同技巧。

任务五:用健康的方式与逝者保持联结。有些青少年对已故亲人怀有既爱又怨的矛盾心理。青少年创伤与哀伤模块治疗帮助他们学习选择性怀念,即认识到世界上没有一个人是完美无瑕的,包括已故亲人。青少年需要建立接纳的态度,把关注点更多放在已故亲人的良好品质和生活态度上,并把它用来引导自己的未来生活。这有助于增强对已故亲人的尊敬和积极怀念,与已故亲人建立积极的持续性联结,并有助于缓解分离/存在痛苦。在实际练习中,咨询师会请小组成员或个体谈论对已故亲人的看法(包含积极和消极两方面的看法),进而讨论如何用逝者积极的品质来引导自己未来的人生方向。消极部分的谈论不需要涉及具体的细节。这个练习需要很好的监控,并使用深呼吸让小组成员保持情绪稳定。

在这个练习中,小组成员分享一个能激发积极回忆的纪念品(如逝者的照片、奖品等),并谈论对已故亲人的有积极意义的怀念、尊敬、爱和自己对未来的想法。

任务六:为日后情绪反复作好准备。这部分练习主要帮助青少年建立应对未来生活变化和困境的信心。他们在未来生活的某些重要阶段或经历重要的事件时可能会面对哀伤提醒,例如毕业、结婚、生育儿女和事业的变化,但他们依然可以用适当的方法来应对这些哀伤提醒。

咨询师会引导小组成员讨论在未来的生活中有哪些变化和困境是容易应对的,哪些是不容易应对的,以及自己应该作些什么调整来有效应对。有时候人们无法改变外界,但是我们可以用另一种态度来看待外界。

这个练习还会指导小组成员写下在今后六个月里，有哪些日子可能会感到特别难过，例如生日、周年纪念日、假期或毕业典礼，然后讨论用什么方法来应对这些艰难的日子。青少年创伤与哀伤模块治疗对此有一系列的建议：(1) 保持有规律和健康的生活习惯；(2) 克服人际交往困难，练习寻求支持的技能，例如在什么情况下，和谁用什么方式交流，根据特定的挑战寻求特定的支持；(3) 选择合适的对象交谈；(4) 写日记，记录自己的感受和反应；(5) 参加自己感到有趣的活动，回避酒精和毒品，因为它们会使自己的情绪更糟糕。这部分练习同样会使用"帮助好朋友"方法和情境图。

4. 第四模块：面向未来

在完成前三个模块的咨询后，第四个模块注重如何面对未来。这个模块的工作需要帮助青少年制定切实可行的成长目标和具体的实施步骤，以应对当前和预期的困境。咨询师会引导青少年评估自己在当前和未来可能经历的风险、成就和结果。小组成员会采用头脑风暴讨论如何减少对未来的恐惧感，并发掘不同的方法来应对潜在的风险。

任务一：设立成长目标。帮助青少年设立成长目标：(1) 设立切实可行的成长目标，为迈出第一步需要设立一个停止目标（如停止沉湎于游戏）和开始目标（如开始把时间更多放到运动或与朋友交往上），在应对策略方面可以增加深呼吸练习、自我谈话和寻求支持；(2) 使用积极策略来应对当前面对的至少一种困境；(3) 主动停止至少一种有问题的行为并开始至少一种有建设性的行为，例如用运动代替沉湎于游戏；(4) 帮助有需要的人；(5) 制定五年计划和更长期的计划，例如高中毕业后的计划（继续读书、参军或工作等）。

任务二：应对困境。这部分工作有两个目标：(1) 帮助青少年识别日常生活中常见的挑战、困境、创伤期望和令人痛苦的提醒；(2) 用建设性的方式来帮助小组成员或个体解决当前和今后可能存在的问题。这个训练同样会采用"帮助好朋友"的方法。青少年创伤与哀伤模块治疗会提供不同的情境图和讨论来涵盖以下内容：(1) 我可以清楚地看见未来，所以我可以为今后的生活制定更好的计划；(2) 我可以应对困境；

（3）如何应对他人让自己去做并不想做的事情（帮助应对软弱或被抛弃的恐惧，避免把暂时的损失看成永久的损失）；（4）如何应对创伤期望，即认为自己会和已故亲人有相同的悲惨命运；（5）害怕再一次受到丧失打击（创伤期望），因此不愿建立新的人际关系；（6）设想未来可能会遇到的创伤与哀伤提醒（应对未来提醒）。

　　任务三：分辨什么是青少年该承担的责任。当青少年不适当地把解决别人的问题看成自己的责任，其动机虽好，但从长远角度考虑可能会给自己太大压力，最终产生挫败感。这部分咨询主要帮助青少年分辨什么责任是自己应该和有能力承担的，并关注自己的身心健康。

　　这里也会采用"帮助好朋友"的方法。例如，咨询师会提供一张图片，表现一位男孩考虑辍学来帮助妈妈赚钱。咨询师会启发小组成员作以下讨论：（1）他的不适当想法是什么？（2）他这样想会有什么感觉（沮丧、悲观、绝望和有压力）？（3）如果按照这样的方式思考和感受，他会出现什么行为问题（辍学、学习不认真）？（4）可能会产生什么不良后果（没有文凭，将来不容易找到理想的工作）？（5）鼓励从另一个角度为他作选择（"我继续读书是妈妈所希望的""我可以用其他方法帮助妈妈，而不一定要辍学"）。

　　相关练习会列出部分青少年不适合承担的责任以及应该承担的责任。青少年不适合承担的责任：（1）去做妈妈和奶奶吵架的调解人；（2）父母有严重的酗酒问题；（3）姐姐情绪低落；（4）家里经济有困难；（5）奶奶生病了；（6）最好的朋友考试不及格。青少年应该承担的责任：（1）和姐姐吵架；（2）和最好的朋友吵架；（3）因不做家务而受到处罚；（4）因自己在打电话上花费了太多时间而和家长争吵；（5）考试成绩很差；（6）家长要求在完成家务活之前不能与朋友外出；（7）自从妈妈去世后，感到学校的朋友对自己的态度有所不同；（8）情绪低落，学校表现不佳；（9）对创伤提醒感到烦躁不安和易怒；（10）对丧失提醒感到悲伤和孤独。

　　对于不属于自己职责的问题，应该抱着尽力而为的态度，而不是包揽责任将其变成不能承担的压力。青少年创伤与哀伤模块治疗认为，适当地帮助他人有益于自身成长和增能,要想更好地助人,自己首先要做好以下四个方面:(1)提高自己的素质(鼓励个人成长);(2)与已故亲人保持积极的持续性联结(缓解分离痛苦);(3)实现已故亲人的遗愿(缓解存在/身份认同痛苦);(4)照顾好自己。

任务四:分辨刺激性游戏和冒险行为的差别。青少年要照顾好自己,需要分辨什么是适当的刺激性游戏(蹦极),什么是不健康的冒险行为(超速驾驶)。

任务五:制定五年计划。咨询师帮助青少年制定包括过去一个月和未来五年的叙事列表,写下做过和将来要做的事。鼓励青少年把这个列表贴在自己的卧室里,并在小组内作分享。咨询师会为每个成员的分享提出支持性的意见,并对他们的计划表示赞赏。

本节结语

《青少年创伤与哀伤模块治疗》除了提供理论解释,还提供了十分详细的使用指南,包括在"帮助好朋友"练习中需要使用的各种情境图、不同训练的家庭作业,以及咨询师在不同训练中使用的启发性语言。这有助于咨询师在实际应用中更准确、更方便地使用青少年创伤与哀伤模块治疗,从而可以得到更好的干预效果。青少年创伤与哀伤模块治疗是一个比较成熟的并已得到大量实证支持的青少年创伤与哀伤治疗方法。2017年出版的《青少年创伤与哀伤模块治疗》通俗易懂且便于使用,它对创伤性哀伤是一本十分有效的治疗工具书(Saltzman, Layne, Pynoos, Olafson, Kaplow, & Boat, 2017)。由于青少年创伤与哀伤模块治疗的开发是在不同文化背景下展开的,它应该适合中国文化背景下的本土化改进和应用。

第三节　创伤认知行为疗法

多数未成年的孩子在经历创伤性丧亲事件后会逐渐恢复正常的生

活和学习,但也有一些孩子会有长期的严重创伤性哀伤,他们既有创伤症状又有哀伤症状,这些症状若长期得不到缓解,便会严重影响正常的生活和学习。创伤性哀伤的治疗需要同时治疗创伤症状和延长哀伤症状。创伤认知行为疗法(trauma-focused cognitive-behavioral therapy)是一种以家庭为基础的儿童青少年创伤性哀伤治疗方法。它有助于改善创伤和哀伤症状,以及抑郁、焦虑、行为、认知、人际关系和其他问题(Cohen,Mannarino,& Deblinger,2017)。

一、创伤认知行为疗法回顾

自 20 世纪 80 年代末始,创伤认知行为疗法就被应用于治疗创伤后应激障碍(Mannarino & Cohen,2001)。美国德雷克塞尔大学医学院精神病学教授科恩自 1983 年开始用认知行为疗法对创伤性哀伤的儿童青少年进行评估和治疗。

在此之后的二十多年里,科恩团队获得美国国家心理健康研究所资助,在匹兹堡阿勒格尼总医院儿童青少年创伤压力研究中心进行了多项治疗研究。他们发现,创伤认知行为疗法对经历创伤后具有较明显抑郁症状的儿童青少年效果特别好。他们的工作成果后来受到越来越多的关注和应用,并被指定作为"9·11"恐怖袭击事件后的青少年团体心理干预体系。科恩团队在实践基础上将创伤认知行为疗法不断系统化和标准化,并于 2006 年出版《儿童青少年创伤与创伤性哀伤治疗(第一版)》(Cohen,Mannarino,& Deblinger,2006),以供专业人员使用。

2003 年,南卡罗来纳州医科大学国家犯罪受害者研究和治疗中心选择创伤认知行为疗法,作为他们开发的第一个基于网络的创伤治疗应用模型。通过与南卡罗来纳州医科大学的合作,科恩团队开发了创伤认知行为疗法网络远程培训课程,其中包括创伤认知行为疗法的说明和视频。该课程自 2005 年推出后仅十年,有超过 25 万名咨询师参加了这套网络课程培训,其中超过 50% 的咨询师完成全套课程培训并获得职业再教育的 20 个学分。创伤认知行为疗法网络课程现已被翻译成多种语言,并在多个国家获得应用。创伤认知行为疗法的治疗对象为 3—18 岁的儿童青少年。治疗既可以单独进行,也可以采用小组方式;既可以面对面,也可以使用网络形式。

2017年,科恩团队出版了《儿童青少年创伤与创伤性哀伤治疗(第二版)》,该版本根据《精神障碍诊断与统计手册(第5版)》的最新定义和不断丰富的研究成果对2006年版作了修改,丰富了哀伤症状的治疗方法(Cohen,Mannarino,& Deblinger,2017)。有很多实证结果显示,创伤认知行为疗法对创伤性哀伤的治疗效果很显著(Cohen & Mannarino,2004;Cohen,Mannarino,& Staron,2006)。目前,越来越多有创伤性丧亲经历的家长和孩子接受创伤认知行为疗法。科恩博士因其杰出贡献获得国际创伤压力研究学会(International Society for Traumatic Stress Studies)颁发的萨拉·海雷临床卓越成就奖。

二、创伤认知行为疗法的基本概念

创伤认知行为疗法包含创伤治疗和哀伤治疗两个部分。创伤认知行为疗法以认知行为疗法为基础,并对创伤症状作了基本界定。与创伤后应激障碍不同,创伤症状是指与创伤经历直接相关的情绪、行为、认知、生理反应和人际交往障碍,这些症状与创伤后应激障碍症状有相对应的特征,但还包含许多其他问题,例如抑郁症、焦虑症及创伤后应激障碍不常见的行为问题等(Cohen & Mannarino,2015)。

对于儿童青少年的创伤性哀伤症状,创伤认知行为疗法首先从治疗创伤症状开始,然后治疗哀伤症状。

1. 创伤治疗

治疗目标。创伤治疗主要医治因创伤而引发的五方面问题:(1)情绪问题,如焦虑、哀伤、愤怒、情绪失控等;(2)行为问题,即对创伤提醒感到恐惧、自我伤害、在家庭和学校有不当行为问题等;(3)生理症状,如过度敏感和警觉、睡眠障碍、容易受到惊吓、胃痛、头痛及身体其他不适症状等;(4)认知问题,如出现与创伤哀伤相关的闯入性思维,出现与创伤性丧亲相关的信念困惑,出现自我认同方面的困惑;(5)社会交往,如很难与家人、朋友、同学相处,有社会退缩,上课注意力不能集中,学校出勤率下降，对他人的信任感受损。

在创伤认知行为疗法治疗前期，咨询师会安排孩子和家长分别接受咨询；在创伤认知行为疗法治疗后期，咨询师会安排孩子和家长联合接受咨询。很多研究显示，家长的理解和包容对孩子的创伤治疗会有显著的积极效果。创伤认知行为疗法治疗的全过程家长都需要参加。如果家长不能参加或者孩子的创伤后应激障碍和延长哀伤障碍特别严重，那么创伤认知行为疗法并不适合使用。

创伤认知行为疗法创伤治疗的阶段和单元（三阶段八单元）。第一阶段：稳定症状，有四个单元，即心理教育、养育技巧、情绪调整、认知调整。第二阶段：创伤叙事和整理，有一个单元，即创伤叙事和整理。第三阶段：整合和巩固，有三个单元，即内心感受控制、家长与孩子同堂咨询、增强安全感。

为了使创伤认知行为疗法取得较好效果，咨询师应尽可能遵循上述阶段和单元顺序展开治疗。创伤治疗一般需要十二到十五次咨询，每个阶段会有四到五次咨询。

逐步暴露治疗。它包含在创伤认知行为疗法的每个单元中。每次咨询，咨询师都会谨慎地作适当调整，并逐渐增加对创伤提醒的暴露，同时鼓励孩子和家长使用学到的技巧来控制恐惧、焦虑和遇到创伤提醒时可能出现的其他消极情绪。通过这个过程，孩子和家长可以学习新的认知方法，例如"我可以谈论丧亲事件，而不会痛苦不堪""我的孩子并没有被创伤事件摧毁"。随着时间的推移和不断练习，这些认知会被不断强化，并拓展应用到其他境况中，从而改变对创伤经历的不合理的观念和不良感受。大量研究显示，逐步暴露治疗对缓解创伤恐惧是极为重要的一个部分。

家长同步参与。至少有一位家长参与是治疗的一个重要部分。家长会和孩子获得基本相同的咨询时间。在大多数咨询中，咨询师会用30分钟与孩子单独咨询，再用30分钟与家长单独咨询。孩子和家长的同堂咨询会安排在后期阶段。同堂咨询可以增强孩子与家长的沟通。沟通内容可以是一般性的内容，也可以是孩子的创伤经历。这种治疗模式有个基本理念,即当孩子的创伤比较严重,并且家长和孩子的正常情感交流还不畅通时,他们需要有单独处理自己问题的过程并学习不同的技巧。为家长作单独咨询有助于家长调整一些错误认知,并学习有效的家庭纪律技巧。在完成单独咨询的基础上,再同堂咨询并直接交流一些敏感问题,这样效果会更好。

每一次家长咨询,咨询师会把孩子将在下一次咨询需要学习和治疗的内容提供给家长,这样家长可以帮助孩子在相应咨询还未开始时使用有关技巧。很多家长在鼓励孩子使用这些技巧时,自己也可以从中受益。当家长和孩子共同使用这些技巧时,家庭的抗挫力就会增强。

家庭指导。从治疗开始,咨询师就要帮助参加治疗的家庭了解,创伤认知行为疗法需要良好的家庭合作与协调。在某些重要问题上,需要家长与孩子的双向沟通。有时候他们可能会感到不适,例如觉得缺乏隐私保护。咨询师要了解他们对分享信息有什么顾虑,并对此作出适当协调,直到大家都感到合适,只有这样咨询才能有效。咨询师还要向参加治疗的家庭解释创伤认知行为疗法的一些具体内容:(1) 治疗的目的是缓解孩子的创伤症状;(2) 治疗的焦点是处理好这些症状与创伤经历的关系;(3) 即使在治疗过程中,还会有其他一些问题需要处理,但在每次咨询中治疗焦点不会转移。通过明确创伤是治疗的焦点,咨询师帮助家庭了解对治疗应该抱有什么期望,以及这种治疗方法与其他治疗方法的不同点。

2. 哀伤治疗

在创伤治疗结束后,孩子的创伤症状不再那么明显了,就可以把重点放在哀伤治疗上。创伤认知行为疗法认为,丧亲哀伤通常是一个持续和非线性的过程,因此不能期望通过一个相对简短的治疗过程,哀伤症状就可以得到解决。但是,当孩子学会应对他们的创伤反应后,就比较容易过渡到正常的哀伤过程。此外,参加创伤认知行为疗法治疗的家长在自身的创伤症状和抑郁症状得到缓解后,可以更好地照顾孩子,并帮助孩子通过经历正常的哀伤过程来适应生活的变故。

创伤认知行为疗法的哀伤治疗同样在一个大的框架下采用结构化

的单元方法展开,它有三个核心基础:(1)认知行为疗法;(2)有关儿童哀伤与干预的最新知识;(3)科恩团队对长期临床经验的提炼。在哀伤治疗单元,创伤认知行为疗法尤为注重增强持续性联结和抗挫力。

创伤认知行为疗法哀伤治疗阶段包括五个单元:哀伤心理教育;体验哀伤和处理对已故亲人的未解心结;保留对逝者的积极记忆;在心中重新安置逝者并建立健康的持续性联结;结束和未来。大致每个单元会安排一次咨询。

三、创伤认知行为疗法的创伤治疗过程

1. 第一阶段:稳定症状

第一单元:心理教育。在心理教育单元,咨询师会介绍基本的创伤反应和创伤提醒并将这些信息与孩子的创伤经历联系起来。咨询师需要对孩子的创伤反应作合理化和正常化的解释,因为很多孩子和家长会把创伤后的消极行为和情感失调视为孩子变"坏"了。咨询师要帮助孩子和家长理解这些负面反应是因为孩子经历了创伤事件,创伤提醒会引发创伤反应。这对改变孩子与家长对创伤反应的认知极为重要,因为这可以给他们一种希望,即孩子能够恢复正常的行为和功能,即使孩子长期存在复杂创伤症状和情感失调问题,也是可以治疗的。在不同的治疗单元,咨询师需要有针对性地向孩子和家长提供心理教育。这需要考虑孩子的成长阶段、文化程度以及家庭和孩子的兴趣。在心理教育中,可以安排一些互动性的心理教育游戏,例如"你知道什么"的游戏,来讨论相关心理学科普知识。青少年可以讨论相关专业网站上提供的心理教育信息。

对于有严重创伤反应或者可能会经历新的创伤的孩子,在开始进行心理教育之前,首先要作好强化安全感的咨询。

咨询师不仅会给家长介绍常见的创伤知识,而且会提供与孩子创伤经历相关的重要信息。咨询师需要帮助家长识别什么是孩子的创伤提醒。家长在掌握这些信息后可以更充分地理解孩子的创伤反应并及早干预,可以帮助孩子使用创伤认知行为疗法的技巧来中断、扭转或减轻

创伤反应。心理教育是治疗创伤提醒恐惧的第一步。

第二单元：养育技巧。在养育技巧单元，家长需要学习帮助孩子调整行为和情绪的技巧。咨询师需要提供有针对性的指导和练习，包括角色扮演。咨询师还要考虑到孩子的症状以及家长目前的知识结构和能力。创伤认知行为疗法建议家长使用计时隔离、有效表扬、积极关注、选择性关注等养育技巧。

计时隔离（time out），也就是类似于我们平时说的"面壁思过"，当孩子无法控制自己的情绪和行为时，家长需要让孩子单独待在一个安静的地方，或者一个有正面鼓励的环境中，也可以让孩子向家长叙述内心的情绪，从而让孩子平静下来。如果孩子平时与其他家庭成员有正面、积极、心情愉悦的互动，那么孩子会对计时隔离感到很不适应，并希望能够尽快回到正常的家庭氛围中。因此，对关系融洽的家庭来说，计时隔离对调整孩子的消极情绪（如发脾气）是一个非常有效的方法。

为了创造良好的家庭氛围，咨询师会帮助家长学习使用有效表扬、积极关注和选择性关注的方法。有效表扬的方法包括，家长对孩子的行为要有具体的期望，并在孩子有好行为时立刻表扬，而不是熟视无睹或打击孩子的积极性。与之相反的是低效表扬，例如一位母亲在孩子倒完垃圾几个小时后才对孩子说："谢谢你做了家务，希望你一直都能这样做。"这样的表扬存在几个问题：没有明确期望的行为是什么，没有在孩子做完家务后立刻给予表扬，表扬最后的话中有负面肯定含义。有效表扬应该是在孩子把垃圾倒掉后，母亲立刻说："我很高兴当我叫你倒垃圾时你能马上去做。非常感谢你能这样做！"

家长通常会认为，孩子的好行为是理所当然的，不需要表扬。他们关注的往往是消极的和有问题的行为。所有孩子都期望得到家长的关注和肯定，消极的关注方式往往会强化孩子的消极行为，并使孩子去做与家长的期望相反的事情。当孩子有良好行为时，家长应该立刻给予孩子积极关注和鼓励，例如拥抱、表扬，或者其他形式的积极关注。咨询师会帮助家长选择哪些行为需要较多的关注，哪些消极行为是无关紧要的，尽管这些行为令人感到不快，但它们并不会酿成大问题，例如洗澡时间较长等。通过选择性关注和鼓励，家长可以逐渐强化孩子的积极行为，弱化消极行为。

对于较严重的行为问题，咨询师会帮助家长和孩子合作制定具有针对性的方案。这些方案注重解决特殊的行为问题，例如攻击行为、睡眠障碍等。当年幼的孩子行为有进步，家长可以提供特别的奖励，例如给他们五角星，如果表现不好则需要有适当的惩罚，例如不能玩电子游戏或计时隔离。奖惩的设定可以根据具体情况而定，例如孩子在规定的时间内出现不良行为的次数超过了期望，就会得到相应的惩罚，如果在规定的时间内，出现不良行为的次数少于期望，就可以得到奖励，规定的时间通常是一天或者半天。要使这些行为调整方案获得成功，关键在于：(1)家长和孩子一起制定方案与奖惩方式；(2)在一段时间内选择一种需要强化或改正的行为，而不是同时关注和解决很多行为问题；(3)要求家长对任何进步都给予表扬，而且奖惩分明，始终如一。

第三单元：情绪调整。在经历创伤事件之后，很多孩子往往选择沉默，与人保持距离，或完全拒绝体验痛苦情绪来自我保护。在情绪调整这个单元中，咨询师需要帮助孩子放松地表达各种不同的情绪，并学习不同的技巧来管理消极情绪。这些技巧通常包括问题解决、寻求社会支持、关注当下、愤怒情绪管理、转移注意力(例如写日记、帮助他人、阅读、散步、与宠物嬉戏等)。咨询师会帮助孩子开发一套情绪调整技巧工具箱，以适应不同环境和应对不同消极情绪。很多儿童心理咨询师也许熟悉不少这类技巧，但与其他很多治疗方法不同的是，创伤认知行为疗法会鼓励孩子参与开发情绪调整技巧工具箱以应对创伤提醒。

在明确孩子喜欢的情绪调整方法后，咨询师会把这些方法教给家长，让他们也来练习，包括角色扮演，从而使他们了解如何帮助孩子有效地练习和使用这些方法。这部分的训练尤其需要家长的合作。

帮助家长对孩子有更多的宽容是情绪调整的一个重要部分，例如有时孩子说的话很难听。这对家长和咨询师来说是一种挑战，因为很多家长会把孩子的消极情绪宣泄看成无理和不尊重。还有些家长在孩子寻求帮助时缺乏容忍度，特别是在忙的时候，他们会把孩子寻求帮助视为添麻烦。为了解决这类问题,咨询师会帮助家长完成一张清单,列出孩子常见的消极情绪/行为和他们时常需要的帮助是什么。家长会发现,孩子的消极情绪通常出现在寻求帮助受到拒绝之后。如果家长能够始终如一地回应(可以是不同意孩子要求的回应)孩子,那么孩子的不良行为往往会逐渐减少。

有严重创伤经历的孩子的大脑神经系统往往也会受到一定的影响,并使他们反复出现创伤反应症状。有严重创伤经历的家长可能也会有同样的问题。放松技巧可以帮助孩子和家长在应对创伤事件相关压力时调节大脑神经系统。咨询师会为孩子提供有针对性和个性化的放松技巧,并鼓励他们定期、定时在家中练习。这些技巧包括深呼吸、瑜伽、肌肉放松等。咨询师也会根据孩子的个人兴趣和成长阶段,鼓励他们使用其他放松技巧。例如,年幼的孩子通常喜欢吹肥皂泡、跳舞、画画、唱歌,青少年可能喜欢音乐、体育运动、阅读、绘画、制作手工艺品、钩针编织等。对孩子来说,采用多种不同的放松技巧十分重要。

在孩子确定自己喜欢的放松技巧并实际练习后,咨询师会把孩子喜欢的放松技巧教给家长,并鼓励家长在孩子出现创伤反应时,引导孩子使用放松技巧让自己平静下来。家长通常会发现,很多适合孩子的放松技巧对他们自身也很有帮助,例如深呼吸和瑜伽可以舒缓他们自身的焦虑和紧张。咨询师会鼓励家长也使用这些放松技巧来调整自己的压力反应。年幼的孩子通常喜欢在家长面前展示他们学到的放松技巧,咨询师会在当天咨询结束前,让孩子在家长面前展示。

专栏 8-2

创伤认知行为疗法关于儿童青少年情绪放松的建议

1. 停止手上的事,闭上眼睛,做十次缓慢的深呼吸。
2. 想象一个属于自己的安全场所。
3. 去一个安静的房间,读一本喜欢的书。

4. 听自己喜欢的音乐。

5. 冥想或专注于使自己放松的短语。

6. 听或看自己感到有趣的东西。

7. 到室外散步。

8. 原地跳跃五分钟。

9. 打电话给朋友。

10. 与能倾听你的家长或同伴交谈。

11. 写日记。

12. 做帮助他人的事。

13. 大声唱歌。

14. 跳舞。

15. 告诉自己,事情会变得更好。

16. 洗个热水澡。

17. 做手工,例如钩针编织、木制品、涂油漆等。

18. 告诉自己五件满意的事。

19. 对自己放声说出心里的感受。

20. 向你所爱的人说出你对他们的爱。

21. 和宠物玩。

第四单元：认知调整。在这部分咨询中,治疗师帮助孩子学习认知、情感和行为之间的联系(认知行为三联模型),学习在面对日常生活压力时,用更合理或更有益的认知代替不合理或无益的认知。咨询师可以使用多种不同的技巧来帮助孩子进行认知处理,包括递进式逻辑(progressive logical)提问,即不断将问题细化深入来反思原有结论的合理性。

咨询师也会向家长介绍认知行为三联模型,并帮助家长调整认知问题。首先从识别与日常生活相关的消极认知问题开始,并帮助作出认知调整。不少家长对孩子的创伤反应可能有不合理的认知。例如,"都是我不好,我没有保护好我的孩子""我早该知道后果会这么严重""我的孩子再也不能恢复正常了"。在孩子进行创伤叙事之前或同时,咨询师需要帮助家长调整与孩子创伤有关的不合理认知问题。

2. 第二阶段:创伤叙事和整理

这个阶段只有一个单元,即创伤叙事和整理。这个单元需要家长很好地配合。

帮助孩子叙事。在咨询师的引导下,孩子会叙述个人创伤经历。创伤叙事需要逐步深化,包括创伤事件发生时的想法、情绪和生理感觉。通过创伤叙事过程,孩子可以逐渐谈论自己曾经最为恐惧的或平时不敢触碰的创伤记忆。孩子需要掌握应对创伤记忆的技巧,而不是一味回避。在创伤叙事的过程中,孩子有多次机会学习和反复练习有关如何应对创伤记忆的方法,这有助于孩子获得关于创伤经历的更完整、合理的认知,从而识别自己的错误认知和信念(如"都是我没做好")。在第一阶段学到的认知调整方法的基础上,咨询师可以帮助孩子调整与自己的创伤有关的不良适应认知。咨询师会引导孩子写一篇创伤叙事摘要,其形式可以是文章、诗或歌词。创伤叙事摘要需要通过孩子与咨询师的若干次互动来完成。文字叙述通常分为几章,包括"我是谁""创伤事件是如何开始的""死亡""回避""我有什么改变"等。有严重创伤的孩子通常需要围绕创伤事件主题来组织叙事而不是作"流水账"叙事,这些叙事同样需要详细描述特定的创伤事件。

家长的参与。在与孩子展开创伤叙事的同时,咨询师与家长的相关咨询也要同步展开。咨询师会与家长分享孩子的创伤叙事内容,这种分享有多个作用:(1)很少有家长知道孩子创伤经历的所有细节,通过分享家长可以更全面地了解孩子的创伤经历;(2)即使家长与孩子共同经历了某个创伤事件,例如孩子的母亲因意外事故突然失去了丈夫,但成人和孩子的看法一般会有很大差异;(3)创伤认知行为疗法的创伤叙事需要家长参与的主要目标是,让家长在感到不被刺激的情况下听取和理解孩子的想法,另一个目标是帮助家长识别和处理自己对创伤事件的不良适应认知,例如抱怨孩子为什么不及早告知心中的痛苦感受;(4)通过咨询师与家长分享孩子的创伤叙事,家长可以有足够的时间在情感、认知和方法上作好准备,来参与和孩子的同堂咨询。在同堂咨询中,孩子通常会直接向家长叙述自己的创伤经历和感受。

3. 第三阶段:整合和巩固

第一单元:内心感受控制。内心感受控制(in vivo mastery)是创伤认知行为疗法特有的单元。有些孩子在生活中对没有任何危害的场景或提醒有恐惧感并极力回避,当这种回避严重干扰孩子的正常生活学习功能时,就需要把它作为治疗的重点。例如,一个孩子目睹妹妹在家里突然死亡后,他不愿再去上学,他担心母亲或年幼的弟弟也会在他不在家时死亡。对于有这类症状的孩子,内心感受控制是必要的。创伤叙事以回忆创伤经历为基础,内心感受控制需要让孩子适应暴露在没有实际危害却令他们恐惧的境况中,例如帮助上例中的孩子重返校园,咨询师会让孩子在应该上课的时间里逐渐减少在家的时间。通过逐渐接触令自己恐惧的境况,孩子会意识到这并不会真的造成伤害。他们需要学习控制而不是回避。

为了更好地学习内心感受控制,咨询师要指导家长帮助孩子认识什么是真实的威胁,什么是不真实的感觉。创伤叙事是一个重要方法,但这还不够,要帮助孩子从认知上去理解他/她极力回避的威胁并不存在。

此外,还需要制定有效的内心感受控制计划,例如建立恐惧等级(也称为恐惧阶梯)表,把孩子感到最不恐惧的境况(例如人、物、环境、音乐、做某件事等)评为 1 分,把最为恐惧的境况评为 10 分(例如上例中的孩子对上学的恐惧为 10 分)。内心感受控制需要循序渐进地从学习一系列较小的情绪控制开始,从能够应对低恐惧境况逐步提高到能够应对最高恐惧境况。这个过程通常需要历时数周。比如,从孩子一直不愿去学校变为一天去一个小时,然后逐渐增加,直到孩子可以完全适应学校。

如果孩子的日常生活学习适应功能已经受到显著影响,那么咨询师通常会在创伤认知行为疗法前期的稳定症状阶段就开始训练内心感受控制技巧。

能否学会内心感受控制,家长的参与至关重要。家长需要了解内心感受控制对孩子提高适应能力的重要性,而且必须参与其中才可能使治疗有效。孩子通常不愿改变他们对某些境况感到恐惧的认知,而家长可以为孩子提供信心和安全感,并帮助孩子走过最艰难的早期练习阶段。如果家长对这种治疗有顾虑,那么咨询师需要给予解释并帮助消除顾虑。在内心感受控制训练中,咨询师会建议家长鼓励孩子使用放松和其他创伤认知行为疗法技巧,家长需要做到经常表扬,富有耐心和持之以恒。随着孩子对以前恐惧境况控制能力的增强,他们的自信心也会随之增强,原来的创伤症状便会得到缓解。如果家长不能始终如一地支持和帮助孩子,中断期的反弹会使孩子的恐惧和回避症状更加严重。如果不能得到家长的全力支持,那么咨询师不应展开内心感受控制训练。

第二单元:家长与孩子同堂咨询。在整合和巩固阶段的第二单元,咨询师会安排几次家长与孩子同堂咨询。这些咨询不仅可以使孩子与家长直接谈论创伤经历和感受,而且可以为建立适当和有效的家庭交流方式打下基础。在同堂咨询时,咨询师通常会与家长先单独咨询5—10分钟,然后与孩子单独咨询5—10分钟,最后开始家长与孩子同堂咨询(40—50分钟)。

第一次同堂咨询通常是孩子分享创伤叙事。在此之前,家长已经从咨询师那里了解了孩子的叙事内容,并在思想上作好了相应的准备。此外,孩子和家长还可以互相提出事先准备好的问题。例如,孩子可以问家长:"当我看到父亲死去时,你知道我的感觉是什么?"或者家长问孩子:"你为妹妹的死责怪我吗?"这些问题有助于家长对孩子的创伤经历有更深的感受和认知。许多家庭反馈,这部分咨询是创伤认知行为疗法最有价值的部分。

后面的家长与孩子同堂咨询的主题可以根据治疗需要来定,可以包括如何交友、如何加强家庭有效沟通等。无论选择什么主题,同堂咨询的趣味性和互动性都极为重要。在这个部分,要注意避免讲课式的咨询。多数孩子一般喜欢通过小测验或游戏与家长竞赛,在游戏中他们可以展示对创伤及其影响的认识和了解。在同堂咨询时,咨询师可能会复习以前学过的内容或早期使用过的其他治疗方法。

第三单元：增强安全感。很多孩子因创伤经历而失去安全感和对他人的信任，治疗过程中需要解决这个问题，并在此基础上使用切实可行的方法来增强孩子的安全感和重建对他人的信任，这需要家庭有良好的亲子关系和健康互动。如果孩子可能会不断暴露在新的创伤的风险中，例如在失去父亲后，家庭经济状况不断变差导致换学校，那么安全感主题应该贯穿创伤认知行为疗法的整个治疗过程。

四、创伤认知行为疗法的哀伤治疗过程

创伤认知行为疗法以创伤治疗为重点，同时包括儿童青少年的哀伤干预。创伤认知行为疗法哀伤治疗阶段共有五个单元：（1）哀伤心理教育；（2）体验哀伤和处理对已故亲人的未解心结；（3）保留对逝者的积极记忆；（4）在心中重新安置逝者并建立健康的持续性联结；（5）结束和未来。大致每个单元会有一次咨询。科恩向笔者介绍，这五个单元有时候也可以通过四次咨询完成。创伤治疗阶段已经提供了很多具体的方法，它们同样可以用到哀伤治疗中。

1. 第一单元：哀伤心理教育

接受死亡。对孩子的哀伤心理教育需要循序渐进。父母需要告诉孩子亲人死亡的真相，但要考虑孩子的年龄和理解能力，注意不要造成恐惧感。对年幼的孩子，要用他们能够理解的方式解释死亡的特征。

咨询师会为年幼的孩子提供适合他们年龄阶段的图画书或动画片，以引导他们用自己的语言或绘画来描述对死亡的理解。这个过程有三个步骤：（1）阅读、看视频或玩有助于理解死亡的游戏；（2）询问孩子对死亡的理解，包括人死了以后会发生什么；（3）写出或画出别人对亲人死亡的感觉。为生活涂颜色是一种用绘画表达的方法。通过这种方法，年幼的孩子可以更深刻地理解和谈论死亡。

认识哀伤反应。咨询师会向青少年推荐合适的书籍和网站，帮助他们调整失去亲人时容易出现的错误认知，例如不适当地责怪自己。

咨询师还会用适当的方法帮助孩子了解与自己年龄相关的哀伤反

应特征,让孩子考虑自己在失去父/母或其他亲人后的感觉及哀伤反应,并帮助他们了解自己的哀伤反应是正常的,例如哀伤会有反复,没有阶段之分,多数人最终能够适应丧亲哀伤。咨询师也会介绍创伤与哀伤症状的不同、正常哀伤与延长哀伤障碍的不同、创伤症状对孩子哀伤情绪的消极影响、创伤性哀伤提醒以及应对方式。

家长心理教育。咨询师向家长介绍孩子在失去亲人后可能会出现的情感、行为、社交、认知等方面的哀伤反应。孩子常见的认知问题通常包括:死亡是可以避免的,自我责备,年幼的孩子认为逝者依然以另外一种方式活着等。家长需要对孩子的认知问题给予引导。

家长需要充分理解孩子的哀伤反应并提供安慰。有的家长看到孩子没有表现出哀伤情绪会感到十分震惊,其实这里有很多因素要考虑,有时年幼的孩子还不能理解死亡是不可逆转的,而青少年更倾向于隐藏自己的哀伤。

咨询师要鼓励家长让孩子放心,家长会照顾好自己也会照顾好孩子。对于年幼的孩子,咨询师要注意和家长用共同的方式来解释死亡的概念。

咨询师需要考虑家长自身的哀伤反应。当他们与孩子讨论死亡和哀伤的时候,也可能会引发自己的强烈痛苦情绪,家长同样要从咨询中学习如何调整自己的情绪和感受,并为孩子树立榜样。

2. 第二单元:体验哀伤和处理对已故亲人的未解心结

体验哀伤:我失去了什么? 在前期创伤咨询中,孩子已经学习如何应对与创伤有关的认知问题,并与家长分享这些信息。在体验哀伤咨询中,咨询师会引导孩子谈论与已故亲人往昔的互动经历,以及让他们有喜有悲的回忆。这会为后面的保留对逝者的积极记忆打下基础。

咨询师首先会鼓励孩子谈论与已故亲人最怀念和珍惜的经历,然后谈论失去亲人后的感受。孩子可以用不同的方法来表达这些感受,例如绘画或写成文字等。在这部分咨询中,孩子往往会感到难过,这是哀伤过程中的正常现象。咨询师会让孩子知道,哀伤反应会像波浪一样上下起伏。咨询师帮助家长不要采用过度保护的方法,使孩子体验不到正常的哀伤,例如不给孩子祭奠亲人和表达哀伤的机会。

咨询师还会帮助孩子认识什么是预期性丧失提醒(anticipated loss reminder),也就是他们将来可能会经历的二次伤害,例如他们的已故父/母不能参加他们的毕业典礼或婚礼等。咨询师在帮助孩子学习应对预期性丧失提醒的技巧时,可以列出以下清单:(1)将来可能会引发痛苦的境况;(2)对不同境况的应对方法;(3)用积极思维和方法怀念已故亲人。

哀伤不可能通过若干次咨询就会有很大的转变,哀伤咨询的目的是帮助孩子学习如何应对哀伤之痛,同时家长也可以学习哀伤应对方法,既帮助孩子也帮助自己。

解决困惑:我还拥有什么?孩子对已故亲人往往有两种认知问题:一是将已故亲人过度完美化和理想化;二是与已故亲人生前有不愉快的心结,心理学称其为未解心结(unfinished business),例如与逝者曾经有过争执和冲突,或者说了后来感到后悔或自责的话。这些未解心结可能会使孩子感到有压力和困惑,并可能出现内疚和愤怒。咨询师要帮助孩子理解与家人有矛盾是很正常的,它与亲人死亡并没有直接关系。因此,虽然以前有心结,但现在依然可以和已故亲人在想象中对话来解决这些未解心结,例如道歉和道谢等。孩子也可以给已故亲人写信,把心里想说的话写下来。

咨询师还会使用认知行为疗法来帮助孩子用更合理的想法去替代使他们感到困惑和愧疚的想法。如果孩子责怪家长没有尽到责任,那么这需要家长和孩子一起来解决。

家长体验哀伤以及处理困惑情绪。家长同样要经历体验哀伤这个过程。家长一方面不应制止孩子去体验哀伤,另一方面要尽可能给孩子提供更多的生活支持,例如出席孩子学校的活动。

咨询师会帮助家长了解,家长和孩子对已故亲人会有不同的哀伤情感和反应。这与他们和已故亲人之间的关系不同有关。家长要帮助孩子避免过度理想化或者贬低已故亲人,但要注意,如果孩子对已故亲人持有的理想化认知并无消极影响,则不需要更多干预。如果孩子与已故亲人在过去有矛盾和心结，那么家长要帮助孩子解开未解心结。

如果家长自己有未解心结，那么咨询师可以采用好朋友角色的方式帮助家长。咨询师扮演家长，家长扮演好朋友。咨询师从家长角度表达内心的愧疚想法，然后请家长从好朋友的角度来纠正这些认知问题，这有助于家长反思自己的认知问题。

3. 第三单元：保留对逝者的积极记忆

当孩子经历了哀伤体验，并解决了先前的心结，他们就可以专注对已故亲人的积极回忆，重新体验与已故亲人共度的美好时光。咨询师会引导孩子制作纪念手册，包括绘画、照片或者视频等。咨询师应该鼓励家长帮助孩子保留对已故亲人的积极回忆。即使家长对已故亲人有某些消极想法，但依然要鼓励孩子保留积极想法和回忆。家长也可以在孩子的纪念手册中增加一些美好回忆的内容。即使孩子参加过正式葬礼，家长也应该让孩子参加不同的悼念仪式，这有助于孩子建立安全、信任和健康的持续性联结。

4. 第四单元：在心中重新安置逝者并建立健康的持续性联结

在哀伤治疗的初期，咨询师会鼓励孩子与已故亲人"对话"。随着时间的推移，孩子与已故亲人的言语"对话"要逐渐转变为回忆。孩子应该知道，这种转变并不是背叛，而是更好地在心中安置已故亲人。

重新在孩子心中安置逝者。咨询师会让孩子画两个气球，一个浮在空中，代表丧失，另一个锚在地上，象征着依然拥有的东西，例如美好回忆。咨询师要求孩子在两个气球中填入相关的单词。这个练习可以帮助孩子意识到，即使他们失去了很多东西，但是很多美好记忆以及已故亲人对他们的积极影响依然存在。

咨询师也可以指导孩子创建一个已故亲人的回忆列表，列出已故亲人的品质、特征、生活态度以及为孩子和他人作出的贡献。年幼的孩子可以用照片来保留自己的回忆。

另外，孩子还要学习如何选择最合适的人来帮助自己，从而减少角色缺失的负面影响，并能更好地处理当下的人际关系和生活。

重新定义人际关系。为了保持健康成长，孩子需要与身边的人有积极的互动。这里有三方面的工作：(1) 帮助孩子将已故亲人的积极影响融入自己的生活；(2) 增强与家长的亲密关系；(3) 帮助孩子与他人(朋友、老师)建立健康的持续性联结。家长需要经常使用表扬来鼓励孩子融入学校和同伴群体。

单亲抚养的顾虑。失去配偶的家长往往会对抚养孩子感到有很大的压力，这是因为丧偶后原生家庭的父母分工会落在一个人身上。咨询师可以提供有关法律、财务、医疗和其他社会资源的信息，并鼓励家长以增强他们的信心。

5. 第五单元：结束和未来

当咨询工作接近尾声时，咨询师需要评估治疗效果。评估工具从始至终应该是统一的。从最后一次的咨询评估中可以看到还存在什么问题，并在治疗全部结束之前，着重解决这些问题。评估结果应该与孩子和父母分享。

创伤后意义重建。在咨询的最后阶段，需要注重创伤后生活意义的重建。咨询师要帮助孩子把创伤性哀伤经历整合到他们的身份认同和今后的生活与人生观中，还要引导孩子关注有积极意义的事物，并开始新的生活。在创伤叙事和情绪处理过程中，孩子通常会接触这个问题。咨询师会让孩子想象一下，如果别的孩子经历了相似的创伤性丧亲，自己会给别的孩子提供什么建议以及推荐在治疗中学到的什么方法，并把这些想法写下来。另外，一种有效的意义重建方法就是参加一些帮助其他丧亲孩子的活动。

为治疗结束作最后准备。咨询师需要让家长和孩子在三个方面作好准备：(1) 预测，即在今后的生活中，哀伤反应可能会重新出现；(2) 计划，即计划好应对技巧，例如放松、阅读、去一个地方旅游；(3) 宽容，即允许孩子在任何时候出现和表达不同的哀伤情感。

本节结语

创伤认知行为疗法是一种比较成熟的治疗儿童青少年创伤和创伤性哀伤的治疗体系。2017 年新版的应用手册《儿童青少年创伤与创伤性哀伤治疗(第二版)》汇聚了很多新的理论和方法,使得这套体系更容易理解和使用。另外,创伤认知行为疗法在治疗对象的年龄上比较宽泛(7—17岁),它并不局限于青少年,还可以应用于年幼的儿童。它的咨询形式也比较灵活,既可以用于个体咨询,也可以用于团体咨询。因此,它是一个很值得借鉴的儿童青少年创伤性哀伤治疗体系。

第四节　家庭丧亲课程

一、家庭丧亲课程回顾

20世纪90年代,美国亚利桑那大学心理学系教授桑德勒(Irwin N. Sandler)团队开发了以理论为引导的儿童青少年(8—16岁)哀伤干预课程体系——家庭丧亲课程(Family Bereavement Program)。该课程以桑德勒20世纪90年代初开发的新起点课程(New Beginnings Program)为基础。新起点课程是专门帮助儿童青少年如何适应父母离婚的心理干预体系(Wolchik,2009),而家庭丧亲课程是专门帮助儿童青少年如何适应父/母逝世的心理干预体系,它以预防儿童青少年丧亲后可能出现的消极心理、精神和行为问题为干预目的而不是治疗延长哀伤障碍。由于家长丧亲后也可能出现严重的哀伤反应(例如失去配偶的父亲或母亲),该干预课程体系要求家长和孩子同时参加。家庭丧亲课程可以帮助丧失父/母的儿童青少年更好地适应生活变故,增强抗挫力,保持积极的信念,提升心理健康水平和学习能力。在该干预课程体系中,积极、健康的亲子关系受到极大关注,它被视为能让孩子逐渐适应丧亲经历的一个最重要的中介(mediator)因素。

与其他系统性干预体系相比,家庭丧亲课程最大的特点是以预防而不是治疗为目标。

二、家庭丧亲课程的基本概念

家庭丧亲课程注重调整与丧亲有关的积极和消极的中介因素。在哀伤研究与干预领域,中介是指从一种心理或行为状态(A)转变到另一种心理或行为状态(可能是 B 或 C 或 D 等)中间存在一个中介变量,而中介变量会直接影响状态 A 最终可能转向哪种状态。例如,以教幼儿收拾玩具为例,家长的管教方法就是一个中介因素,有人在孩子 5 岁时还帮孩子收拾玩具,有人在孩子 2 岁后要求并教会孩子自己动手收拾。受两种不同中介因素的影响,孩子会培养出两种完全不同的收拾玩具的习惯,一种是依赖,另一种是自觉主动。为了使心理干预达到最佳效果,需要明确什么是能产生积极影响或消极影响的中介因素,调整这些中介因素,可以使心理干预达到理想和积极的效果。

在家庭丧亲课程开发的前期工作中,学者们首先以大量相关学术文献为基础,设定可以帮助儿童青少年适应丧亲经历的积极的中介因素,在没有得到实证数据前,它们也曾被称为推论性中介(putative mediator)因素。家庭丧亲课程之所以需要家长和儿童青少年同时参加干预课程,是因为他们与适应丧亲经历的中介因素都有直接关系。家庭丧亲课程认为,与家长有关的主要中介因素包括:(1)训练和培养积极的养育方式(家长与孩子有良好关系和设定可行的纪律规范);(2)家长自身的情绪状态和心理健康;(3)减少儿童青少年受到消极事件的影响。与儿童青少年有关的中介因素包括:(1)孩子与家长的关系;(2)消极的自我认同和缺乏安全感;(3)自我评估(自卑和消极情绪);(4)有效的信念调整;(5)积极的应对方法(主动与有效应对);(6)适当的情感表达(Moore,2018)。

在确定合理的中介因素之后,家庭丧亲课程的开发就有了很好的基础。自家庭丧亲课程开发使用后,有一项长达 15 年的多次追踪随访研究显示,家庭丧亲课程是一个有效的儿童青少年丧亲干预体系。该研究有 156 个家庭的父母和 244 名儿童青少年参加,参加的儿童青少年都在 3—33 个月之内失去了父亲或者母亲。参加人员被分为两组,第一组(135 名儿童青少年,来自 90 个家庭)参加家庭丧亲课程,第二组是控制组(109 名儿童青少年,来自 66 个家庭),会得到一些阅读材料但不参加家庭丧亲课程。这项研究对儿童青少年的心理和行为共有五次评估:

T1. 课程开始前；T2. 课程刚结束时；T3. 课程结束 11 个月后（与第一次测试相隔 14 个月）；T4. 课程完成 6 年后；T5. 课程完成 15 年后。下面是评估结果（Ayers，Wolchik，Sandler，Twohey，Weyer，Padgett-Jones，Weiss，Cole，& Kriege，2013）。

T1. 课程开始前评估。两组成员被随机分配，并未显示明显差异。

T2. 课程刚结束时评估。参加家庭丧亲课程的孩子与没有参加家庭丧亲课程的孩子在心理健康、学校表现及行为方面没有特别明显的差别。

T3. 课程结束 11 个月后的评估。与控制组相比，参加家庭丧亲课程的家庭，亲子关系普遍有所改善。参加家庭丧亲课程对家长的心理健康也具有积极影响。参加家庭丧亲课程的孩子的心理健康、行为表现及学习成绩都明显好过于没有参加家庭丧亲课程的控制组孩子。参加家庭丧亲课程的女孩比男孩整体效果更好。

T4. 课程完成 6 年后的评估。家庭丧亲课程对家长的心理健康有长期的积极影响，他们的哀伤、抑郁症状、其他精神障碍、酗酒，以及积极应对压力的能力都比控制组更好，尤其是失去配偶的母亲学习家庭丧亲课程后适应能力更好（Sandler，Tein，Cham，Wolchik，& Ayers，2016）。参加家庭丧亲课程的家长在亲子关系与家庭和睦方面表现得比控制组家长更好。家庭丧亲课程对孩子的心理健康明显有帮助，他们的闯入性消极想法、社交回避/不安全感、持续性消极情感及整体哀伤反应都比控制组的孩子更好（Sandler，Ma，Tein，Ayers，Wolchik，Kennedy，& Millsap，2010）。学习成绩方面，参加家庭丧亲课程的年幼孩子比没有参加的年幼孩子有明显进步，但年龄偏大的青少年没有明显变化。研究人员还评估了参加家庭丧亲课程组与控制组的孩子的自杀倾向或自杀行为，研究发现有自杀倾向或有过自杀行为的孩子在家庭丧亲课程组占 6.42%，在控制组占 14.14%（Sandler，Tein，Wolchik，& Ayer，2016）。

T5. 课程完成 15 年后的评估。参加家庭丧亲课程的孩子没有人罹患抑郁症，此外其他心理评估结果也好于控制组。在作 T5 评估的前一年,控制组的孩子寻求心理医生帮助的人数比家庭丧亲课程组的孩子高出 2.7 倍,需要服用精神药物的人数高出 20 倍(Sandler,Tein,Wolchik,& Ayer,2016)。控制组家长酒精上瘾人数比参加家庭丧亲课程的家长高出 6 倍,需要专业心理援助的人数则高出 10 倍(Sandler,Gunn,Mazza,Tein,Wolchik,Kim,Ayers,& Porter,2018)。

目前,家庭丧亲课程为儿童青少年心理健康工作者提供线上和线下培训课程,并有规范的使用手册,但该手册尚没有正式出版。

三、家庭丧亲课程的结构和内容

介绍家庭丧亲课程结构和内容的文献很多。下面的介绍综合了多篇较有影响的文献(Ayers,Wolchik,Sandler,Twohey,Weyer,Padgett-Jones,Weiss,Cole,& Kriege,2013;Sandler,Gunn,Mazza,Tein,Wolchik,Kim,Ayers,& Porter,2018;Sandler,Tein,Wolchik,& Ayer,2016;Sandler,Ma,Tein,Ayers,Wolchik,Kennedy,& Millsap,2010)。

家庭丧亲课程的干预课程通常有 12 次小组课程/讨论,每次为 2 小时,其中有 4 次课程需要家长和孩子一起参加。此外,家长与组织者会有 2 次分别为 1 小时的单独会议,组织者根据每个家庭的具体情况提供量身定制的干预方案建议。每个小组有 2 名经过训练的协作者来协调合作,每组有 5—11 名参加者。组织者需要接受系统的家庭丧亲课程培训。此外,家庭丧亲课程干预需要使用亚利桑那大学编制的工作手册为指导,该手册以当代儿童青少年哀伤干预的最新理论和实践为基础。

在干预课程的开始,家长和孩子需要明确他们希望通过该课程实现的个人目标是什么,而且在整个干预课程中,他们需要不断运用学到的技能来实现这些目标。

在教授每种技能时,组织者首先要了解小组成员的经历和想法,以便在教授技能时可以与大家的经历结合起来。组织者需要通过角色扮演或视频播放讲解不同技能,然后小组成员参与角色扮演。组织者和小组成员会对他们在角色扮演中有关技能的使用作出反馈。每次课程结束后家长和孩子需要在家中练习和应用学到的新技能,并在后面的课程中介绍他们如何在家里使用这些技能。

每节课都有相同的结构模式,首先讨论在家中技能使用情况及个人目标的进展,然后教授新的技能和做课堂练习,最后布置在家中练习的详细要求。

四、家庭丧亲课程:家长课程

1. 亲子关系

亲子关系课程排在第二至第六课,孩子也会参加部分课程。家长课程从建立积极的亲子关系开始,这不仅是因为积极的亲子关系对丧亲儿童青少年是一个极其重要的保护性中介因素,而且它有很多技巧需要花时间学习。家长与孩子间的积极互动,可以使家长更有效地使用积极纪律技巧。亲子关系课程包括以下内容。

积极的家庭互动。亲人死亡会使每个家庭成员感到哀伤和痛苦,并会承受不同的压力。失去配偶的家长和失去父/母的孩子各有各的哀伤。他们也许会彼此不在对方面前触碰伤口,也许会不适当地过多宣泄痛苦,也许不能适当地控制自己的情绪。如果一个家庭不能用健康的方法适当地积极互动,大家彼此有隔阂,整个家庭就会被哀伤气氛笼罩,并出现各种不协调和消极的家庭互动。家长需要了解什么是家庭的积极互动与消极互动,以及如何促进积极互动。积极互动的核心是理解、谅解、宽容和沟通。

家庭娱乐。家庭娱乐是指家庭要有定期的、积极的以及家长和孩子都乐意参加的家庭活动,还有一对一时间(例如,家长每天拿出 15 分钟时间与孩子交流,表达关心和爱)。坚持开展这些活动可以使孩子增强家庭生活的规律感、喜乐感和安全感。

及时鼓励。家长对孩子的良好行为、想法、品德要立刻给予鼓励,而不是过一阵子再说或熟视无睹。

有效聆听。有效聆听技能包括聆听、思考和回应三个部分。课程首先训练家长使用积极语言、开放式问题和延续性谈话技能来与孩子沟通。这些沟通技能包括：(1)听孩子说话时要有开放的心态；(2)良好的肢体语言，例如看着孩子的眼睛；(3)善于提出开放式问题；(4)良好的延续性谈话技能，例如"再多说一点"。有两节课将重点放在家长的思考和回应上，也就是认真考虑孩子想要表达的想法，然后使用适当的方式来回应和更深地了解孩子的想法。有效聆听将有助于建立孩子的自尊心，并增进与孩子的情感交流。这些课程会鼓励家长彼此分享自己的经验和体会，从而增进使用这些技能的积极性。

帮助解决问题。只有聆听往往还不够，对于孩子提出的问题，家长要在孩子能够理解和需要知道的层面上尽量给予解答并提出处理建议。

聆听孩子倾诉哀伤。家长需要用适当的方法聆听孩子向自己倾诉哀伤情感和想法，包括对逝者的怀念和悲痛。孩子需要有情感共鸣的家长，而不是一个给自己的情感披上一层盔甲的家长。

回应"我"的信息。鼓励孩子用积极的方法说出自己（"我"）的想法和感受，并尽可能提供支持和帮助。

2. 家长的心理健康

家长的心理健康课程安排在第一课和第七课，包括与家长的第一次个人面谈。

设置目标。家长在第一课需要设置自己在家庭丧亲课程中要达到的目标，包括保护好自己的身心健康。

哀伤反应合理化。失去配偶的家长通常会有强烈的哀伤反应。课程会提供几方面的辅导，包括哀伤心理教育，学习丧偶事件对人生信念、情感和行为等各方面可能产生的消极影响，对仿佛是"不正常"的哀伤反应作合理化的解释，以消除心理负担。

讨论哀伤。对哀伤及延长哀伤障碍的特点和预防作更深入的阐述和讨论。

自我激励。课程也会帮助家长学习自我激励的技巧，例如设置合理的目标，鼓励自己等。

挑战消极思维。针对丧偶后常见的消极思维，课程会运用认知行为疗法来帮助丧偶家长。课程会介绍和分析丧偶后常见的不合理认知，例如"我永远不会再幸福"或"我没有能力来应对这种困境"等。非理性认知会使人看不见未来，失去希望和自身的价值感，并引发强烈的痛苦。调整这些认知，可以使家长重新获得希望和控制感。课程会注重三个方面的内容：(1)了解哀伤反应的普遍性；(2)分辨丧偶以及与哀伤反应相关的认知和信念问题；(3)使用积极或理性的认知来替代消极或非理性的认知。

如果在课程中发现丧偶家长持有极端的消极认知和强烈的哀伤情绪，以至于很难正常参加课程和帮助他们的孩子，甚至影响了小组课程和整体活动，这时需要及时将他们转介给其他专业人员。

3. 保持纪律

关于家庭纪律的课程安排在第八课、第九课、第十课。对许多家长来说，管教丧失父/母的孩子是艰难的。家长在丧失配偶后本身会有强烈的哀伤反应，还要面对很多新的生活压力，因此他们很难有足够的精力去管教孩子。另外，有的家长担心孩子会有太大压力，觉得不该给孩子太多管教。儿童心理学早已揭示，经历巨大的消极生活变故，尤其是丧亲，孩子特别需要稳定和有序的生活，尽可能保持家庭原有的纪律有助于加强孩子的安全感和生活结构感，并减少对未来生活不稳定性的焦虑感，因此保持稳定、一致、合理的家庭纪律对孩子会有很大帮助。

保持纪律的基本概念。建立良好的纪律要强调三个"C"，即清晰(clear)、冷静(calm)、一致性(consistency)。家长需要对孩子有清晰、可行的期望，并明确地告诉孩子。家长需要冷静地处理孩子的不当行为，包括事先说明作出不当行为将要承担的后果。有效的家庭纪律需要家长保持一致性。当然，在必要情况下也需要对纪律要求作调整，以保证纪律要求的合理性和可行性。

识别消极行为。家长需要较快识别孩子的不当行为，例如不做作业、发脾气。这里要注意，在丧失父/母初期，孩子因哀伤不能集中注意力，出现学习问题是常见的。适当的宽容也是需要的。

给不当行为设置合理后果。这需要合理平衡，不当行为的后果要合情、合理、可行，而不只是批评和惩罚，还要向孩子明确解释为什么这是必要的,并确认孩子能够理解。

评估和修改计划。课程会帮助家长通过四个步骤来评估和修改有关调整孩子行为的计划:(1)回顾孩子在过去一周内的不当行为,家长与组织者一起考虑或调整修改计划以保证其可行性,这里要考虑合理的奖惩;(2)与孩子有清晰和平静的沟通;(3)在新计划实施后,组织者和家长要继续评估计划是否有效;(4)需要时再进行修改。

逐渐提高要求。家长要运用课程中学到的三个"C"去改变孩子的不当行为,对孩子要求的提高需要循序渐进,同时一定要注意以鼓励为主。

愤怒情绪的管理技巧。家长的自我情绪管理不仅是亲子关系中的重要部分,而且在保持家庭纪律方面特别重要。课程会训练家长使用不同的技巧来更有效地管理好自己的愤怒情绪。

4. 应对消极经历

第十一课帮助孩子应对消极经历。丧亲本身是一种很沉重的消极经历,但随之而来还会有新的二级压力(二次伤害)和新的消极经历。家长要帮助孩子学习应对方法,并减少孩子的压力。

帮助孩子应对压力。家长要复习在课程中学到的帮助孩子应对压力的方法,例如聆听技巧,同时学习新的方法。

支持和鼓励孩子积极应对困难。学习如何鼓励孩子自己去寻找解决问题的办法。通过自己寻求解决问题的办法,孩子的自信心和对生活的控制感会增强。

减少孩子受消极事件的消极影响。家长还需要学习减少把孩子不必要地暴露在消极压力中。家长更需要用合适的方法向孩子作出明确的承诺,例如:"我们的家庭能够走过这段艰难的日子。"课程还会帮助家长去寻找适合自己的成人聆听者,可以向别人谈论自己的痛苦和压力,而不是把压力自己一个人承担起来或不适当地分担给孩子。

五、家庭丧亲课程:儿童青少年课程

儿童(8—12 岁)和青少年(12—16 岁)根据年龄可以分在不同的小组。他们课程的主题基本相同,但语言和形式需要考虑两个年龄段的孩子的理解能力会有所不同,从而可以使课程对不同年龄的孩子都有吸引力。

1. 与家长的良好关系

孩子与家长的良好关系的课程安排在第二课、第六课、第九课。在建立良好的家庭亲子关系中,孩子通常扮演补充角色,而家长则扮演主导角色。家长要教育孩子使用礼貌和积极的方式进行交流与沟通,而孩子也要学习使用积极的方式与家长沟通。

告诉家长自己的感受。课程会训练孩子的沟通技巧,当他们分享自己的经历和感受时,需要与他们父/母学到的聆听技巧相互对应起来。此外,孩子还要学习使用不同方式,包括肢体语言来表示感谢,这对于增强家庭关系十分重要。

与家长一起讨论家庭娱乐计划。课程会训练孩子思考和使用创造性的方法来与家人交流。为了保证家庭娱乐活动能够实施,课程会教孩子一些不同的家庭娱乐活动方式和内容,以及如何处理不协调的问题。课程会要求各个家庭根据课程内容来选择一些适合自家的活动。家庭成员需要一起考虑不同的活动,然后把共同喜欢的活动写在卡片上并放在盒子里,每个星期从盒子里取出一张卡片,并将活动付诸实施。

与家长同课时,用纪念品与家长一起分享往昔回忆。在适应性情绪表达训练中,会特别设计一个孩子与家长互动的课堂活动。在这个活动中,孩子需要带一件会让自己回想起已故父/母的遗物到小组来,并向小组展示和解释为什么选择它。在展示该遗物前,孩子需要暂时对家长保密。家长需要运用他们学到的聆听技巧来理解该遗物对孩子的意义以及孩子在谈论它时的感受,并作出回应。

给家长鼓励。感恩和感谢是对家长最好的鼓励。

积极的沟通技巧。孩子还要学习良好沟通的三个要点:(1)选择合适的时间和谈话对象;(2)明确谈话目的;(3)使用"'我'的信息"表达方法来沟通并达到沟通目的。

"'你'的信息"与"'我'的信息"。孩子要学习不去使用指责性的"'你'的信息"语言,并学习使用温和的"'我'的信息"语言。例如,"你为什么对我这么凶"可以表述为"你的话让我感到很不舒服"。使用"'我'的信息"语言来表达想法通常包含两方面内容：（1）我希望解决问题以及我对解决问题的建议；（2）我想分享自己的感受。在共同的课程中，用"'我'的信息"语言与家长沟通。

2. 消极的自我认知与风险评估

在第三课、第四课、第五课中，孩子将学习识别和评估消极的自我认知与风险。为了增强自信心，组织者会通过小组活动让每个孩子都能参与其中。此外，还要鼓励孩子把在课程中学到的技能应用到生活中。在课程中，孩子会学习使用积极和安全的方法来评估生活中的压力，从而提高他们的适应能力和应对能力。这部分课程会向孩子教授不同的减压技巧，尤为重视调整非理性认知问题。课程会训练孩子了解压力事件、认知和情感之间的关系，识别哪些思维方法是消极的。家庭丧亲课程认为，在丧亲儿童青少年中最常见的消极思维就是，认为眼下的困境是无法改变的。例如，"我再也不会感到快乐"，或者"我的妈妈永远都会悲伤"。这类固定化和夸张性的消极思维对心理健康会有很大的消极影响。课程要帮助他们着眼于未来，相信困境会得到改善，学习如何在面对困境时保持积极的态度和情绪。

分辨希望思维与消极思维。孩子需要学习分辨什么是希望思维以及什么是消极思维。希望思维是在压力面前抱着希望和信心去应对。消极思维通常是自我贬低。拥有消极思维的孩子往往会把压力或挫折转变为自我责备。

提高对希望思维和消极思维的敏感性。在能够分辨什么是希望思维以及什么是消极思维之后，还要提高敏感性，当消极思维出现时能很快有所意识。在遇到困难和挫折时，自己要有意识地提醒自己想一下，现在的思维是属于希望思维还是消极思维。

自我贬低与自我激励。自我贬低往往会低估自己，认为自己不配得到关心，觉得自己很无能、无趣，也不可能成功。自我激励则是自己给自己激励，在困境或挫折面前积极想办法，相信自己，相信未来，保持希望，帮助他人。

对消极事件的消极和积极思维。每个人都会遇到厄运,当厄运来到时,学习用积极的方法去面对和思考它,而不是一味陷入焦虑之中。积极思维是一种正面思考问题的方法。

变消极思维为希望思维。希望思维是促进应对困境的积极思维方法。它让人关注对未来的希望,并帮助克服对自己的消极评价及增加对自己的积极评价。

3. 适应性控制信念

适应性控制信念学习安排在第七课。失去父/母的孩子已经经历并会继续经历许多超出他们控制能力的困境,丧失控制感容易使人焦虑和消极,这是家庭丧亲课程需要帮助调整的问题。

可控事件与不可控事件。首先要帮助孩子分辨什么是自己可以控制的,什么超出自己的控制范围。对于不能控制的事情,不用埋怨自己没做好或不努力。

属于孩子能解决的问题。组织者帮助孩子区分属于他们的责任与工作,避免承担超出他们能力的责任和工作,从而减少消极的自我评价。孩子会学习如何判断不同问题和选择不同的应对策略,例如治疗家长的抑郁症超出孩子能力所能控制的范围,因此不是他们该承担的责任。孩子会在课程中学习表达他们对家长的关爱和关心,例如拥抱家长,或者直接告诉家长他们的爱。青少年需要意识到,家长需要关注解决自身的孤独和抑郁问题。这部分课程有一个特殊的课堂活动。组织者让一名小组成员背上一个背包,包里放着不同重量的物件,每个物件都贴有一张常见问题的卡片,例如成绩下滑、和兄弟吵架、父母的悲痛、家庭经济压力、同伴的取笑等。沉重物件是超出孩子控制能力的问题。组织者会询问孩子,如果整天把每个物件都背在身上会有什么感觉。然后,组织者把背包里的每个贴有问题卡片的物件取出来,让大家一起来讨论,哪些问题超出孩子的能力和责任,哪些没有。凡是属于孩子的责任的物件会重新放回背包,但不属于孩子的责任的物件将不被放回背包。经过筛选,背包的重量会明显减轻。组织者会告诉孩子,他们不该把不属于自己的责任和工作压在自己的身上。他们要做的就是自己能够控制并做好的事情。

4. 处理问题

处理问题训练穿插在第五课、第七课、第八课中，重点学习积极应对和主动应对。

积极应对。（1）学习希望思维的合理性。希望思维包含积极的动因思维（agency thinking），即要让自己建立动因来积极思维，希望思维也包含路径思维（pathway thinking），即思考能达到目标的途径与方法。积极应对要以希望思维为基础。希望不仅给人良好的感觉，而且是一个动态的认知过程，需要通过适当的途径去实现它。希望思维的合理性在于，它给予人积极的认知、解决问题的态度与方法。（2）采用希望思维来解决问题。组织者通过多次课堂训练和家庭作业来巩固使用希望思维去主动应对实际问题。

主动应对。（1）重新梳理不属于孩子的责任和工作。孩子要知道哪些是他们有能力和应该承担的责任和工作。例如，学习和做作业，这显然是孩子该做的事，他们应该主要靠自己来解决。（2）用正确方法做好孩子应该做的事。凡是孩子该做的事，要努力做好它。在必要时也可以寻求家人和朋友的帮助。（3）积极目标与消极目标。"做好自己的事"要有明确和积极的目标。积极的目标不是不切实际的目标，而是可行的目标。消极目标则是指对自己没有什么要求。（4）头脑风暴。在采用希望思维解决问题时，需要学习头脑风暴方法，它有助于集思广益，找到最佳方案。（5）使用学到的方法来解决问题。鼓励孩子把在课程中学到的技巧应用于自己面对的问题。

5. 有效应对

有效应对训练穿插在第一课、第十课、第十一课、第十二课中。

课程目标与个人目标。第一课会介绍家庭丧亲课程目标，同时每个孩子要设立自己的目标，例如可以与家长更好地交流。

不断强化和重审个人目标并作出必要改变。在课程后期的每一课，孩子要不断评估自己实现目标的进展状况，以强化所学到的技巧及应用动力。根据评估结果，对目标作出必要改变。组织者需要引导孩子使用计划技能来实现这一目标,并要定期审查实现目标的进度。组织者和小组成员互相支持并鼓励已经取得的进展。

加强技能的有效运用。孩子将学习解决问题的四步骤法。(1)暂停,例如:"我感到了什么?"(2)思考,即审视外部发生了什么,内心是否有消极思维。(3)头脑风暴,即思考解决问题的不同方法。(4)选择,例如:"我的想法合理吗?""我希望看到什么结果?"四步骤法可用于有效应对不同问题,例如:"这是不是我的责任和工作?""我想要的是什么?""我能做好这件事吗?""我这样做的结果是什么?""我是否该这样做?"等等。

不动脑子的蒂奥。在学习解决问题时,家庭丧亲课程会使用一个木偶,名叫"不动脑子的蒂奥",他的"弟弟"总会向他提出他回答不了的问题。小组成员在彼此合作和轮流发言过程中学习解决问题的方法,包括如何设置积极的目标,运用头脑风暴作希望思维,最后提出积极的行动方案来解决问题。在青少年组,根据课程提供的剧本作场景和角色扮演,包括不动脑子的蒂奥。蒂奥一方面有自己想做的事,另一方面还要照顾弟弟。这个情景剧会有若干次的暂停,来讨论解决问题的步骤。然后,小组成员分成两组,一组设计有角色和场景的问题,另一组使用在课程中学到的四步骤法来解决这些问题。

有效的方法。家庭丧亲课程侧重从两个方面提高应对效能:(1)确定需要实现的目标;(2)让孩子自己开发完成计划的技能。如前所述,在课程的第一部分,孩子设置了要在家庭丧亲课程中实现的计划目标,例如与家长分享自己的感受。此外,孩子还需要开发他们认为最有效的技能并与他人分享。组织者会引导他们用创造性的方法(例如诗歌、歌曲、木偶戏)来分享这些技能。孩子的分享过程会被录制下来,在家长同意的情况下分享给其他孩子。此外,也可以设计一个虚拟的电视节目"应景TV",让孩子来扮演如何应对问题的专家角色,回答丧亲孩子经常会遇到的问题。

6. 适应性情绪表达

适应性情绪表达训练穿插在每一课中。每一课会有 15 分钟的时间让孩子谈论与哀伤有关的情绪问题。

谈论丧亲。适应性情绪表达,首先要能用适当和安全的方法表述自己的丧亲感受以及如何应对不同哀伤反应,例如愤怒、悲伤、愧疚。有共同经历的孩子在小组里公开分享他们的经历通常不会有压力。在讨论中,孩子可以得到组织者的帮助,形成对哀伤反应合理化的认识。小组成员也会互相支持,不会感到自己是异类。此外,大家也可以学习应对哀伤的技巧。组织者需要协调这类讨论,使每个孩子都有机会分享自己的经历。组织者要注意帮助孩子在分享时控制情绪。在小组讨论中,组织者既要关注有共性的哀伤反应,也要注意个性化的哀伤反应。

"'我'的信息"分享。在整个训练课程中,组织者会鼓励孩子用他们学到的交流技巧在家中与家长分享自己的情绪和感受,例如用"'我'的信息"方法来表达自己的感受。

本节结语

在儿童青少年哀伤干预效果的实证数据方面,家庭丧亲课程迄今为止有着最长时间的数据支持,而且它的效果极为显著。家庭丧亲课程采用团体干预和以预防为目标的方法。考虑到我国目前的情况,家庭丧亲课程显然是一个值得关注和借鉴的儿童青少年哀伤干预方法。

第九章　父母离婚与孩子的
象征性哀伤

父母离婚意味着原有家庭结构解体,对孩子来说,虽然它与亲人死亡经历不同,但它依然是一个重大的丧失。美国哀伤学者称其为象征性丧失,它会引发象征性哀伤,严重时可能引发适应障碍(Walsh,2012)。

近三十年来,我国离婚家庭的数量呈逐年上升的趋势,从 1985 年的 45.8 万对上升到 2014 年的 363.7 万对,离婚率从 0.44% 上升到 2.70%,提高到了 5 倍之多(邓林园,赵鑫钰,方晓义,2016)。随着离婚率的上升,生活在离异家庭的儿童青少年的人数也在急剧增加。据中国妇联的统计,约 67% 的离异家庭都会对孩子有明显影响(林洵怡,桑标,2008)。如何帮助孩子应对父母离婚并保持健康的成长,已经受到越来越多的关注。

第一节　父母离婚对孩子的影响

关于父母离婚对儿童青少年影响的研究在国外开展得比较早。早期研究基本上支持离婚严重影响论(Amato & Keith,1991),即父母离婚对儿童青少年成长会造成持久且严重的负面影响。从 20 世纪 90 年代初开始,很多学者转向离婚有限影响论,即虽然父母离婚会给孩子带来消极影响,但影响具有时限性,"大部分孩子最终不会受到负面影响"(Mooney,Oliver,& Smith,2009)。不过,我们还是要面对一个事实,那就是离异家庭的孩子比正常家庭的孩子出现心理健康问题的风险显著更高。国外学者对此作过两项元分析,研究结果显示,离异家庭的孩子在学习成绩、行为、心理适应、自我认同和社会关系等方面的平均得分与未离异家庭的孩子相比显著偏低(Anderson,2014)。美国政府发布的全国抽样调查数据(2001—2007年)的分析也从很多方面证实这个事实(Debra,2010)。因此,不能因为离婚有限影响论而忽视父母离婚对子女的负面影响。下面以当代文献为基础,归纳了离异家庭的孩子可能会出现的问题。

一、国外学者的研究

1. 与父母关系问题

父母离婚后双方压力和情绪波动可能都会很大,对孩子不够有耐心且关心时间减少,这会使孩子感到自己不再像以前那样继续受到关爱。研究人员发现,许多孩子在父母离婚后与父母的亲近感会有所降低(Anderson,2014)。大多数孩子与监护父/母在一起的时间更多,与非监护父/母在一起的时间会少很多。美国的一项研究显示,父母离婚后,约六分之一与单身母亲一起生活的孩子每周可以见到父亲一次(Fagan & Churchill,2012)。父母离婚也会影响孩子与监护父/母(通常是母亲)的关系,因为单亲家长抚养孩子通常会有更大的压力(Rodriguez-JenKings & Marcenko,2014)。有研究显示,单亲家长与孩子的关系往往不如完整家庭的家长与孩子的关系好(Long & Forehand,2002,p. 27)。

2. 生活变化压力问题

对有些孩子来说,父母离婚并不是最痛苦的经历,更大的压力来自父母离婚之后,例如经济拮据。根据美国儿科学会的统计,2000年单亲母亲家庭的平均收入只有完整家庭的 47%(American Academy of Pediatrics,2003)。由于经济压力,许多离异家庭不得不搬到更小的房屋或较差的区域和更换学校,孩子可能会失去朋友以及熟悉的学校与生活环境。与单亲父/母住在一起生活,往往也会感到乏味。

此外，很多家庭结构将面临重组。根据皮尤研究中心（Pew Research Center）的统计，2013 年美国约 40％的新婚中，一位有过婚史的配偶占 50％，配偶双方都有过婚史的也占 50％（Geiger & Livingston, 2019）。统计还显示，第二次婚姻的失败率往往高于第一次婚姻。这意味着，离异家庭的孩子要去经历不断变化的家庭结构，包括适应如何处理与继父/母及他们孩子的关系。

3. 心理健康问题

有研究显示，父母离婚会增加儿童青少年心理健康的风险。这种风险是普遍的，并不受年龄、性别和文化背景差异的影响。多数孩子在父母离婚后会出现适应障碍症状，虽然这些症状通常可以在几个月内得到缓解，但从长期角度来看，离异家庭的孩子患抑郁症和焦虑症的概率更高（Strohschein, 2005；D'Onofrio & Emery, 2019）。孩子的安全感可能会下降（Amato & Afifi, 2006）。孩子的社交和心理发展可能减缓，例如在处理矛盾和冲突时，离异家庭的大学生对同伴使用激烈的语言或肢体攻击的可能性更高（Billingham & Notebaert, 1993）。离异家庭的子女在自我身份认同和社会关系方面的得分偏低（Amato, 2001）。

4. 行为问题

父母离婚的青少年更有可能出现危险行为。父母离婚的孩子往往会较早开始有性经历（Jónsson, Njardvik, Olafsdottir, & Gretarssson, 2000）。美国学者 2010 年的一项研究显示，父母在孩子 5 岁或以下时离婚，孩子在 16 岁之前有性行为的风险特别高（Donahue, D'Onofrio, Bates, Lansford, Dodge, & Pettit, 2010）。还有研究显示，与父亲分离的青春期孩子往往会有更多的性伴侣（Ryan, 2015）。

5. 对婚姻和爱情的态度问题

离异家庭的女孩成年后，对恋爱关系的信任度和满意度偏低（Jacquet & Surra, 2001）。离异家庭的孩子成年后往往较难将婚姻视为一种终身承诺（Weigel, 2007）。此外，离异家庭的孩子较早同居的可能性要比非离异家庭的孩子高 2—3 倍（Anderson, 2014）。有研究显示，部分离异家庭的孩子成家后家庭关系也相对松散（Jónsson, Njardvik,

Olafsdottir, & Gretarssson, 2000）。在儿童时期经历过父母离婚的成年人可能会有更多的人际关系困难。孩子在 16 岁前经历过父母离婚，他们在成年后的离婚率要高于完整家庭的孩子（Grych & Fincham，1997）。

6. 学习问题

美国有项研究表明，父母离婚/分居会增加儿童青少年的学习困难，使他们学校表现较差或成绩较差甚至辍学（Dohoon & McLanahan，2015）。2019 年，有一项对 11 个发达国家和地区的研究显示，如果父母离婚对孩子是突发事件，即孩子没有任何心理准备，那么这些家庭的孩子往往在学业上会受到明显的负面影响。如果孩子对父母离婚已有预期，那么学业一般不会突然受到很大影响（Brand，Moore，Song，& Xie，2019）。有研究显示，生活在父母双全家庭的孩子的学习成绩往往更好（Jeynes，2003）。

7. 心理与生理健康问题

瑞典有一项对近一百万名儿童青少年的研究表明，单亲家庭成长的孩子罹患严重精神疾病，自杀或有自杀倾向或者酗酒的可能性是正常家庭孩子的 2 倍（Brown，Cohen，Johnson，& Salzinger，1998）。单亲家庭的孩子出现情绪和行为问题的可能性是正常家庭孩子的 2 倍（Ringsback-Weitoft，Hjem，Haglund，& Rosen，2003）。完整家庭的孩子比离异家庭的孩子更不容易出现学习障碍或注意缺陷多动障碍（Debra，2010）。英国 2000 年、2004 年和 2005 年完成的对 13 234 个家庭的三次全国性调查显示，将离异家庭与非离异家庭的 5 岁孩子相对比，前者的心理问题要多于后者，而且认知能力水平要低于后者。显然，离异对年幼孩子的心理与认知发展的负面影响是存在的（Garriga & Pennoni，2022）。

美国疾病控制与预防中心（Centers for Disease Control and Prevention，CDC）的一项全国调查显示，在 2012 年，完整家庭的孩子罹患疾病的概率为 12%，单亲家庭的孩子为 22%（CDC/NCHS，2013）。2001—2007 年，美国国家统计局的调查显示，单亲家庭的孩子的健康状况整体低于父母双全家庭的孩子,看急诊的频率也高于完整家庭的孩子(Debra,2010)。

8. 管教方法问题

单亲母亲对孩子的管教效率通常较低(Wallerstein,Lewis,& Rosenthal,2013)。

二、我国学者的研究

我国在这方面的研究相对来说起步较晚,但从我国学者现有的文献中可以看到,国外的研究结果与我国的研究结果总体上具有很大相似性,尤其是离异家庭对儿童青少年的身心健康和发展的影响(秦金环,阴国恩,王雁,1990;吴靖,陈金赞,叶忠根,王治玉,1990;林崇德,1992;陈晓美,罗红格,牛春娟,李丽娜,朱小茜,李建明,2011;王娟,2012;商智娟,2017)。

我国学者的研究显示,离异家庭的孩子比非离异家庭的孩子更容易出现消极的心理状态,例如性格孤僻、不愿与人交流、成绩不稳定、意志薄弱、忌妒心强、富有攻击性、抑郁、自卑情绪严重等(王娟,2012)。

有一项对一所中学初一至高三1510名在校学生的研究显示:离异家庭的学生在学习成绩、情感体验、行为倾向等方面显著落后于非离异家庭的学生;从父母离婚时矛盾的不同激化程度来看,离婚时父母矛盾越激烈,其子女的学习态度越趋向于消极;从父母离婚后彼此的关系来看,父母离婚后相处越平和,交往越密切,其子女的学习态度越积极;从离异单亲家庭与离异再婚家庭来看,单亲家庭的学生学习态度明显比再婚家庭的学生要积极;从学习态度来看,父母离婚对成绩处于较高水平以下的中学生产生的不良影响十分显著,对成绩处于较高水平的中学生则没有显著影响。该研究显示,父母离婚对中学生的学习态度具有明显的负面影响(龚君,2012)。

三、父母离婚与象征性丧失

美国哀伤学者兰道(Therese Rando)早在20世纪80年代提出,象征性丧失(symbolic loss)(例如婚姻破裂)同样会引发象征性哀伤(Rando，1984)。她认为，象征性哀伤(symbolic grief)通常会被忽视，哀伤者往往也不会意识到自己的哀伤同样需要时间和适当的方式去应对。

美国哀伤学者沃尔什(Katherine Walsh)称亲友死亡为实际丧失(actual loss)，称非死亡性丧失为象征性丧失，例如父母离婚、伤残等。她在美国哀伤咨询师教科书中指出："死亡和象征性丧失都会引发愤怒、悲伤、愧疚和思念等常见的哀伤反应，但两者有一个显著的不同点，因为象征性丧失通常不为人所知，所以这类哀伤者不会得到与丧亲者同等的支持。"(Walsh，2006，p. 10)

《国际疾病分类(第11版)》和《精神障碍诊断与统计手册(第5版)》把象征性丧失引发的精神障碍归类为适应障碍，而不是延长哀伤障碍，后者只适用于亲友死亡引发的精神障碍。

有一项颇具影响的研究显示，根据儿童生活事件量表对儿童青少年经历不同生活事件的负面反应评估(评分越高，负面影响越大)，可以看到父母离婚对孩子具有极大的负面影响。这里列出该研究对排名前5的事件的评分：父母死亡(91)；父母离婚(84)；与父母分居(78)；身体残疾(69)；兄弟姐妹死亡(68)(Monaghan，Robinson，& Dodge，1979)。因此，应该高度重视父母离婚这类象征性丧失可能会使孩子出现严重的负面反应(如象征性哀伤)，以避免引发适应障碍这类精神障碍，并对孩子的成长产生长远的负面影响。

四、父母离婚不一定是最糟糕的选择

虽然父母离婚毫无疑问会对孩子产生负面影响，但有时候父母离婚对孩子来说不一定是一种最糟糕的选择。有研究显示，夫妻关系恶劣，充满争吵、怨气、叫骂或者暴力的家庭，父母离婚对孩子的心理健康和长期成长是有益的(Amato，2010)。不过，父母间的激烈冲突与公开的敌对情绪(例如大叫和互相威胁)会使孩子极为痛苦，并会引发行为问题(Anderson，2014)。

如果夫妻无法处理好彼此的关系，无论是因为性格不合，还是因为管教孩子理念不合或出现外遇,寻求婚姻咨询往往会有帮助。如果家庭的紧张气氛实在无法缓和,分居一段时间冷静一下也是一种选择。因关系不和的长期分居对孩子会有较大的负面影响。有一项大样本研究显示,对 5 岁的孩子来说,如果父母关系不和并分居,孩子的心理健康和认知能力比父母已经离婚的孩子更差,与稳定家庭的孩子相比差距就更大了(Garriga & Pennoni,2022)。因此,不要错误地认为,用长期分居来维系失败和无可挽回的婚姻对孩子是有益的。当然,把短期分居作为一种冷静和缓冲情绪冲突的尝试也未尝不可,但不适合把它作为婚姻形式的一种常态。

沃登研究比较了父/母死亡与父母离婚对孩子的影响,并提出以下观点:(1) 相对于父/母死亡,父母离婚使男孩子表现出更多的问题;(2) 相对于父/母死亡,父母离婚更容易使孩子产生自我责备;(3) 相对于父/母死亡,父母离婚更容易给孩子造成学习障碍;(4) 父/母死亡或者父母离婚对青少年来说会有同样的负面影响;(5) 父/母死亡或者父母离婚在亲子关系方面往往会有同样的负面影响(Worden,1996,p. 136)。

第二节　帮助离异家庭孩子

在父母离婚初期,孩子会出现不同的不良适应反应,但大多数孩子最后还是可以适应这种丧失。例如,有些孩子学习成绩一开始会下降,但几个月后依然可以回到原来的水平。这在很大程度上取决于离异父母采用什么方法来减少离婚对孩子的负面影响。支持性的养育方法可以有效地帮助孩子走出父母离婚带来的负面影响(Kleinsorge & Covitz,2012;Amato,2010)。

一、如何与孩子谈离婚

即将离婚的父母可能面临的最大挑战之一就是,如何告诉孩子离婚的决定。根据美国学者研究,20 世纪 15%—33% 的美国离婚父母不会和孩子作离婚谈话,如果要谈话,离正式分手日期平均为 13 天,研究还显示谈话拖得越晚,孩子的负面反应越强烈(Westberg,2000)。另有研究显示,表面上关系和谐的夫妻突然毫无预兆地离婚,这对孩子的打击及长期影响更为严重。不与孩子作离婚谈话的状况目前在国外已经有了较大改变,婚姻咨询师会向家长建议,把与孩子作离婚谈话作为减少伤害的一种重要工作。但如何告诉孩子离婚决定,在很大程度上取决于孩子的年龄以及父母对孩子个性的了解。虽然年幼的孩子可能还无法理解父母离婚的意义,但会感到极为痛苦,而且通常会觉得父母离婚是他们的错。青少年也许会隐藏他们对这种重大丧失的象征性哀伤反应,也可能表现出强烈的情绪,例如愤怒。然而,无论孩子处在什么年龄段,用适当和智慧的方法来与孩子谈论离婚有助于减少离婚对孩子的负面影响。以下提示将会对此有一定的帮助。

1. 制定谈话计划

当离婚已经成为不可能改变的结果,最好在分离前的 2—3 周告诉孩子。父母最好一起(不是分别)把将要发生的变化告诉孩子,以此表达父母对孩子的关爱是一致的(Long & Forehand,2002)。为了减少对孩子的伤害,父母需要一起制定一个与孩子谈话的计划。如果双方很难达成共识,请寻求婚姻咨询师的帮助。谈话时间一般可以选在周末,不要选在节假日或周日或临睡觉前。

2. 联系老师

在告诉孩子的前一天,请联系老师,让老师作好准备,孩子可能表现出不同于以往的反应。请求老师保持关注,并与老师保持联系。

3. 适当的语言和解释

当父母与孩子交谈并解释离婚决定时,尽可能使用"我们",而不是"他"或"她"。下列六方面非常重要的信息要反复向孩子说明,并在接下来的几个月一再重申。

第一,父母并不希望这样的事情发生,而且也作过很长时间的努力,但没有成功。信息应该清晰而简单。

第二,这是父母的决定,孩子没有错,与孩子的行为也没有关系。要帮助孩子知道离婚不是孩子的"表现好"可以控制的。

第三,无论配偶双方彼此间有何看法,谈话要避免涉及谁的"过失"或互相责怪。"真相"远远不如向未成年的孩子提供他们迫切需要的支持和保证那么重要。另一方也许伤害了婚姻,但要考虑到对方同时也是孩子的父/母,孩子的成长需要爱。应该让孩子可以自由地继续爱离婚的父/母,而不要认为这是孩子对自己的背叛或不忠。这对许多离婚父/母来说可能是十分艰难的挑战。如果想保护孩子,并让孩子不会承受过多的痛苦或太大的负面影响,这是至关重要的。对于已经知道或很快就会知道事实的孩子,请坦率地告诉孩子,例如对方已有了新爱并将搬走,但最好让对方自己来解释。这比让孩子从别人那里听到要好得多。

第四,孩子对父母离婚往往会有不同的痛苦反应,包括悲痛、愤怒、焦虑、麻木等,这都是正常的。让孩子知道他们可以向父母表达自己的感受,父母会尽力帮助孩子。父母也可以与孩子分享自己的情绪,但不要情绪失控或指责配偶。

第五,要一再向孩子说明,离婚后父母将生活在两个屋檐下,但父母永远是孩子的父母,并会一如既往地爱孩子。

第六,不要给孩子误导或幻想,例如父母还是"相爱"的,或者分开只是暂时的。

4. 告知未来的计划

孩子最想知道的是,离婚对他们的生活会有什么影响,例如是否会搬家、换学校等。请告诉孩子已经明确的计划,例如孩子会与谁一起生活,离开家的一方将住在哪里以及何时可以见面等。第一次谈话只需要提供孩子最关心的信息,谈话需要分几次进行,不是特别重要的细节可以通过以后的谈话告诉孩子。

5. 回答问题

有些孩子可能会问很多问题,父母需要尽可能给予回答,有些孩子可能什么也不问,父母需要与他们主动交流,这可以减少孩子的焦虑感。

6. 情绪控制

如果在谈话中有一方哭了或情绪失控,或说出令孩子不安的话,另一方应该尽量补救,并控制住自己的情绪,要让孩子感到这个世界还是安全的。可以告诉孩子,大家都很艰难,让我们暂时放一下,稍后再说。

7. 给孩子承诺

要让孩子知道大家最终都会适应这个变化,父母也会一起帮助孩子渡过这个难关。要让孩子知道父母理解他们的感受,同时知道即使最痛苦的感受也会随着时间的流逝而缓解,这有利于孩子建立自信,并对父母保持开放的态度。

8. 礼待原配偶

离婚父母要尽最大的努力礼貌对待原配偶。孩子希望看到正常的父母。

二、父母离婚后对孩子的保护

父母离婚对孩子造成的伤害在很大程度上可以通过离婚父母的合作和共同努力达到极小化。离婚父母对孩子的共同抚养不仅仅是投入多少时间和金钱的问题,它要求双方共同把孩子的利益置于最高,必要的时候互相帮助和沟通。

1. 不要让孩子反对另一方

直接或间接地鼓励孩子去仇恨另一方会对孩子造成最大伤害。在很多国家有明确法律规定,离异一方有意识地破坏孩子与另一方的关系是违法的(Leach,2015,p. 117)。下面是需要注意的事项:(1)不要贬低另一方,即不要在孩子面前经常有意或无意贬低和责骂离异的另一方;(2)不要鼓励孩子疏远另一方,即不要对孩子明确表示或暗示,不希望看到孩子与离异另一方亲近,或逼迫孩子疏远离异另一方,这对孩子是有伤害的;(3)不要把孩子作为报复的工具,即不要让孩子变为攻击另一方的工具。虽然这样"很解气",但对孩子的伤害也是最大的。有时候孩子为了表示忠诚,违心地去这样做,这会导致愧疚感。如果父母双方都这样做,对孩子的伤害将会加倍。

2. 履行抚养计划

首先坚持孩子优先的原则。孩子还处于成长期,他们能否身心健康地成长与父母的关爱有极大关系。父母有责任去弥补离婚对孩子造成的巨大伤害。

遵守协议。需要定期付赡养费的一方务必按时支付。如果孩子得知停付赡养费，会受到伤害。如果离婚协议中有非监护父/母与孩子相聚的条目，要尽可能遵守协议，让孩子有安全感。但是，时间上可以有弹性，不要对出于特殊原因而提早或迟到一小时持"零容忍"态度。

调整计划。抚养计划随着孩子的成长需要作适当调整。孩子在幼儿园与初中时期的需要是不同的，所以需要合作协商新的可行的计划。

3. 积极的亲子关系

积极的亲子关系包括亲情、温情、有效沟通、适当的界限和纪律、相互尊重和关怀、以孩子为中心共度时间，以及做彼此都感到快乐的事。

沟通方法。尊重、专注、诚实、开放、理性和接受是良好沟通的基础。使用孩子能理解的语言表达自己的想法或感受，听取反馈并继续谈论孩子有疑惑的问题。

互动娱乐。寻找和孩子有共同兴趣的活动，例如玩游戏、逛街采购等。在一起不仅仅是待在同一个房间里，一起活动可以使孩子感受到爱和鼓励。

说出对孩子的爱。许多父母很爱自己的孩子，但不善表达。要对孩子说出自己的爱。另外，行动更重要，例如拥抱孩子，送给他们喜欢的（不一定昂贵）礼物，保留孩子的相册，或为孩子制作视频，把孩子的艺术作业放在镜框里或挂在墙上等。此外，理解和接受孩子对离异配偶的爱同样很重要。

履行承诺。不要忘记自己作出的承诺，例如参加孩子在学校的演出、家长会、毕业典礼等。

让孩子畅所欲言。允许孩子坦诚地表达自己的想法。有些孩子不愿表达自己的想法，就不要强迫，但要创造机会。例如，在谈论别的事情时，可以顺带地问孩子的感受。注意帮助孩子解决具体问题，包括情绪问题。

保持正常接触。为了保持良好的亲子关系，非监护父/母要经常与孩子见面和接触，包括语音和视频通话（Leach，2015，p. 118）。

4. 规范和纪律

很多研究显示，离婚后保持规范和纪律可以减少孩子出现行为问题并提升学习成绩（Sigal，Sandler，Wolchik，& Braver，2011）。纪律不只是惩罚，更重要的是教导和正面鼓励。首先要向孩子明确什么是"可以的"以及什么是"不可以的"。这里首先要求离异父母达成并遵守共识。如果双方无法达成一致，至少有一方要强调纪律。不能把溺爱作为爱、补偿或讨好孩子的方法。

尽可能保持日常生活的稳定性和规律性，包括作息时间、做作业时间、检查家庭作业、参加家长会等，如有可能，尽量不要在离婚后的第一年搬家或换学校。如果变化难以避免，要提前几周向孩子解释为什么。注意不要责备离异配偶。

离婚父母在孩子管教方面要尽可能保持一致性。请注意有的孩子会以离异一方的不当管教方式为理由要求另一方也这样做。离婚父母需要用孩子能理解和接受的方式解释，为什么会有不同管教方式。要注意有的孩子会用两套说辞来达到自己想要的结果。这时，离婚父母的及时沟通十分重要。

避免情绪化。要防止对孩子情绪化的发泄和指责，情绪化的指责只会适得其反。

坚守底线。如果孩子用错误行为测试离婚父母的底线，那么应该事先告知孩子后果，包括必要的惩罚。监护父/母可能经常会遇到这样的挑战："爸爸允许我这样做，为什么你不可以？"请说明保持纪律的必要性并坚持不退让，这种态度极为重要。有研究显示，多数孩子可以适应离婚父母的两种不同的纪律期望。要知道，纪律往往会给孩子带来安全感，因为孩子知道，父母是因为爱和在乎他们才如此做。有研究显示，温情和纪律可以极大减少离婚对孩子的伤害（Leach，2015，p. 31）。

纪律不是目的。纪律管理要考虑孩子的年纪、个性、特点及亲子关系的平衡。有研究显示，如果没有密切的关系和良好的沟通，严格的纪律会使青少年感到父母控制过度，这会对他们的情绪产生负面影响并导致叛逆（Kakihara，Tilton-Weaver，Kerr，& Stattin，2010）。

5. 关心孩子的学习

有研究显示，离婚后如果父母中至少有一人与孩子保持良好的亲子关系，那么孩子的学习成绩会保持得较好。

关心孩子的学习需要做好三件事：（1）检查是否完成作业；（2）检查孩子的考试成绩；（3）与孩子的老师保持联系。

明确规定完成家庭作业的时间，规律性可以增加稳定感和安全感。如果孩子的学习成绩下降，请考虑找一位辅导老师或想其他方法来帮助孩子。

6. 提升自尊心

鼓励孩子参加和发展自己感兴趣的活动。帮助孩子从某项活动中看到自己可以比其他孩子做得更好。

多表扬少批评。对孩子的努力和进步要及时表扬和鼓励。过多批评不利于培养孩子的自尊心。

鼓励孩子作决定。这有助于形成更好的自我控制和提升成就感。随着孩子逐渐学会作出"好的"决定，这会转化为一种能力和自我价值感。

注意避免过度保护。允许孩子在作某些新的尝试时失败。尝试和成功有助于建立积极的自尊。

不要追求完美，鼓励尽力而为。孩子需要知道父母会接纳他们。

7. 专业人员的帮助

如果孩子出现明显的抑郁或严重的反常行为，并超出家长的能力去给予帮助，那么要及时和学校及专业人员合作来共同帮助孩子。

三、相关案例

案例一：如何与孩子谈离婚

此案例取材于美国婚姻学者及心理学家斯塔克（Vikki Stark）的《如何与孩子谈离婚》一书（Stark，2016，p. 80）。

玛丽安和她的前夫婚姻走到了尽头，但她的前夫感到自己无法向 6

岁的女儿开口谈离婚的事情,于是谈话不断拖延。最后,玛丽安说:"我们不能再这样一直拖下去,我必须告诉她。"在前夫的同意下,她单独和女儿谈话。她向女儿详细解释了父母将分开生活以及对未来生活的安排。在父母未来关系方面,她只是简单地说:"如果我们分开生活,我们可以成为更好的朋友。"女儿哭了很久,但玛丽安并没有说很多话来安慰她,她只是抱着女儿,说:"是的,这确实很糟糕。"她一直抱着女儿,直到女儿停止了哭泣。玛丽安之所以没有说很多安慰的话,是因为她相信只要父母能处理好离婚后的关系,女儿最终会慢慢地从悲伤中走出来。

斯塔克对这个案例评论指出,玛丽安的方法展现了我们一直在讨论的有关离婚话题的基石——和睦。在这方面,玛丽安做得很好。因为前夫无法冷静地参加这个谈话,她同意前夫在谈话时不必在场,所以在前夫同意的情况下她自己去作单独谈话是明智的。她的谈话没有批评前夫,但向女儿提供了她必须知道的信息,并用拥抱的方法让女儿安静下来。这样的离婚谈话可以使女儿的痛苦减轻一些。离婚谈话的主要目的是告知孩子父母将分开,并帮助孩子控制情绪。

案例二:默契的离婚父母

本案例取材于《一个孩子两个家》一书,作者是美国婚姻家庭辅导师及作家埃默里(Robert Emery)教授(Emery,2016)。

罗杰和拜特妮结婚 14 年后分居了 2 年多,直到最近才完成离婚的法律程序。他们有四个孩子,分别是 13 岁、12 岁、9 岁和 3 岁。他俩都十分聪明、精力旺盛,是优秀的职场成功人士和优秀的父母。罗杰处在半退休的状态,远程管理他自己创办的公司。眼下他把很多时间放在家庭和他喜欢的体育运动上。拜特妮自结婚后一直每周工作 25 个小时,并把其他时间放在家庭和孩子身上,在职场上她同样很成功。

他们在寻求咨询时,已经有了合作抚育孩子的计划。咨询师首先开展了一系列测试评估。结果显示,他们彼此合作良好,都把孩子作为中心,并没有自己的"小算盘"要争夺孩子的感情或为钱有纠纷。他们彼此尊重,都认为对方是好父/母,并能把自己的注意力放在未来而不是过去。

在带孩子的时间分配方面,他们的离婚协议规定两人轮流。三个大孩子由罗杰带一周,由拜特妮带一周。小女儿在 3.5 岁之前主要由母亲带,但周末和周三与父亲一起。两个月前,小女儿 3.5 岁了,也开始像她的哥哥姐姐一样,一周住父亲家,一周住母亲家。但是,他们很快发现小女儿不能适应这样的变化,到了晚上她会不停哭闹要找妈妈。这种状况持续了两个多月并没有改进。因此,他们希望得到咨询师的帮助。

在咨询师的引导下,为了小女儿的健康成长,他们需要调整以前的计划。他们意识到,虽然小女儿已经 3.5 岁了,但她还不能适应和母亲分开一整周的时间。于是大家达成共识,让小女儿周三到周日(不是一整周)住在父亲家。新计划尝试下来,小女儿能够较好地适应。五个月后暑假开始了,兄弟姐妹们都在家里,小女儿也已经 4 岁了,这时她能够很好地适应每周一次的轮换居住计划。

在咨询过程中,咨询师注意到一个小细节,每次轮换都是罗杰开车接送孩子。咨询师建议当孩子离开母亲家时,由母亲开车送,当孩子离开父亲家时,由父亲送。这样可以减少小女儿对母亲的分离焦虑。

罗杰在离婚后第二年决定和女友结婚,他首先告诉前妻拜特妮,而不是通过孩子来转告。尽管告知这个信息并不那么轻松,但这是对前妻的尊重。他们成功地管理好自己的情绪,把再婚的话题转到孩子身上。罗杰告诉孩子,即使他再婚,他的新妻子也只是孩子的成年朋友,因为拜特妮是一个非常优秀不可替代的母亲。另外,根据事先的商定,在罗杰告诉孩子他的再婚计划后,拜特妮立刻告诉孩子,她已经知道了这个信息。孩子就不需要为是否"保密"而纠结。

埃默里教授认为,罗杰和拜特妮虽然离婚了,但他们以孩子为中心的合作方法可以使孩子因父母离婚受到的伤害最小化。这个方法包括:(1)以孩子为中心作决定;(2)公平合理;(3)创造性;(4)个性化;(5)实践检验和调整;(6)开放式的长期计划。

诚然,婚姻是否能走下去,最终决定权还是在夫妻两人手里,但孩子总是无辜的角色。离婚父母需要给孩子更多的爱和安全感,帮助孩子走出父母离婚的悲痛,在今后的成长阶段继续感受到爱和安全感,并对未来充满信心。

本 章 结 语

在一篇谈论父母离婚的文章的留言中，有人写下这样一段话："我的父母已经离婚 10 年了。两人都再婚，彼此不交流。但是，每年的 7 月 4 日，他们都会开车到我姐姐的墓地，手牵手走向她的坟墓，没有其他人在他们中间。"还有另一段留言："很多离婚父母无法看到，当他们在尽力伤害自己的前配偶时，受到最大伤害的正是他们的孩子。如果父母能把孩子的幸福放在首位，世界将何等美好！"父母把对孩子的爱和孩子的成长与未来放在首位，是对离婚家庭的孩子最重要的帮助。

附录一　哀伤研究与干预的
常用术语

　　心理学界有关哀伤研究与干预的术语曾经不是很统一。近十多年来，在哀伤研究与干预的主流学术论文中，常用术语逐步趋于统一。下面是有关哀伤研究与干预的常用术语。

　　哀悼（mourning）：指丧亲者用不同方式来怀念和纪念逝者，它是丧亲者哀伤情感的公开表达。哀悼形式与哀伤反应及社会文化有很大关系。在 20 世纪的一些文献中，"哀悼"经常被用来表达"哀伤"的意思。

　　哀伤（grief）：指丧亲者丧失所爱的人的自然反应和过程，它会表现在情感、认知、社交、行为、健康等多个方面。

　　哀伤适应过程（grief adaptive process）：哀伤适应有时也称为哀伤工作（grief work）。通过经历哀伤适应过程，丧亲者可以从急性哀伤转变为整合性哀伤。如果哀伤适应过程出于不同原因受到干扰而不能正常进行，丧亲者就有可能出现延长哀伤障碍。

　　被剥夺性哀伤（disenfranchised grief）：指丧亲者哀伤权利被社会剥夺，例如年轻母亲流产或产下死婴，或者已故亲人死于自杀、艾滋病、犯罪等。在这些情况下，正常哀伤过程可能会受到影响，因为丧亲者很难获得社会支持（Doka，1989）。

　　工具性哀伤（instrumental grief）：多在男性丧亲者身上表现出来，其特征主要是较多地用理性方式去思考丧亲事件，男性丧亲者较少向他人倾诉自己的哀伤情绪或主动寻求他人的帮助，而是把注意力放在行动和做具体的事情上。

混合性哀伤（blended grief）：指直觉性哀伤与工具性哀伤的特征同时表现在同一位丧亲者身上。

急性哀伤（acute grief）：通常发生在丧亲事件的早期。丧亲者会感到剧烈的痛苦，并表现出强烈和不同的哀伤反应。其持续时间长短受到很多因素影响。一般来说，丧失子女的父母急性哀伤期会更长。

缺失哀伤（absent grief）：可能出现在儿童青少年丧失父/母后，仿佛什么也没发生，没有哀伤反应，生活一切照旧。沃登认为，这与儿童尚未建立完整的自我认知结构有关，他们还不具备承受哀伤压力的能力，所以回避丧亲事件是一种自我保护（Worden，1996，p. 10）。

丧亲（bereavement）：指所爱的人的死亡。失去子女的父母在英文中一般用"bereaved parents"表示，失去父/母的孩子一般用"bereaved child"表示，失去兄弟姐妹的丧亲者一般用"bereaved sibling"表示。

丧失（loss）：在哀伤研究中一般指死亡带来的丧失。

适应障碍（adjustment disorder）：与象征性丧失有关，例如失恋、家庭关系破裂、失业，或与其他生活、工作、社交压力有关。其症状往往表现为抑郁、焦虑、绝望等。其表现出的痛苦症状一般比人们想象的要严重，但当压力源消失后，痛苦症状一般在 6 个月内也会消失。

象征性哀伤（symbolic grief）：指因象征性丧失（与死亡无关）而出现的悲伤情绪和相关反应，严重时可能引发适应障碍。

象征性丧失（symbolic loss）：指与死亡无关的丧失，例如失恋、家庭关系破裂、失去工作等。

延迟性哀伤（delayed grief）：指丧亲者在丧失事件发生时并没有什么明显反应，但在过了很长一段时间之后才出现哀伤反应（Pearlman，Schwalbe，& Cloitre，2010，p. 14）。

延长哀伤障碍（prolonged grief disorder）：若急性哀伤症状长期不见缓解或越发严重，并伴随出现生活、生理、社交、工作功能等损伤，这时候的哀伤就会转变为延长哀伤障碍。

预期性哀伤（anticipatory grief）：往往发生在晚期重疾患者及其亲人身上，因为他们知道重疾患者不久将会死去。尽管这与死亡发生后丧亲者的哀伤有所不同,但预期性哀伤同样可能会带来很多常见的哀伤反应,例如悲伤、愤怒、孤独、愧疚、抑郁等。

整合性哀伤(integrated grief):指丧亲者用健康方式整合进自己生活的哀伤。丧亲者从急性哀伤转变为整合性哀伤,需要经过一个逐步适应和调整的过程。在这个过程中,他们逐渐接受了现实,适当地在自己心中安置好逝者,并建立起新的生命意义及对未来有积极的展望。这时候,丧亲者有时依然会有哀伤的感觉,但不会被哀伤控制。

正常哀伤(normal grief):也称为简单哀伤(Zisook & Shear, 2009)。多数丧亲者在经历急性哀伤之后,其哀伤反应会逐渐缓解并能适应新的生活,这些丧亲者的哀伤属于正常哀伤,并不需要专业人员的干预。

直觉性哀伤(intuitive grief):多在女性丧亲者身上表现出来,其特征主要是依据直觉去感受和体验丧亲事件,并会向他人表述自己的哀伤情绪。往往会使人去寻找和接受他人的帮助(Martin, 2010)。

附录二　评 估 工 具

　　本书提供的评估量表或问卷主要适用于儿童青少年,也有部分量表或问卷适用于成年人。收入成年人用的量表或问卷是考虑到儿童青少年的哀伤干预与家长的心理健康有密切关系,所以笔者建议在给儿童青少年作评估时也要给家长作评估。但请注意,若要对延长哀伤障碍患者作最终诊断,需要专业医师的临床诊断,评估量表或问卷可作为辅助的诊断工具。

一、儿童复杂哀伤问卷修订版

儿童复杂哀伤问卷修订版

（Inventory of Complicated Grief-Revised for Children，ICG－RC）

	几乎没有 （每月少 于一次）	很少 （每月 一次）	有时 （每周 一次）	经常 （每天 一次）	一直 （每天 几次）
1. 死亡使人感到沮丧、被压垮、被摧毁。	1	2	3	4	5
2. 我极其想念___ᵃ以至于我很难做好 　正常该做的事。	1	2	3	4	5
3. 回忆到___ᵃ我会不愉快。	1	2	3	4	5
4. 我感到自己无法接受死亡。	1	2	3	4	5
5. 我十分想念___ᵃ。	1	2	3	4	5
6. 我对死亡感到愤怒。	1	2	3	4	5
7. 我感到自己很难相信死亡事件。	1	2	3	4	5
8. 我对死亡事件感到震惊。	1	2	3	4	5
9. 自从死亡事件后,我很难信任别人。	1	2	3	4	5

续 表

	几乎没有 （每月少 于一次）	很少 （每月 一次）	有时 （每周 一次）	经常 （每天 一次）	一直 （每天 几次）
10. 自从死亡事件后，我觉得我不太在意别人，而且不像过去与我在意的人那么亲近。	1	2	3	4	5
11. 我回避会使我想起____[a]的提醒物。	1	2	3	4	5
12. 我回避会使我想起他/她死了的提醒物。	1	2	3	4	5
13. 失去所爱的人，人们有时会感到很难恢复正常的生活，以及无法结交新朋友并开展新活动。（你觉得对你来说，结交新朋友或开展新活动将是很难的吗？）[b]	1	2	3	4	5
14. 我觉得____[a]不在了，生活是空虚的或没有意义的。	1	2	3	4	5
15. 我听到____[a]对我说话的声音。	1	2	3	4	5
16. 自从死亡事件后，我感到自己变得麻木（或没什么感觉）[b]。	1	2	3	4	5
17. 我感到这不公正，我活着而他/她却死了。	1	2	3	4	5
18. 我对死亡事件感到厌恶（愤怒）[b]。	1	2	3	4	5
19. 我对没有经历过丧失挚爱的人感到忌妒。	1	2	3	4	5
20. 我觉得____[a]不在了，未来没有意义或目标。	1	2	3	4	5
21. 自从死亡事件后，我感到孤独。	1	2	3	4	5
22. ____[a]不在了，我很难想象生活还会称心如意。	1	2	3	4	5
23. 我觉得自己生命的一部分随着____[a]死去了。	1	2	3	4	5
24. 我感到死亡事件改变了我对世界的看法。	1	2	3	4	5
25. 自从死亡事件后，我感到世界是不安全的。	1	2	3	4	5
26. 自从死亡事件后，我感到失去了对生活的控制。	1	2	3	4	5

续 表

	几乎没有 （每月少 于一次）	很少 （每月 一次）	有时 （每周 一次）	经常 （每天 一次）	一直 （每天 几次）
27. 自从死亡事件后，我很容易激动和受惊吓……	1	2	3	4	5
28. 自从死亡事件后，我的睡眠一直受到干扰。	1	2	3	4	5

a. 父/母或其他自己关爱的人；b. 访谈者可用括号里的话和年幼的孩子交流；带底纹的六个条目用于预检测，如果预检测总分≥20，说明罹患延长哀伤障碍的风险较高，需要作进一步的全面评估。

注：

1. 本问卷仅供研究或咨询评估，不能用于最终诊断。
2. 当某一条目分数≥4，表示对应的症状严重。
3. 本问卷适合7—18岁的儿童青少年。
4. 丧亲6个月后，本问卷评估更准，在哀伤初期使用可以了解哪些症状更严重。
5. 丧亲6个月后，总分大于或等于68表示有罹患延长哀伤障碍的风险。
6. 本问卷英文版有良好的信效度，中文版尚未经过信效度检验。
7. 本问卷在本书的印刷得到开发者和版权所有者梅尔赫姆博士的许可。它可以用于科学研究或临床诊断。未经许可，不得用于有任何商业用途的复制和翻印。
8. 本问卷中文版由刘新宪翻译。

二、儿童全球评估量表

儿童全球评估量表

(Children's Global Assessment Scale，CGAS)

本量表是使用最广泛的衡量儿童心理障碍严重程度的量表之一，也可以对儿童青少年的社会和心理功能进行综合测量评估。量表并没有设置明确的年龄段，年龄段界定有较大的灵活性，一般小于17岁。本量表是基于成人全球评估量表（Global Assessment Scale，GAS）的改编版，可用作临床诊断的参考。

儿童全球评估量表评分越低，表示生活、学习、社交等功能越差。量表有10个分数区间，一般由家长或教师填写。以下是该量表的评分方法。

91—100分：各方面的表现都非常优秀（家庭、学校和同伴关系）；参与多种活动且兴趣广泛（例如，有个人兴趣爱好，参加课外活动或是兴趣小组的成员）；受到大家喜欢，有自信；不担心日常烦恼会失控；在学校表现良好;没有精神疾病症状。

81—90 分:各方面功能良好;对家庭、学校和同伴有安全感;可能会有短暂的困难和日常担忧并偶有失控。

71—80 分:在家庭、学校或同伴关系方面有轻微功能损害;熟悉他/她的人不会认为有异常。

61—70 分:总体上功能良好,在某一方面有问题(例如,小恶作剧、小偷小摸,持续而轻微的学习问题,缺乏自信);拥有一些良好的人际关系;大多数不了解他/她的人看不出有异常。

51—60 分:在某些方面(不是全部)会有个别功能失常症状,看到这些功能失常症状的人会感到不安,但看到其他正常表现时则不会感到他/她有异常。

41—50 分:多方面的功能中度受损,或在某一方面功能严重受损,例如拒绝上学,不同形式的焦虑症状和强迫症状,有频繁的攻击性行为或其他反社会行为,但仍然保持了某些良好的社交关系。

31—40 分:若干方面的功能严重受损,而且某一特定方面的功能无法运行(对家庭、学校、同伴或社会产生干扰,有显著的自杀倾向),这些孩子可能需要去特殊学校或退学接受住院治疗。

21—30 分:各方面功能都受损,例如整天待在家里,不参加社交活动,心理评估和人际沟通有严重障碍。

11—20 分:需要严格监护,以防止伤害他人或自己(例如,频繁的暴力行为或自杀企图),完全无视个人卫生。

1—10 分:需要 24 小时监护。无法开展心理测试,人际沟通、认知和个人卫生方面功能严重受损,对他人有攻击性或有自残自杀行为。

注:
1. 总分≤70 分则可能符合《精神障碍诊断与统计手册(第 5 版)》定义的功能受损,功能受损是延长哀伤障碍的诊断标准之一。
2. 本量表有良好的信效度。
3. 以上不是完整的翻译,只是基本内容介绍。若需要刘新宪翻译的量表完整版,请联系上海市徐汇区心理咨询协会(电话:18939816702),也可查阅"哀伤疗愈家园"网站或"哀伤疗愈之家"公众号。
4. 量表出处:Schaffer, D. , Gould, M. S. , Brasic, J. , Ambrosini, P. , Fisher, P. , Bird, H. , & Aluwahlia, S. (1983). A Children's Global Assessment Scale (CGAS). *Archives of General Psychiatry*, *40*(11), 1228 - 1231.

三、青少年哀伤量表

青少年哀伤量表

（Adolescent Grief Inventory，AGI）

请填写者在丧亲后的第一个月内报告他们的哀伤反应。

以下是青少年哀伤量表。你可能有其中某些反应。本量表没有正确或错误的答案，对于每个问题，请选择1—5中的某个数来表示你在过去一个月（包括今天）的哀伤反应。

	1	2	3	4	5
	完全没有	略有一点	有一点	较强烈	极其强烈

1. 我感到内疚。
2. 我感到悲伤。
3. 我很震惊。
4. 我哭得比平时多。
5. 我感到麻木。
6. 我很平静，专注我必须做的事情。
7. 我感到焦虑。
8. 我担心其他家人也会死。
9. 我会做噩梦。
10. 我觉得我准备好了去应对丧失。
11. 我被痛苦和压力淹没。
12. 我感到困惑。
13. 我为他/她不再受苦而心感安慰。
14. 我认为死亡是可以避免的。
15. 我对自己很生气。
16. 我对他/她（逝者）很生气。
17. 我对别人很生气。
18. 我感到受到了背叛。
19. 我感到被拒绝了。
20. 我感到痛苦。
21. 我感到后悔。

	1	2	3	4	5
	完全 没有	略有 一点	有一点	较强烈	极其 强烈

22. 我感到惊讶。

23. 我感到松了一口气。

24. 我感到羞愧。

25. 我感到快乐。

26. 我感到孤独。

27. 我有一种平静感。

28. 我感到被抛弃了。

29. 我感到自己对死亡事件负有责任。

30. 我有恐慌症(莫名的心慌、紧张)。

31. 我睡眠有困难。

32. 我的饮食不正常。

33. 我觉得空虚。

34. 我假装出一副坚强的面孔。

35. 我有自杀的想法。

36. 我会伤害自己。

37. 我觉得很不公平,他/她不应该死。

38. 我不能把他/她从我的脑海摆脱。

39. 我感到无助和无能为力。

40. 我对他/她的死感到放心,一切都
很好。

注:
1. 评分方法
评估因子1——哀伤:总和(条目2、4、5、11、20、26、33、34、37、38、39)/11
评估因子2——自责:总和(条目1、15、21、24、29)/5
评估因子3——焦虑和自我伤害:总和(条目7、8、9、30、31、32、35、36)/8
评估因子4——震惊:总和(条目3、12、14、22)/4
评估因子5——愤怒和感到被抛弃:总和(条目16、17、18、19、28)/5
评估因子6——平静感:总和(条目6、10、13、23、25、27、40)/7
量表总分:总和(条目1—40)/40
2. 本量表不是用来评估延长哀伤障碍,而是评估丧亲青少年的心理状态。
3. 本量表适用于12—18岁的青少年。
4. 本量表在本书的印刷得到开发者和版权所有者安德里森博士的许可。它可以用于
科学研究或临床诊断,未经许可,不得用于有任何商业用途的复制和翻印。

5. 本量表英文版有良好的信效度,中文版尚未经过信效度检验。

6. 量表出处:Andriessen, K., Hadzi-Pavlovic, D., Draper, B., Dudley, M., & Mitchell, P. B. (2018). The Adolescent Grief Inventory:Development of a novel grief measurement. *Journal of Affective Disorders*, 240, 203-211.

7. 本量表中文版由刘新宪翻译。

四、霍根儿童青少年丧亲问卷简版

霍根儿童青少年丧亲问卷简版

(Hogan Inventory of Bereavement

Short Form for Children and Adolescents, HIB-SF-CA)

本问卷包含所爱的人死后你可能有过的想法和感受。请仔细阅读每个条目,然后选择在过去两周(包括今天)最能描述你所经历的感受的数字,并给每个条目边上的数字打圈。请不要略过任何条目。

1=表述完全不符合我　2=表述不太符合我　3=表述有点符合我

4=表述较好地符合我　5=表述非常符合我

条　目	评　分				
哀伤					
1. 我相信我一想到他/她就会失去控制。	1	2	3	4	5
2. 我无法控制自己的悲伤。	1	2	3	4	5
3. 当我感到快乐时,我会觉得不自在。	1	2	3	4	5
4. 我会无缘无故地感到紧张和害怕。	1	2	3	4	5
5. 我对一切都会担心。	1	2	3	4	5
6. 我不在乎有什么事会发生在我身上。	1	2	3	4	5
7. 我认为我再也不会幸福了。	1	2	3	4	5
8. 我很难专注做作业或其他事情。	1	2	3	4	5
9. 我害怕与人亲近。	1	2	3	4	5
10. 晚上我睡不好。	1	2	3	4	5
个人成长					
1. 我相信自己成了一个更好的人。	1	2	3	4	5
2. 因为曾经应对过哀伤,我相信自己变得更坚强。	1	2	3	4	5
3. 我学会了更好地解决自己的问题。	1	2	3	4	5

续　表

条　　目	评　　分				
4. 我对生活有更好的看法。	1	2	3	4	5
5. 我更关心别人,也更友善。	1	2	3	4	5
6. 我学会了更好地生活。	1	2	3	4	5
7. 我会尽量对别人友善。	1	2	3	4	5
8. 我更能了解别人的感受。	1	2	3	4	5
9. 我对别人更了解。	1	2	3	4	5
10. 我比我的朋友成熟得更快。	1	2	3	4	5
11. 我可以更好地宽容他人。	1	2	3	4	5

注:
1. 本问卷测查哀伤、个人成长这两个维度的信息。
2. 本问卷英文版有良好的信效度,中文版尚未经过信效度检验。
3. 本问卷在本书的印刷得到问卷开发者和版权所有者霍根博士的许可。它可以用于科学研究或临床诊断,未经许可,不得用于有任何商业用途的复制和翻印。
4. 本问卷中文版由刘新宪翻译。

五、儿童延长哀伤问卷与青少年延长哀伤问卷

儿童延长哀伤问卷(Inventory of Prolonged Grief for Children, IPG - C)与青少年延长哀伤问卷(Inventory of Prolonged Grief for Adolescents, IPG - A)采用了同样的问题,但使用了不同的表述,以便不同年龄段的儿童青少年能够更容易理解这些问题。

儿童延长哀伤问卷

请选择你对以下问题的评分。

评分:1=几乎从来没有;2=有时会有;3=一直会有。

问　　题	评　　分		
1. 他/她死了,我感到一切都破碎了。	1	2	3
2. 因为一直想他/她,我发现自己很难做以往经常做的事情。	1	2	3
3. 想到他/她,我会感到困扰。	1	2	3

续　表

问　　题	评		分
4. 很难想象他/她会死去，我认为这不公平。	1	2	3
5. 我想和他/她在一起。	1	2	3
6. 我想去与他/她有关的地方。	1	2	3
7. 我为他/她的死感到生气。	1	2	3
8. 我不敢相信他/她死了。	1	2	3
9. 他/她的死使我感到恐惧，我极其不高兴。	1	2	3
10. 自从他/她去世后，我很难信任别人。	1	2	3
11. 自从他/她去世后，我很难去爱别人。	1	2	3
12. 我会做他/她曾经做的事情或体验他/她有过的感受。	1	2	3
13. 我不去想他/她死去的事实。	1	2	3
14. 自从他/她去世后，我对任何事情都没有兴趣。	1	2	3
15. 我听到他/她对我说话的声音。	1	2	3
16. 我看到他/她站在我的面前。	1	2	3
17. 我感觉现在的生活好像没有什么可以真正触动我。	1	2	3
18. 他/她去世了而我还活着，这不公平；我对此感到内疚。	1	2	3
19. 我一直为他/她的死感到生气。	1	2	3
20. 我忌妒没有失去亲人的人。	1	2	3
21. 我觉得未来毫无目的。	1	2	3
22. 自从他/她去世后，我感到非常孤独。	1	2	3
23. 只有和他/她在一起，我的生活才能愉快。	1	2	3
24. 我生命的一部分好像已经死了。	1	2	3
25. 他/她的死好像改变了一切。	1	2	3
26. 自从他/她去世后，我感到不安全。	1	2	3
27. 我无法控制生活中发生的事情。	1	2	3
28. 自从他/她去世后，我的情况越来越糟（在学校和与朋友相处）。	1	2	3
29. 自从他/她去世后，我更容易生气、紧张和害怕。	1	2	3
30. 自从他/她去世后，我的睡眠很差。	1	2	3

注：
1. 儿童延长哀伤问卷评估对象为8—12岁的儿童。
2. 本问卷英文版有良好的信效度，中文版尚未经过信效度检验。
3. 本问卷在本书的印刷得到开发者和版权所有者斯普伊博士的许可。它可以用于科学研究或临床诊断，未经许可，不得用于有任何商业用途的复制和翻印。
4. 本问卷中文版由刘新宪翻译。

青少年延长哀伤问卷

请选择你对以下问题的评分。

评分：1＝几乎从来没有;2＝有时会有;3＝一直会有。

问　　　题	评　　分		
1. 他/她死了,我感到一切都破碎了。	1	2	3
2. 我总会想起他/她,以至于我很难做平时做的事情。	1	2	3
3. 关于他/她的回忆使我不愉快。	1	2	3
4. 我很难接受他/她已经死了。	1	2	3
5. 我想念他/她。	1	2	3
6. 我寻找与他/她相关的地方和事物并感到被吸引。	1	2	3
7. 我为他/她的死感到愤怒。	1	2	3
8. 我简直无法相信他/她死了。	1	2	3
9. 他/她的死使我感到麻木或不知所措,我极其沮丧。	1	2	3
10. 自从他/她去世后,我很难信任别人。	1	2	3
11. 自从他/她去世后,我感到无法爱别人,我远离他人。	1	2	3
12. 我会做他/她曾经做的事情或体验他/她有过的感受。	1	2	3
13. 我会尽一切努力避免想到他/她已死的事实。	1	2	3
14. 自从他/她去世后,我感到生活空虚或毫无意义。	1	2	3
15. 我听到他/她对我说话的声音。	1	2	3
16. 我看到他/她站在我的面前。	1	2	3
17. 我感觉生活好像没有什么可以真正触动我。	1	2	3
18. 他/她死了,我对自己还活着感到内疚。	1	2	3
19. 由于他/她的去世,我的内心充满痛苦和愤怒。	1	2	3
20. 我忌妒没有失去亲人的人。	1	2	3
21. 我觉得未来没有目的。	1	2	3
22. 自从他/她去世后,我感到孤独。	1	2	3
23. 没有他/她,生活变得毫无意义。	1	2	3
24. 我生命的一部分好像已经随同他/她死去。	1	2	3
25. 他/她的死好像改变了一切。	1	2	3

续 表

问　题	评　分		
26. 自从他/她去世后,我感到没有安全感。	1	2	3
27. 自从他/她去世后,我似乎无法控制自己生活中发生的事情。	1	2	3
28. 自从他/她去世后,我在不同方面的功能受到损害(例如,在学校,与朋友一起或工作)。	1	2	3
29. 自从他/她去世后,我感到紧张和容易烦恼。	1	2	3
30. 自从他/她去世后,我的睡眠很差。	1	2	3

注:
1. 青少年延长哀伤问卷评估对象为13—18岁的青少年。
2. 本问卷英文版有良好的信效度,中文版尚未经过信效度检验。
3. 本问卷在本书的印刷得到开发者和版权所有者斯普伊博士的许可。它可以用于科学研究或临床诊断,未经许可,不得用于有任何商业用途的复制和翻印。
4. 本问卷中文版由刘新宪翻译。

六、儿童哀伤认知问卷

儿童哀伤认知问卷

（Grief Cognitions Questionnaire for Children，GCQ‐C）

以下是儿童青少年在丧亲后可能出现的想法。根据过去一个月的经历,请选择最适合你的答案。

0＝几乎没有,1＝有时有,2＝总是有

问　题	评　分		
1. 自从他/她去世后,我感到自己是个软弱的人。	0	1	2
2. 自从他/她去世后,我对任何人都不再有用了。	0	1	2
3. 由于他/她的去世,我觉得这个世界是坏的。	0	1	2
4. 由于他/她的去世,我觉得世界毫无意义。	0	1	2
5. 我认为别人应该关心我的表现。	0	1	2
6. 我不会向别人表露我的想法和感受,因为我担心这只会使他们感觉更糟。	0	1	2
7. 如果我事先想到,他/她就不会死。	0	1	2

问　　题	评　　分		
8. 我为过去没能更好地关心他/她而感到愧疚。	0	1	2
9. 我觉得自己以后的生活不会美好；失去了他/她，我对未来没有信心。	0	1	2
10. 我觉得没有他/她，未来将毫无乐趣。	0	1	2
11. 只要我还感到难过，我就该一直关注他/她。	0	1	2
12. 我希望尽可能长久地保持悲伤情绪。	0	1	2
13. 如果我不那么悲伤，对他/她是不好的。	0	1	2
14. 我认为自己的丧亲感觉是不正常的。	0	1	2
15. 他/她去世后，我对别人没有什么帮助。	0	1	2
16. 他/她去世后，我的生活毫无意义。	0	1	2
17. 有时候我觉得自己有点不正常，因为我为他/她的死一直感到很难过。	0	1	2
18. 每当我想到他/她的死亡，我对自己感受到的一切充满恐惧。	0	1	2
19. 我总觉得发生在他/她身上的死亡事件，也可能发生在我身上。	0	1	2
20. 自从他/她去世后，我总觉得自己也可能会死去。	0	1	2

注：

1. 本问卷注重检测儿童青少年丧亲后的认知问题，它既可以用于风险评估，也可以用于认知行为疗法哀伤干预评估。

2. 本问卷英文版有良好的信效度，中文版尚未经过信效度检验。

3. 本问卷在本书的印刷得到问卷开发者和版权所有者斯普伊博士和博伦博士的许可。它可以用于科学研究或临床诊断，未经许可，不得用于有任何商业用途的复制和翻印。

4. 本问卷中文版由作者译自 Spuij, M., Prinzie, P., & Boelen, P. A. (2017). Psychometric properties of the Grief Cognitions Questionnaire for Children (GCQ-C). *Journal of Rational-Emotive and Cognitive-Behavior Therapy*, 35(1), 60-77.

5. 本问卷中文版由刘新宪翻译。

七、儿童创伤后应激障碍症状量表

儿童创伤后应激障碍症状量表

(The Self-Report of the Child PTSD Symptom Scale for

DSM-5, CPSS-SR-5)

本量表由创伤压力研究国际学会(International Society for Traumatic Stress Studies, ISTSS)开发并于 2015 年开始使用。量表列

出20个创伤后应激障碍症状条目,按频率和严重程度采用利克特五级评分法,从0(完全没有)到4(每周6次或更多次)。这20个条目涵盖《精神障碍诊断与统计手册(第5版)》对创伤后应激障碍的诊断标准。

本量表另有7类功能项目的评估,答案为"是"或"不是",这些评估可以作为补充信息。量表有良好的信效度和内部一致性,是一种有效且可靠的自我报告工具,可以作为评估和诊断儿童创伤后应激障碍症状的辅助工具。

本量表的分数评估方法见下表。

症状严重程度	分数范围
很低	0—10
轻度	11—20
中度	21—40
重度	41—60
很严重	61—80

20个条目的总分≥31,表示可能罹患创伤后应激障碍。

注:

1. 本量表仅可作为创伤后应激障碍症状严重程度的评估,不能作为正式诊断。

2. 本量表英文版有良好的信效度,中文版尚未经过信效度检验。

3. 若需要刘新宪翻译的CPSS-SR-5完整版,请联系上海市徐汇区心理咨询协会(电话:18939816702),也可查阅"哀伤疗愈家园"网站或"哀伤疗愈之家"公众号。

八、贝克儿童青少年问卷(第2版)

贝克儿童青少年问卷(第2版)
(Beck Youth Inventories-Second Edition)

本问卷于2005年由著名的认知行为疗法学者贝克等人开发,专为7—18岁不同年龄和性别的儿童青少年设计(Beck, Beck, & Jolly, 2005)。问卷体系涵盖五个自我报告问卷:(1)贝克儿童青少年抑郁问卷;(2)贝克儿童青少年焦虑问卷;(3)贝克儿童青少年愤怒问卷;(4)贝克儿童青少年破坏性行为问卷;(5)贝克儿童青少年自我概念问卷。这五个问卷既可以单独使用,也可以组合使用。

1. 贝克儿童青少年抑郁问卷(Beck Depression Inventory for Youth, BDI-Y)：符合《精神障碍诊断与统计手册(第4版)》的抑郁症标准,可用于识别早期抑郁症状。它包括儿童青少年对自我、生活和未来的消极想法、悲伤情绪、内疚感以及睡眠障碍相关条目。

2. 贝克儿童青少年焦虑问卷(Beck Anxiety Inventory for Youth, BAI-Y)：评估儿童青少年对学校、未来和他人的负面反应、恐惧(包括失去控制)以及与焦虑相关的生理症状。

3. 贝克儿童青少年愤怒问卷(Beck Anger Inventory for Youth, BANI-Y)：评估儿童青少年觉得被他人不公平对待的想法、愤怒和仇恨情绪。

4. 贝克儿童青少年破坏性行为问卷(Beck Disruptive Behavior Inventory for Youth, BDBI-Y)：评估认知和行为问题,以及与对立违抗障碍相关的思想和行为。

5. 贝克儿童青少年自我概念问卷(Beck Self-Concept Inventory for Youth, BSCI-Y)：评估对能力、效率和积极的自我价值的认知。

这五个问卷各有20个问题,采用四级评分：0＝从来没有,1＝有时有,2＝经常有,3＝一直有。每个问卷得到的原始总分需要通过T分转换表(对应男、女和三个年龄段：7—10岁,11—14岁,15—18岁)转换为T分值。通过T分值可以评估症状严重程度。评估方法如下表所示。

症状严重程度	T分范围
平均水平	55或更低
略高	56—59
较高	60—69
极严重	70或更高

注：
1. 本问卷英文版有良好的信效度,中文版尚未经过信效度检验。
2. 如需要刘新宪翻译的贝克儿童青少年问卷(第2版)以及T分转换方法,请联系上海市徐汇区心理咨询协会(电话：18939816702),也可查阅"哀伤疗愈家园"网站或"哀伤疗愈之家"公众号。

九、延长哀伤障碍问卷

延长哀伤障碍问卷

(Prolonged Grief Disorder Questionnaire，PG-13)

第一部分：下列描述是人们在经历亲朋好友离世后可能出现的反应。回答没有好坏之分，请您根据自己的实际情况，选择在<u>过去一个月</u>里，与您最相符的描述，请在每一描述后<u>圈出</u>相应的数值。问卷条目中的"他"指"你丧失的那位重要亲友"。

	从未如此	至少每月一次	至少每周一次	至少每天一次	每天几次
1. 我经常怀念并渴望见到他。	1	2	3	4	5
2. 我经常出现与失去他有关的强烈的情感痛苦、悲痛及哀伤。	1	2	3	4	5
3. 我经常试图回避提醒他离世的线索。	1	2	3	4	5
4. 我经常对这件事感到惊讶、震惊或难以相信。	1	2	3	4	5

第二部分：下列描述是您<u>目前</u>可能的感受，请回答这些描述在多大程度上符合您的实际情况。

	不符合	有点符合	比较符合	非常符合	完全符合
5. 我对自己在生活中的角色感到困惑，或不知道自己是谁。	1	2	3	4	5
6. 我难以接受这件事。	1	2	3	4	5
7. 这件事发生后，我难以信任他人。	1	2	3	4	5
8. 我对这件事感到怨恨。	1	2	3	4	5
9. 对我来说，现在让生活继续前进（如结交新朋友、培养新兴趣）有些困难。	1	2	3	4	5
10. 这件事发生后，我觉得自己情感麻木了。	1	2	3	4	5
11. 这件事发生后，我觉得生活是不美满的、空虚的或毫无意义的。	1	2	3	4	5

第三部分：

	是	不是
12. 距他离世已经6个月，我仍然每天都出现第一部分或第二部分的情况。	是	不是
13. 我在社交、职业及其他重要方面（如履行家庭责任）的能力明显下降了。	是	不是

注：
1. 诊断标准：(1) 分离痛苦（条目1和2得分≥4分）；(2) 认知、情绪和行为症状（条

目 3—11 中必须至少有 5 项得分≥4 分);(3) 功能受损标准(条目 13 必须回答"是");(4) 丧亲时间超过 6 个月,仍有以上症状(条目 12 选"是")。

2. 显著延长哀伤障碍症状建议:总分≥34 分以及条目 12 和 13 都选择了"是"(Lichtenthal, Napolitano, Roberts, Sweeney, & Slivjak, 2017)。

3. 本问卷是哀伤研究中使用最为普遍的几个主要测量成人哀伤症状的工具之一。

4. 经我国学者研究,本问卷中文版具有良好的信效度。

5. 本问卷仅可作为症状评估,不能作为正式诊断。

6. 本问卷在本书的印刷得到英文原版开发者和版权所有者普里格森博士的许可。未经许可,不得用于有任何商业用途的复制和翻印。

十、哀伤和意义重建问卷

哀伤和意义重建问卷

(Grief and Meaning Reconstruction Inventory, GMRI)

下列陈述是个体在经历丧亲后可能出现的想法、信念、感受和意义。回答没有好坏之分,请您根据自己的实际情况,选择在过去一周内与您的感受最相符的陈述,请在每一陈述后圈出相应的数值。

注:"他/她"代表您正在哀悼的逝者。

	非常 不同意	不同意	保持 中立	同意	非常 同意
1. 我觉得自己很幸运,能和亲人共同走过生命的这一程。	1	2	3	4	5
2. 我不能从亲人去世这件事中看到任何好的方面。	1	2	3	4	5
3. 亲人去世后,我变得更自省。	1	2	3	4	5
4. 亲人去世后,我更加重视家人。	1	2	3	4	5
5. 我会再见到已故的亲人。	1	2	3	4	5
6. 亲人去世后,我总是独自一人,不与人接触。	1	2	3	4	5
7. 我可以理解亲人去世的意义。	1	2	3	4	5
8. 亲人去世后,我变得更坚强。	1	2	3	4	5
9. 我无法理解亲人去世这件事。	1	2	3	4	5
10. 亲人去世之前,我是有心理准备的。	1	2	3	4	5
11. 我的亲人是一个好人,他/她的一生挺圆满的。	1	2	3	4	5

续 表

	非常 不同意	不同意	保持 中立	同意	非常 同意
12. 亲人去世后,我更加重视生命,感谢生命。	1	2	3	4	5
13. 亲人去世后,我的生活方式变得更好了。	1	2	3	4	5
14. 有关亲人的记忆给我带来了内心的平静与安慰。	1	2	3	4	5
15. 亲人的去世,也给我的亲人带去了安宁。	1	2	3	4	5
16. 亲人去世后,我变得不再无辜,我认为自己有罪。	1	2	3	4	5
17. 亲人的去世,其实是终结了他/她的痛苦。	1	2	3	4	5
18. 我很想念我的亲人。	1	2	3	4	5
19. 亲人去世后,我付出了更多努力去帮助别人。	1	2	3	4	5
20. 亲人去世后,我感觉到空虚和迷失。	1	2	3	4	5
21. 我很珍视有关亲人的记忆。	1	2	3	4	5
22. 亲人去世后,我更加重视友谊和社会支持。	1	2	3	4	5
23. 在亲人去世之前,他/她是有心理准备的。	1	2	3	4	5
24. 只要我可以,我就会活在当下,充分享受人生。	1	2	3	4	5
25. 亲人去世后,我变得更有责任感。	1	2	3	4	5
26. 我相信我的亲人在一个更好的地方生活着。	1	2	3	4	5
27. 我因为懊悔自己对亲人的去世无能为力,而感到痛苦。	1	2	3	4	5
28. 亲人去世后,我开始意识到生命很短暂,没有任何事是确定的。	1	2	3	4	5
29. 亲人去世后,我开始学习新的知识。	1	2	3	4	5

因 素 归 类	问 题 编 码
1. 持续性联结	1、5、11、14、18、21、26
2. 个人成长	3、8、13、19、22、25、29
3. 平静感	7、10、15、17、23
4. 空虚和无意义感 *	2、6、9、16、20、27
5. 生活是有价值的	4、12、24、28

＊第四类因素的分值要倒过来计算,比如 5 要算为 1。

注：

1. 本问卷英文版有良好的信效度，中文版尚未经过信效度检验。

2. 本问卷在本书的印刷得到英文原版问卷开发者和版权所有者内米耶尔博士的许可。它可以用于科学研究或临床诊断，但未经许可，不得用于有任何商业用途的复制和翻印。

3. 本问卷的中文版由刘新宪译自：Burke, L. A. , & Neimeyer, R. A. (2016). Grief and Meaning Reconstruction Inventory (GMRI). In R. A. Neimeyer (Ed.), *Techniques of Grief Therapy: Assessment and Intervention* (pp. 59 - 64). New York: Routledge.

参考文献

一、中文部分

埃利泽·魏兹藤.(2015).隐喻性再定义.见罗伯特·内米耶尔.哀伤治疗：陪伴丧亲者走过幽谷之路(pp. 187 - 190).王建平,何丽,闫煜蕾,等译.北京：机械工业出版社.

陈晓美,罗红格,牛春娟,李丽娜,朱小茼,李建明.(2011).离异家庭对青少年应对方式及人际信任的影响.中国健康心理学杂志,19(8),57 - 61.

邓林园,赵鑫钰,方晓义.(2016).离婚对儿童青少年心理发展的影响：父母冲突的重要作用.心理发展与教育,32(2),246 - 256.

龚君.(2012).父母离异对中学生学习态度的影响研究.长沙：湖南师范大学硕士学位论文.

何丽,唐信峰,朱志勇,王建平.(2016).持续性联结及其与丧亲后适应的关系.心理科学进展,24(5),765 - 772.

李长瑾,楼晨梦.(2011).温州市学前儿童死亡概念的研究.2011 年浙江省心理卫生协会第九届学术年会论文汇编.

林崇德.(1992).离异家庭子女心理的特点.北京师范大学学报,(1),54 - 61.

林洞怡,桑标.(2008).离异家庭儿童发展性研究综述.心理科学,31(1),163 - 165.

刘新宪.(2021).哀伤疗愈.北京：中国人民大学出版社.

刘新宪,王建平.(2018).丧子后婚姻危机的心理分析及应对建议.心理与健康,(12),22 - 24.

刘新宪,王建平.(2019a).丧子哀伤,男女有别.心理与健康,(5),22 - 23.

刘新宪,王建平.(2019b).解析"延长哀伤障碍".心理与健康,(3),20 - 23.

刘新宪,王建平.(2019c).我走出来了吗？——正常哀伤反应与病理性哀伤.心理与健康,(12),90 - 92.

秦金环,阴国恩,王雁.(1990).离异家庭儿童心理调查研究.天津师范大学学报(社会科学版),(4),17 - 21.

桑迪·佩金帕.(2020).浴火重生：一位丧子母亲哀伤疗愈的心路历程.王建平,王逸,刘新宪,译.北京：北京师范大学出版社.

商智娟.(2017).*父母离异对学困生的影响研究——以 L 同学为例*. 石家庄：河北师范大学硕士学位论文.

王建平,刘新宪.(2019).*哀伤理论与实务：丧子家庭心理疗愈*. 北京：北京师范大学出版社.

王娟.(2012).*父母离异对学生的影响研究*. 南充：西华师范大学硕士学位论文.

吴靖,陈金赞,叶忠根,王治玉.(1990).离婚家庭儿童学习活动的问题及成因.*心理发展与教育*,6(4),194-202.

徐洁,陈顺森,张日昇,张雯.(2011).丧亲青少年哀伤过程的定性研究.*中国心理卫生杂志*,25(9),650-654.

张向葵,王金凤,孙树勇,吴文菊,张树东.(1998).3.5—6.5 岁儿童对死亡认知的研究.*心理发展与教育*,14(4),8-11.

赵瑞芳.(2009).4—5 岁儿童对死亡三个特征的理解.*中国校外教育(下旬刊)*,(9),27.

朱莉琪,方富熹.(2006).学前儿童对死亡认知的研究.*中国临床心理学杂志*,14(1),91-93.

二、英文部分

Amato, P. R. (2010). Research on divorce: Continuing trends and new developments. *Journal of Marriage and Family*, 69, 621-638.

Amato, P. R., & Afifi, T. D. (2006). Feeling caught between parents: Adult children's relations with parents and subjective well-being. *Journal of Marriage and Family*, 68(1), 222-235.

Amato, P. R., & Keith, B. (1991). Parental divorce and the well-being of children: A meta-analysis. *Psychological Bulletin*, 110, 26-46.

American Academy of Pediatrics. (2003). Family pediatrics: Report of the task force on the family. *Pediatrics*, 111, 1541-1571.

American Psychiatric Association. (2013). *Diagnostic and statistical manual of mental disorders* (5th ed.). Washington, DC: American Psychiatric Association.

American Psychiatric Association. (2020). *Addition of a New Diagnosis, "Prolonged Grief Disorder," to the Depressive Disorders Chapter*. American Psychiatric Association.

Anderson, J. (2014). The impact of family structure on the health of children: Effects of divorce. *Linacre Quarterly*, 81(4), 378-387.

Andriessen, K., Draper, B., Dudley, M., & Mitchell, P. B. (2016). Pre-and postloss features of adolescent. *Death Studies*, 40(4), 229-246.

Andriessen, K., Hadzi-Pavlovic, D., Draper, B., Dudley, M., & Mitchell, P. B. (2018). The Adolescent Grief Inventory: Development of a novel grief measurement. *Journal of Affective Disorders*, *240*, 203 – 211.

Attig, T. (2011). *How we grieve*. New York: Oxford University Press.

Ayers, T. S., Wolchik, S. A., Sandler, I. N., Twohey, J. L., Weyer, J. L., Padgett-Jones, S., Weiss, L., Cole, E., & Kriege, G. (2013). The Family Bereavement Program: Description of a theory-based prevention program for parentally-bereaved children and adolescents. *Omega (Westport)*, *68*(4), 293 – 314.

Badakar, M. C. (2017). Evaluation of the relevance of Piaget's cognitive principles among parented and orphan children in Belagavi city, Karnataka, India: A comparative study. *International Journal of Clinical Pediatric Dentistry*, *10*(4), 346 – 350.

Balk, D. E. (2002). Adolescent bereavement and the domain of prevention. *The Prevention Research*, *9*(2), 14 – 15.

Balk, D. E. (2009). *Adolescent encounters with death, bereavement, and coping*. New York: Springer Publishing Company.

Beck, A. T. (1976). *Cognitive therapy and the emotional disorders*. New York: Penguin.

Beck, J. S. (1964). *Cognitive therapy: Basics and beyond*. New York: The Guilford Press.

Beck, J. S., Beck, A. T., & Jolly, J. B. (2005). *Beck Youth Inventories-Second Edition*. New York: Psychological Corperation.

Beilin, H., & Fireman, G. (1999). The foundation of Piaget's theories: Mental and physical action. *Advances in Child Development and Behavior*, *27*, 221 – 246.

Benjamin, C. L., & Puleo, C. M. (2012). History of cognitive-behavioral therapy (CBT) in youth. *Child and Adolescent Psychiatric Clinics of North America*, *20*(2), 179 – 189.

Bergman, A. S., Axberg, U., & Hanson, E. (2017). When a parent dies: A systematic review of the effects of support programs for parentally bereaved children and their caregivers. *BMC Palliative Care*, *16*(1), 39 – 45.

Billingham, R. E., & Notebaert, N. L. (1993). Divorce and dating violence revisited: Multivariate analyses using Straus's conflict tactics subscores. *Psychological Reports*, *73*(2), 679 – 684.

Blakley, T. L. (2007). Murder and faith: A reflected case study of pastoral interventions in traumatic grief. *Journal of Pastoral Care and Counseling*, *61*, 59 – 69.

Boelen, P. A. (2006). Cognitive-behavioral therapy for complicated grief: Theoretical underpinnings and case descriptions. *Journal of Loss and*

Trauma, *11*(1), 1 – 30.

Boelen, P. A. , Kip, H. J. , Voorsluijs, J. J. , & van den Bout, J. (2004). Irrational beliefs and basic assumptions in bereaved university students: A comparison study. *Journal of Rational-Emotive and Cognitive-Behavior Therapy*, *22*, 111 – 129.

Boelen, P. A. , Lenferink, L. , & Spuij, M. (2021). CBT for prolonged grief in children and adolescents: A randomized clinical trial. *American Journal of Psychiatry*, *178*(4), 294 – 304.

Boelen, P. A. , Spuij, M. , & Lenferink, L. (2019). Comparison of DSM – 5 criteria for persistent complex bereavement disorder and ICD-11 criteria for prolonged grief disorder in help-seeking bereaved children. *Journal of Affective Disorders*, *250*(1), 71 – 78.

Boelen, P. A. , Stroebe, M. S. , Schut, H. A. , & Zijerveld, A. M. (2006). Continuing bonds and grief: A prospective analysis. *Death Studies*, *30*(8), 767 – 776.

Boelen, P. A. , van den Hout, M. A. , & van den Bout, J. (2006). A cognitive-behavioral conceptualization of complicated grief. *Clinical Psychology: Science and Practice*, *13*(2), 109 – 128.

Boelen, P. A. , van den Bout, J. , & van den Hout, M. A. (2006). Negative cognitions and avoidance in emotional problems after bereavement: A prospective study. *Behaviour Research and Therapy*, *44*(11), 1657 – 1672.

Bonanno, G. (2004). Loss, trauma, and human resilience: Have we underestimated the human capacity to thrive after extremely aversive events? *American Psychologist*, *59*(1), 20 – 28.

Botella, C. O. (2008). Treatment of complicated grief using virtual reality: A case report. *Death Studies*, *32*(7), 674 – 692.

Bowlby, J. (1960). Grief and mourning in infancy and early childhood. *Psychoanalytic Study of the Child*, *15*, 9 – 52.

Bowlby, J. (1969). *Attachment and loss, Vol. 1: Attachment*. New York: Basic Books.

Bowlby, J. (1973). *Attachment and loss, Vol. 2: Separation*. New York: Basic Books.

Bowlby, J. (1980). *Attachment and loss, Vol. 3: Loss, sadness and depression*. New York: Basic Books.

Branch, R. , & Willson, R. (2010). *Cognitive behavioural therapy for dummies* (3rd Edition). Hoboken, NJ: John Wiley & Sons, Inc.

Brand, J. E. , Moore, R. , Song, X. , & Xie, Y. (2019). Parental divorce is not uniformly disruptive to children's educational attainment. *Proceedings of the National Academy of Sciences of the United States of America*, *116*(15), 7266 – 7271.

Breitbart, W. S. (2016). Meaning-centered psychotherapy (MCP) for advanced cancer patients. In Alexander Batthyány (Ed.), *Logotherapy and existential analysis*. Vienna: Springer International Publishing.

Breitbart, W. S. (2017). The existential framework of meaning-centered psychotherapy. In W. S. Breitbart (Ed.), *Meaning-centered psychotherapy in the cancer setting finding meaning and hope in the face of suffering*. New York: Oxford Publishing.

Breitbart, W. S. , Applebaum, A. J. , & Masterson, M. (2017). Meaning-centered group psychotherapy for advanced cancer patients. In W. S. Breitbart (Ed.), *Meaning-centered group psychotherapy for advanced cancer patients* (pp. 15 – 40). New York: Oxford University Press.

Breitbart, W. S. , & Poppito, S. R. (2014a). *Individual meaning-centered psychotherapy for patients with advanced cancer: A treatment manual*. New York: Oxford University Press.

Breitbart, W. S. , & Poppito, S. R. (2014b). *Meaning-centered group psychotherapy for patients with advanced cancer: A treatment manual*. Illustrated Edition. New York: Oxford University Press.

Brent, S. B. , Lin, C. , Speece, M. W. , Dong, Q. , & Yang, C. (1996). The development of the concept of death among Chinese and U. S. children 3 – 17 years of age: From binary to "fuzzy" concepts? *Omega- Journal of Death and Dying*, *33*(1), 67 – 83.

British Association for Counselling and Psychotherapy. (2019). Making meaning out of loss. *Therapy Today*, *30*(7).

Brown, A. C. , Sandler, I. N. , Tein, J. Y. , Liu, X. , & Haine, R. A. (2007). Implications of parental suicide and violent death for promotion of resilience of parentally-bereaved children. *Death Studies*, *31*(4), 301 – 335.

Brown, J. , Cohen , P. , Johnson, J. G. , & Salzinger, S. (1998). A longitudinal analysis of risk factors for child maltreatment: Findings of a 17-year prospective study of officially recorded and self-reported child abuse and neglect. *Child Abuse and Neglect*, *22*(11), 1065 – 1078.

Brudek, P. , & Sekowski, M. (2019). Wisdom as the mediator in the relationships between meaning in life and attitude towards death. *Omega-Journal of Death and Dying*, *83*(1), 3 – 32.

Caserta, M. S. , & Lunda, D. A. (2007). Toward the development of an Inventory of Daily Widowed Life (IDWL): Guided by the dual process model of coping with bereavement. *Death Studies*, *31*(6), 505 – 535.

CDC/NCHS. (2013). *Summary health statistics for U. S. children: National health interview survey*, *2012*. Centers for Disease Control and Prevention Web Site.

Cerel, J. , Fristad, M. A. , Verducci, J. , Weller, R. A. , & Weller, E. B. (2006). Childhood bereavement: Psychopathology in the 2 years postparental death. *Journal of the American Academy of Child and Adolescent Psychiatry*, *45*(6), 681 – 690.

Charles, D. R. , & Charles, M. (2006). Sibling loss and attachment style. *Pyschoanalytic Psychology*, *23*(1), 72 – 90.

Chomsky, N. (1986). *Knowledge of language: Its nature, origin, and use.* New York: Praeger.

Christ, G. H. (2000). *Healing children's grief: Surviving a parent's death from cancer.* New York: Oxford University Press.

Christ, G. H. (2006). Providing a home-based therapeutic program for widows and children. In P. Greene, G. H. Christ, S. Lynch, & M. P. Corrigan (Eds.), *FDNY crisis counseling: Innovative responses to 9/11 fire fighters, families and communities* (pp. 180 – 211). New York: John Wiley & Sons, Inc.

Christ, G. H. (2010). Children bereaved by the death of a parent. In C. A. Corr, & D. E. Balk (Eds.), *Children's encounters with death, bereavement, and coping* (pp. 169 – 193). New York: Springer Publishing Company.

Clabburn, O. , Knighting, K. , Jack, B. A. , & O'Brien, M. R. (2019). Continuing bonds with children and bereaved young people: A narrative review. *Omega-Journal of Death and Dying*, *83*(3), 371 – 389.

Cohen, J. A. , & Mannarino, A. P. (2004). Treatment of childhood traumatic grief. *Journal of Clinical Child and Adolescent Psychology*, *33*(4), 819 – 831.

Cohen, J. A. , & Mannarino, A. P. (2015). Trauma-focused cognitive behavioral therapy for traumatized children and families. *Child and Adolescent Psychiatric Clinics of North America*, *24*(3), 557 – 570.

Cohen, J. A. , Kelleher, K. J. , & Mannarino, A. P. (2008). Identifying, treating, and referring traumatized children. *Archives of Pediatrics and Adolescent Medicine*, *162*(5), 447 – 452.

Cohen, J. A. , Mannarino, A. P. , & Deblinger, E. (2006). *Treating trauma and traumatic grief in children and adolescents* (1st Edition). New York: The Guilford Press.

Cohen, J. A., Mannarino, A. P., & Deblinger, E. (2017). *Treating trauma and traumatic grief in children and adolescents* (2nd Edition). New York: The Guilford Press.

Cohen, J. A., Mannarino, A. P., & Staron, V. R. (2006). A pilot study of modified cognitive-behavioral therapy for childhood traumatic grief (CBT-CTG). *Journal of the American Academy of Child and Adolescent Psychiatry*, *45*(12), 1465 - 1473.

Colby, A. K. (1987). Theoretical introduction to the measurement of moral judgment. In A. Colby & L. Kohlberg (Eds.), *The measurement of moral judgment: Theoretical foundations and research validation* (Vol. 1). Cambridge: Cambridge University Press.

Corr, C. A., & Balk, D. (Eds.) (2010). *Children's encounters with death, bereavement, and coping*. New York: Springer Publishing Company.

Crain, W. (2014). *Theories of development: Concepts and applications*. Harlow: Pearson Education Limited.

Crenshaw, D. A. (2006). An interpersonal neurobiological-informed treatment model for childhood complicated grief. *Omega-Journal of Death and Dying*, *54*(4), 319 - 335.

Dalal, P. K., & Sivakumar, T. (2009). Moving towards ICD - 11 and DSM - V: Concept and evolution of psychiatric classification. *Indian Journal of Psychiatry*, *51*(4), 310 - 319.

Dalton, L., Rapa, E., Channon-Wells, H., Davies, V., Stein, A., & Bland, R. (2020, March 25). *How to tell children that someone has died.* Retrieved from https://www.psych.ox.ac.uk/files/research/how-to-tell-children-that-someone-has-died.pdf

David, D., Cotet, C., Matu, S., Mogoase, C., & Stefan, S. (2018). 50 years of rational-emotive and cognitive-behavioral therapy: A systematic review and meta-analysis. *Journal of Clinical Psychology*, *74*(3), 304 - 318.

Debra, B. L. (2010). Family structure and children's health in the United States: Findings from the National Health Interview Survey, 2001 - 2007. *Vital and Health Statistics*, *246*, 1 - 166.

Dezelic, M. (2014). *Meaning-centered therapy workbook: Based on Viktor Frankl's logotherapy and existential analysis*. San Rafael, CA: Palace Printing and Design.

Dohoon, L., & McLanahan, S. (2015). Family structure transitions and child development: Instability, selection, and population heterogeneity. *American Sociological Review*, *80*(4), 738 - 763.

Doka, K. J. (1989). Disenfranchised grief. In K. J. Doka (Ed.),

Disenfranchised grief: Recognizing hidden sorrow (pp. 3 - 11). Lexington, MA: Lexington Books.

Donahue, K. L., D'Onofrio, B. M., Bates, J. E., Lansford, J. E., Dodge, K. A., & Pettit, G. S. (2010). Early exposure to parents' relationship instability: Implications for sexual behavior and depression in adolescence. *Journal of Adolescent Health*, 47(6), 547 - 554.

D'Onofrio, B., & Emery, R. (2019). Parental divorce or separation and children's mental health. *World Psychiatry*, 18(1), 100 - 101.

Dowdney, L. (2000). Annotation: Childhood bereavement following parent death. *Journal of Child Psychology and Psychiatry*, 41, 819 - 830.

Dyregrov, A., & Yule, W. (2006). A review of PTSD in children. *Child and Adolescent Mental Health*, 11(4), 176 - 184.

Dyregrov, A., Yule, W., Smith, P., Perrin, S., Gjestad, R., & Prigerson, P. (2001). *The Inventory of Complicated Grief for Children* (ICG-C). Bergen, Norway: Children and War Foundation.

Edelman, H. (2006). *Motherless daughters: The legacy of loss* (2nd Ed.). Cambridge: Da Capo Press.

Emery, R. E. (2016). *Two homes, one childhood: A parenting plan to last a lifetime*. New York: Avery.

Erikson, E. H. (1958). *Young man Luther*. New York: W. W. Norton.

Erikson, E. H. (1959). *Identity and the life cycle*. Madison, CT: International Universities Press.

Erikson, E. H. (1963). *Childhood and society* (2nd Ed.). New York: W. W. Norton.

Erikson, E. H. (1964). *Insight and responsibility*. New York: W. W. Norton.

Erikson, E. H. (1968). *Identity: Youth and crisis*. New York: W. W. Norton.

Erikson, E. H. (1982). *The life cycle completed*. New York: W. W. Norton.

Erikson, E. H., & Erikson, J. M. (1997). *The life cycle completed: Extended version*. New York: W. W. Norton.

Evans, R. I. (1969). *Dialogue with Erik Erikson*. New York: Dutton.

Fagan, P. F., & Churchill, A. (2012). *The effects of divorce on children*. MARRI Research.

Feigelman, W., & Gorman, B. S. (2008). Assessing the effects of peer suicide on youth suicide. *Suicide and Life-Threatening Behavior*, 38(2), 181 - 194.

Fenn, K., & Byrne, M. (2013). The key principles of cognitive behavioural therapy. *InnovAiT*, *6*(9), 579 – 585.

Field, N. P. (2006). Continuing bonds in adaptation to bereavement: Introduction. *Death Studies*, *30*(8), 709 – 714.

Field, N. P., & Filanosky, C. (2008). Continuing bonds, risk factors for complicated grief, and adjustment to bereavement. *Death Studies*, *34*(1), 1 – 29.

Field, N. P., Gao, B., & Paderna, L. (2005). Continuing bonds in bereavement: An attachment theory based perspective. *Death Studies*, *29*(4), 277 – 299.

Fiore, J. (2019). A systematic review of the dual process model of coping with bereavement. *Omega: Journal of Death and Dying*. Advance online publication. 10. 1177/0030222819893139 – DOI-PubMed

Flavell, J. (1967). *The developmental psychology of Jean Piaget*. New York: D. Van Nostrand Company.

Fleming, S., & Robinson, P. (2001). Grief and cognitive-behavioral therapy: The reconstruction of meaning. In M. S. Stroebe, R. O. Hansson, W. Stroebe, & H. Schut (Eds.), *Handbook of bereavement research: Consequences, coping, and care* (pp. 647 – 669). Washington, DC: American Psychological Association.

Foster, T. L., Gilmer, M. J., Davies, B., Dietrich, M. S., Barbera, M. S., & Barrera, M. (2011). Comparison of continuing bonds reported by parents and siblings after a child's death from cancer. *Death Studies*, *35*(5), 420 – 440.

Frankford, M. D. (2017). *The dead in therapy: Therapists' approach to continuing bonds in treatment*. Rutgers The State University of New Jersey, Graduate School of Applied and Professional Psychology.

Frankl, V. (1969). *The will to meaning: Foundations and applications of logotherapy*. New York: Penguin/Plume.

Frankl, V. (1973). *The doctor and the soul: From psychotherapy to logotherapy*. New York: Vintage Books.

Freud, S. (1905). *Three contributions to the theory of sex: The basic writings of Sigmund Freud*. (A. A. Brill, Trans.) New York: Modern Library.

Freud, S. (1917/1953). Mourning and melancholia. In J. Strachey (Ed.), *The standard edition of the complete psychological works of Sigmund Freud* (Vol. 14) (Oringinal work published 1917), 243 – 258.

Garriga, A., & Pennoni, F. (2022). The causal effects of parental divorce and parental temporary separation on children's cognitive abilities and psychological well-being according to parental relationship quality. *Social*

Indicators Research, *161*(2), 963 – 987.

Geiger, A. W. , & Livingston, G. (2019, Feb 13). *8 facts about love and marriage in America*. Retrieved from www. pewresearch. org/: https://www. pewresearch. org/fact-tank/2019/02/13/8 – facts-about-love-and-marriage/

Gillies, J. , & Neimeyer, R. A. (2006). Loss, grief, and the search for significance: Toward a model of meaning reconstruction in bereavement. *Journal of Constructivist Psychology*, *19*(1), 31 – 36.

Goldman, L. (2000). *Life and loss: A guide to help grieving children* (2nd Ed.). Philadelphia: Accelerated Development Inc.

Goodman, R. F. (2004). Letting the story unfold: A case study of client-centered therapy for childhood traumatic grief. *Harvard Review of Psychiatry*, *12*(4), 199 – 212.

Grollman, E. A. (2011). *Talking about death: A Dialogue between parent and child*. Boston: Beacon Press.

Grych, J. H. , & Fincham, F. D. (1997). Children's adaptation to divorce: From description to explanation. In S. Wolchik, & I. Sandler (Eds.), *Handbook of children's coping: Linking theory and intervention* (pp. 159 – 193). New York: Plenum Press.

Haggbloom, S. W. (2002). The 100 most eminent psychologists of the 20th century. *Review of General Psychology*, *6*(2), 139 – 152.

Haine, R. A. , Ayers, T. S. , Sandler, I. N. , & Wolchik, S. A. (2008). Evidence-based practices for parentally bereaved children and their families. *Professional Psychology: Research and Practice*, *39*(2), 113 – 121.

Heath, M. A. , & Cole, B. V. (2012). Identifying complicated grief reactions in children. In S. E. Brock, & S. Jimerson (Eds.), *Best practices in crisis intervention and intervention in schools* (2nd Ed.) (pp. 649 – 670). Bethesda, MD: National Association of School Psychologists.

Hill, R. M. , Kaplow, J. B. , Oosterhoff, B. , & Layne, C. M. (2019). Understanding grief reactions, thwarted belongingness, and suicide ideation in bereaved adolescents: Toward a unifying theory. *Journal of Clinical Psychology*, *75*(4), 780 – 793.

Hill, R. M. , Oosterhoff, B. , Layne, C. M. , Rooney, E. , Yudovich, S. , Pynoos, R. S. , & Kaplow, J. B. (2019). Multidimensional grief therapy: Pilot open trial of a novel intervention for bereaved children and adolescents. *Journal of Child and Family Studies*, *28*(11), 3062 – 3074.

Hogan, N. S. (1986). *An investigation of the adolescent sibling bereavement process and adaptation*. Chicago: Doctoral dissertation, Loyola University of Chicago, Dissertation abstracts international, 4024A.

Hogan, N. S. , & Greenfield, D. B. (1991). Adolescent sibling bereavement symptomatology in a large community sample. *Journal of Adolescent Research*, *6*(1), 97 – 112.

Hogan, N. S. , Schmidt, L. A. , Sharp, K. H. , Barrera, M. , Compas, B. E. , Davies, B. , Fairclough, D. L. , Gilmer, M. J. , Vannatta, K. , & Gerhardt, C. A. (2019). Development and testing of the Hogan Inventory of Bereavement short form for children and adolescents. *Death Studies*, *45*(4), 1 – 9.

Holland, J. M. , Currier, J. M. , & Neimeyer, R. A. (2006). Meaning reconstruction in the first two years of bereavement: The role of sense-making and benefit-finding. *Omega-Journal of Death and Dying*, *53*(3), 175 – 191.

Howell, K. H. , Barrett-Becker, E. P. , Burnside, A. N. , Wamser-Nanney, R. , Layne, C. M. , & Kaplow, J. B. (2016). Children facing parental cancer versus parental death: The buffering effects of positive parenting and emotional expression. *Journal of Child and Family Studies*, *25*(1), 152 – 164.

Howell, K. H. , Kaplow, J. B. , Layne, C. M. , Benson, M. A. , Compas, B. E. , Katalinski, R. , Pasalic, H. , Bosankic, N. , & Pynoos, N. (2014). Predicting adolescent posttraumatic stress in the aftermath of war: Differential effects of coping strategies across trauma reminder, loss reminder, and family conflict domains. *Anxiety*, *Stress*, *and Coping*, *28*, 88 – 104.

Iglesias, A. (2005). Hypnotictreatment of PTSD in children who have complicated bereavement. *American Journal of Clinical Hypnosis*, *48*, 183 – 189.

Jacquet, S. E. , & Surra, C. A. (2001). Parental divorce and premarital couples: Commitment and other relationship characteristics. *Journal of Marriage and Family*, *63*(3), 627 – 638.

Janoff-Bulman, R. (1992). *Shattered assumptions: Towards a new psychology of trauma*. New York: Free Press.

Jeffreys, J. S. (2005). *Helping grieving people: When tears are not enough: A handbook for care providers* (2nd Ed.). New York: Brunner-Routledge.

Jeynes, W. H. (2003). A meta-analysis: The effects of parental involvement on minority children's academic achievement. *Research Article*, *35*(2), 202 – 218.

Jónsson, F. H. , Njardvik, U. , Olafsdottir, G. , & Gretarssson, S. (2000).

Parental divorce: Long-term effects on mental health, family relations, and adult sexual behavior. *Scandinavian Journal of Psychology*, 41(2), 101 - 105.

Kacel, E., Gao, X., & Prigerson, H. G. (2011). Understanding bereavement: What every oncology practitioner should know. *The Journal of Supportive Oncology*, 9(5), 172 - 180.

Kakihara, F., Tilton-Weaver, L., Kerr, M., & Stattin, H. (2010). The relationship of parental control to youth adjustment: Do youths' feelings about their parents play a role? *Journal of Youth and Adolescence*, 39(12), 1442 - 1456.

Kalter, N., Lohnes, K. L., Chasin, J., Albert, C. C., Dunning, S., & Rowan, J. (2003). The adjustment of parentally bereaved children: I. Factors associated with short-term adjustmen. *Omega-Journal of Death and Dying*, 46(1), 15 - 34.

Kaplow, J. B., Howell, K. H., & Layne, C. M. (2014). Do circumstances of the death matter? Identifying socioenvironmental risks for grief-related psychopathology in bereaved youth. *Journal of Traumatic Stress*, 27(1), 42 - 49.

Kaplow, J. B., Layne, C. M., & Pynoos, R. S. (2019). Persistance complex bereavement disorder. In M. J. Prinstein, E. A. Youngstrom, E. J. Mash, & R. A. Barkley (Eds.), *Treatment of disorders in childhood and adolescence* (4th Edition) (pp. 560 - 590). New York: The Guilford Press.

Kaplow, J. B., Layne, C. M., Oosterhoff, B., Goldenthal, H., Howell, K. H., & Wamser-Nanney, R. (2018). Validation of the persistent complex bereavement disorder checklist: A developmentally informed assessment tool for bereaved youth. *Journal of Traumatic Stress*, 31(2), 244 - 254.

Kaplow, J. B., Layne, C. M., Pynoos, R. S., Cohen, J. A., & Lieberman, A. (2012). DSM - V diagnostic criteria for bereavement-related disorders in children and adolescents: Developmental considerations. *Psychiatry: Interpersonal and Biological Processes*, 75(3), 243 - 266.

Kaplow, J. B., Layne, C. M., Saltzman, W. R., Cozza, S. J., & Pynoos, R. S. (2013). Using multidimensional grief theory to explore effects of deployment, reintegration, and death on military youth and families. *Clinical Child and Family Psychology Review*, 16(3), 322 - 340.

Kastenbaum, R. (2007). *Death, society and human experience* (11th Ed.). New York: Pearson.

Kearney, J. A., & Ford, J. S. (2017). Adapting meaning-centered psychotherapy for adolescents and young adults with cancer. In W. Breitbart

(Ed.), *Meaning-centered psychotherapy in the cancer setting: Finding meaning and hope in the face of suffering* (pp. 100 – 111). New York: Oxford University Press.

Kempson, D., Conley, V., & Murdock, V. (2008). Unearthing the construct of transgenerational grief: The "ghost" of the sibling never known. *Illness Crisis and Loss*, *16*(4), 271 – 284.

Kenyon, B. L. (2001). Current research in children's conceptions of death: A critical review. *Journal of Death and Dying*, *43*(1), 69 – 91.

Killikelly, C., & Maercker, A. (2017). Prolonged grief disorder for ICD – 11: The primacy of clinical utility and international applicability. *European Journal of Psychotraumatology*, *8* (sup6). Retrieved 12 9, 2020, from https://www.ncbi.nlm.nih.gov/pmc/articles/PMC5990943/

Klass, D., Silverman, P. R., & Nickman, S. L. (1996). *Continuing bonds: New understandings of grief*. Washington, DC: Taylor & Francis.

Kleinsorge, C., & Covitz, L. M. (2012). Impact of divorce on children: Developmental considerations. *Pediatric Review*, *33*(4), 147 – 154.

Koehler, K. (2010). Sibling berevement in childhood. In C. A. Corr, & B. A. David (Eds.), *Children's encounters with death, bereavement, and coping* (pp. 195 – 218). New York: Springer Publishing Company.

Kosminsky, P. (2016). CBT for grief: Clearing cognitive obstacles to healing from loss. *Journal of Rational-Emotive and Cognitive-Behavior Therapy*, *35*(1), 1 – 12.

Kozlowska, K., Franzcp, F., Walker, P., & McLean, L. (2015). Fear and the defense cascade: Clinical implications and management. *Harvard Review of Psychiatry*, *23*(4), 263 – 287.

Kübler-Ross, E. (1969). *On death and dying*. New York: Macmillan Publishing Co.

Kübler-Ross, E. (2005). *On grief and grieving*. New York: Scribner.

Kwok, O. -M., Haine, R. A., Sandler, I. N., Ayers, T. S., Wolchik, S. A., & Tein, J. (2005). Positive parenting as a mediator of the relations between parental psychological distress and mental health problems of parentally bereaved children. *Journal of Clinical Child and Adolescent Psychology*, *34*(2), 260 – 271.

Layne, C. M., Beck, C. J., Rimmasch, H., Southwick, J. S., Moreno, M. A., & Hobfoll, S. E. (2009). Promoting "resilient" posttraumatic adjustment in childhood and beyond: "Unpacking" life events, adjustment trajectories, resources, and interventions. In D. Brom, R. Pat-Horenczyk, & J. Ford (Eds.), *Treating traumatized children: Risk, resilience, and recovery* (pp. 13 - 47). New York: Routledge.

Layne, C. M. , & Kaplow, J. B. (2020). Assessing breavement and grief disorder. In E. A. Youngstrom , M. J. Prinstein , R. A. Barkley, & E. J. Mash (Eds.), *Assessment of disorders in childhood and adolescence* (5th Ed.) (pp. 471 - 508). New York: The Guilford Press.

Layne, C. M. , Kaplow, J. B. , & Youngstrom, E. A. (2017). Applying evidence-based assessment to childhood trauma and bereavement: Concepts, principles, and practices. In M. A. Landholt, M. Cloitre, & U. Schnyder (Eds.), *Evidence-based treatments for trauma-related disorders in children and adolescents* (pp. 256 - 271). New York: Springer Press.

Layne, C. M. , Kaplow, J. B. , Oosterhoff, B. , Hill, R. , & Pynoos, R. S. (2017). The interplay between posttraumatic stress and grief reactions in traumatically bereaved adolescents: When trauma, bereavement, and adolescence converge. *Adolescent Psychiatry*, 7, 220 - 239.

Layne, C. M. , Pynoos, R. S. , Saltzman, W. R. , Arslanagić, B. , Black, M. , Savjak, N. , Popović, T. , Duraković, E. , Mušić, M. , Ćampara, N. , Djapo, N. , & Houston, R. (2001). Trauma/grief-focused group psychotherapy: School-based post-war intervention with traumatized Bosnian adolescents. *Group Dynamics: Theory, Research, and Practice*, 5 (4), 277 - 290.

Layne, C. M. , Savjak, N. , Saltzman, W. R. , & Pynoos, R. S. (2001). Currently being revised identifying complicated grief reactions in children. In S. E. Brock, & S. Jimerson (Eds.), *Best practices in crisis intervention and intervention in schools* (2nd Ed.) (pp. 649 - 670). Bethesda, MD: National Association of School Psychologists.

Layne, C. M. , Warren, J. S. , Saltzman, W. R. , Fulton, J. B. , Steinberg, A. M. , & Pynoos, R. S. (2006). Contextual influences on post-traumatic adjustment: Retraumatization and the roles of distressing reminders, secondary adversities, and revictimization. In L. A. Schein, H. I. Spitz, G. M. Burlingame, & P. R. Muskin (Eds.), *Group approaches for the psychological effects of terrorist disasters* (pp. 235 - 286). New York: Haworth.

Leach, P. (2015). *When parents part: How mothers and fathers can help their children deal with separation and divorce.* New York: Knopf Doubleday Publishing Group.

Lichtenthal, W. G. , & Breitbart, W. (2015). The central role of meaning in adjustment to the loss of a child to cancer: Implications for the development of meaning-centered grief therapy. *Current Opinion in Supportive and*

Palliative Care, *9*(1), 46 - 51.

Lichtenthal, W. G. , Catarozoli, C. , Masterson, M. , Slivjak, E. , Schofield, E. , Roberts, K. E. , Neimeyer, R. A. , Wiener, L. , Prigerson, H. G. , Kissane, D. W. , Li, Y. , & Breitbart, W. (2019). An open trial of meaning-centered grief therapy: Rationale and preliminary evaluation. *Palliative and Supportive Care*, *17*(1), 2 - 12.

Lichtenthal, W. G. , Currier, J. M. , Neimeyer, R. A. , & Keesee, N. J. (2010). Sense and significance: A mixed methods examination of meaning making after the loss of one's child. *Journal of Clinical Psychology*, *66*(7), 791 - 812.

Lichtenthal, W. G. , & Neimeyer, R. A. (2012). Directed journaling to facilitate meaning-making. In R. A. Neimeyer (Ed.), *Techniques of grief therapy: Creative practices for counseling the bereaved* (pp. 165 - 168). New York: Routledge/Taylor & Francis Group.

Lichtenthal, W. G. , Napolitano, S. , Roberts, K. E. , Sweeney, C. , & Slivjak, E. (2017). Meaning-centered grief therapy. In W. Breitbart (Ed.), *Meaning-centered-psychotherapy in the cancer setting: Finding meaning and hope in the face of suffering*. New York: Oxford University Press.

Lichtenthal, W. G. , Roberts, K. E. , Pessin, H. , Applebaum, A. , & Breitbart, W. (2020). Finding meaning in the face of suffering. *Psychiatric Times*, *37*(8), 23 - 25.

Lindemann, E. (1944). Symptomatology and management of acute grief. *American Journal of Psychiatry*, *101* (6 suppl), 141 - 148.

Little, M. , Sandler, I. , Wolchik, S. A. , Tein, J. -Y. , & Ayers, T. S. (2009). Comparing cognitive, relational and stress mechanisms underlying gender differences in recovery from bereavement-related internalizing problems. *Journal of Clinical Child and Adolescent Psychology*, *38*, 486 - 500.

Long, N. , & Forehand, R. (2002). *Making divorce easier on your child: 50 effective ways to help children adjust*. New York: McGraw Hill Professional.

Luecken, L. J. (2008). Long-term consequences of parental death in childhood: Psychological and physiological manifestations. In M. S. Stroebe, R. O. Hansson, H. Schut, & W. Stroebe (Eds.), *Handbook of bereavement research and practice: Advances in theory and intervention* (pp. 397 - 416). Washington, DC: American Psychological Association.

Lundh, A. (2012). *On the Children's Global Assessment Scale* (*CGAS*).

Stockholm, Sweden: Karolinska Institutet.

Maciejewski, P. K. (2016). "Prolonged grief disorder" and "persistent complex bereavement disorder", but not "complicated grief", are one and the same diagnostic entity: An analysis of data from the Yale Bereavement Study. *World Psychiatry*, *15*(3), 266 - 275.

Malkinson, R. (1996). Cognitive behavioral grief therapy. *Journal of Rational-Emotive and Cognitive-Behavioral Therapy*, *14*(4), 155 - 171.

Malkinson, R. (2010). Cognitive-behavioral grief therapy: The ABC model of rational-emotion behavior therapy. *Psychological Topics*, *2*, 289 - 305.

Malkinson, R. , & Ellis, A. (2000). The application of rational-emotive behavior therapy (REBT) in traumatic and non-traumatic grief. In S. Rubi, & E. Witztum (Eds.), *Traumatic and non-traumatic loss and bereavement: Clinical theory and practice* (pp. 173 - 196). Madison, CT: Psychosocial Press.

Mallon, B. (2001). *Managing loss, separation and bereavement: Best policy and practice.* London: Brenda Mallon.

Mallon, B. (2008). *Dying, death and grief: Working with adult bereavement.* Thousand Oaks, CA: SAGE Publishing.

Mannarino, A. P. , & Cohen, J. A. (2001). Treating sexually abused children and their famlies: Identifying and avoiding professional role conflicts. *Trauma, Violence and Abuse*, *2*, 331 - 342.

Marmar, C. H. (1988). A controlled trial of brief psychotherapy and mutual help group treatment of conjugal bereavement. *American Journal of Psychiatry*, *145*, 203 - 209.

Martin, T. (2010). A pilot study of a tool to measure instrumental and intuitive styles of grieving. *Omega-Journal of Death and Dying*, *53*(4), 263 - 278.

Marwaha, S. , Goswami, M. , & Vashist, B. (2017). Prevalence of principles of Piaget's theory among 4 - 7-year-old children and their correlation with IQ. *Journal of Clinical and Diagnostic Research*, *11*(8), 111 - 115.

McCarthy, C. (2019, 12 2). *How to talk to children about the serious illness of a loved one.* Retrieved from https://www. health. harvard. edu/blog/how-to-talk-to-children-about-the-serious-illness-of-a-loved-one-2019120218468

McClatchy, I. S. , Vonk, E. M. , & Palardy, G. (2009). The prevalence of childhood traumatic grief: A comparison of violent/sudden and expected loss. *Omega-Journal of Death and Dying*, *59*(4), 305 - 323.

McLaughlin, K. A. , Garrad, M. C. , & Somerville, L. H. (2015). What develops during emotional development? A component process approach to identifying sources of psychopathology risk in adolescence. *Dialogues in*

Clinical Neuroscience, *17*(4), 403 – 410.

Melhem, N. M. , Monica, W. , Grace, M. , & Brent, D. A. (2008). Antecedents and sequelae of sudden parental death in offspring and surviving caregivers. *Archives of Pediatrics and Adolescent Medicine*, *162*(5), 403 – 410.

Melhem, N. M. , Moritz, G. , Walker, M. , Shear, M. K. , & Brent, D. (2007). Phenomenology and correlates of complicated grief in children and adolescents. *Journal of the American Academy of Child and Adolescent Psychiatry*, *46*(4), 493 – 499.

Melhem, N. M. , Porta, G. , Payne, M. W. , & Brent, D. A. (2013). Identifying prolonged grief reactions in children: Dimensional and diagnostic approaches. *Journal of the American Academy of Child and Adolescent Psychiatry*, *52*(6), 599 – 607.

Melhem, N. M. , Porta, G. , Shamseddeen, W. , Payne, M. W. , & Brent, D. A. (2011). The course of grief in children bereaved by sudden parental death. *Archives of General Psychiatry*, *68*(9), 911 – 919.

Monaghan, J. H. , Robinson, J. O. , & Dodge, J. A. (1979). The Children's Life Events Inventory. *Journal of Psychosomatic Research*, *23*(1), 63 – 68.

Mooney, A. , Oliver, C. , & Smith, M. (2009). *Impact of family breakdown on children's well-being evidence review.* London: University of London, Institute of Education, Thomas Coram Research Unit.

Moore, C. (2018). Helping grieving children and adolescents. In E. Bui (Ed.), *Clinical handbook of bereavement and grief reactions, current clinical psychiatry.* Cham: Humana Press.

Moore, J. , & Moore, C. (2010). Talking to children about death-related issues. In C. A. Corr, & D. E. Balk (Eds.), *Children's emcounters with death, bereavement, and coping* (pp. 277 – 291). New York: Springer Publishing Company.

Nader, K. (2008). *Understanding and assessing trauma in children and adolescents: Measures, methods, and youth in context.* New York: Routledge.

Nader, K. , & Salloum, A. (2011). Complicated grief reactions in children and adolescents. *Journal of Child and Adolescent Trauma*, *4*, 233 – 257.

National Child Traumatic Stress Network. (2021, 6 3). *Trauma-focused cognitive behavioral therapy.* Retrieved from www. nctsn. org: https://www. nctsn. org/interventions/trauma-focused-cognitive-behavioral-therapy

National Child Traumatic Stress Network. (2018). *National Child Traumatic*

Stress Network. Retrieved 10 17, 2020, from TGCTA: Trauma and Grief Component Therapy: https://www. nctsn. org/sites/default/files/ interventions/tgcta_fact_sheet. pdf

Neimeyer, R. A. (1996). Process interventions for the constructivist. In H. Rosen, & K. T. Kuehlwein (Eds.), *Constructing realities* (pp. 121 - 134). San Francisco: Jossey-Bass.

Neimeyer, R. A. (2001a). *Meaning reconstruction and the experience of loss*. Washington, DC: American Psychological Association.

Neimeyer, R. A. (2001b). Reauthoring life narratives: Grief therapy as meaning reconstruction. *Israel Journal of Psychiatry and Related Sciences*, *38*(3 - 4), 171 - 183.

Neimeyer, R. A. (2009). *Constructivist psychotherapy: Distinctive features*. London & New York: Routledge.

Neimeyer, R. A. (2011). Reconstructing meaning in bereavement: Summary of a research program. *Estudos de Psicologia (Campinas)*, *28*(4). Retrieved 02 19, 2021, from https://doi. org/10. 1590/S0103 - 166X2011000400002

Neimeyer, R. A. (2019). Meaning reconstruction in bereavement: Development of a research program. *Death Studies*, *43*(2), 79 - 91.

Neimeyer, R. A. , & Anderson, A. (2002). Meaning reconstruction theory. In N. Thompson, & J. Campling (Eds.), *Loss and grief: A guide for human services practitioners*. New York: Palgrave.

Neimeyer, R. A. , Baldwin, S. A. , & Gillies, J. (2006). Continuing bonds and reconstructing meaning: Mitigating complications in bereavement. *Death Studies*, *30*(8), 715 - 738.

Neimeyer, R. A. , Batista, J. , & Gonçalves, M. M. (2018). Finding meaning in loss: A narrative constructivist contribution. In E. Bui (Ed.), *Clinical handbook of bereavement and grief reactions* (pp. 161 - 187). Cham: Humana Press.

Neimeyer, R. A. , Burke, L. A. , Mackay, M. M. , & van Dyke Stringer, J. G. (2010). Grief therapy and the reconstruction of meaning: From principles to practice. *Journal of Contemporary Psychotherapy: On the Cutting Edge of Modern Developments in Psychotherapy*, *40*(2), 73 - 83.

Neimeyer, R. A. , & Thompson, B. E. (2014). Meaning making and the art of grief therapy. In B. E. Thomspon, & R. A. Neimeyer (Eds.), *Grief and the expressive arts: Practices for creating meaning* (pp. 3 - 14). New York: Routlede.

O'Connor, M. N. (2003). Writing therapy for the bereaved: Evaluation of an intervention. *Journal of Palliative Medicine*, *6*(2), 195 - 204.

Oosterhoff, B., Kaplow, J. B., & Layne, C. M. (2018). Links between bereavement due to sudden death and academic functioning: Results from a national survey of adolescents. *School Psychology Quarterly*, *33*(3), 372 - 380.

Parkes, C. M. (1972). *Bereavement: Studies of grief in adult life*. Madison: International Universities Press.

Parkes, C. M., & Prigerson, H. G. (2013). *Bereavement: Studies of grief in adult life*, 4th Ed. New York: Routledge.

Pearlman, M. Y., Schwalbe, K. D., & Cloitre, M. (2010). *Grief in childhood: Fundamentals of treatment in clinical practice*. Washington, DC: American Psychological Association.

Pfefferbaum, B., Sweeton, J. L., Nitiéma, P., Noffsinger, M. A., Varma, V., Nelson, S. D., & Newman, E. (2014). Child disaster mental health interventions: Therapy components. *Prehospital and Disaster Medicine*, *29* (5), 494 - 502.

Piaget, J. (1952). *The origins of intelligence in children* (M. Cook, Trans.). New York: International Universities Press.

Piper, W. O. (2011). *Short-term group therapies for complicated grief: Two research-based models*. Washington, DC: American Psychological Association.

Pohlkamp, L., Kreicbergs, U., Prigerson, H. G., & Sveen, J. (2018). Psychometric properties of the Prolonged Grief Disorder-13 (PG-13) in bereaved Swedish parents. *Psychiatry Research*, *267*, 560 - 565.

Prigerson, H. G. (1995a). Complicated grief and bereavementrelated depression as distinct disorders: Preliminary empirical validation among in elderly bereaved spouses. *American Journal of Psychiatry*, *152*(1), 22 - 30.

Prigerson, H. G. (1995b). The Inventory of Complicated Grief: A scale to measure maladaptive symptoms of loss. *Psychiatry Research*, *59*, 65 - 79.

Prigerson, H. G. (1999a). Consensus criteria for traumatic grief: A preliminary empirical test. *British Journal of Psychiatry*, *174*, 67 - 73.

Prigerson, H. G. (1999b). Influence of traumatic grief on suicidal ideation among young adults. *American Journal of Psychiatry*, *156*(12), 1994 - 1995.

Prigerson, H. G., & Jacobs, S. C. (2001). Traumatic grief as a distinct disorder: A rationale, consensus criteria, and a preliminary empirical test. In M. S. Stroebe, R. O. Hansson, W. Stroebe, & H. Shut (Eds.), *Handbook of bereavement research: Consequences, coping, and care* (pp. 613 - 645). Washington, DC: American Psychological Association.

Prigerson, H. G. , Maciejewski, P. K. , Reynolds III, C. F. , Bierhals, A. J. , Newsom, J. T. , Fasiczka, A. , Frank, E. , Doman, J. , & Miller, M. (1995). Inventory of Complicated Grief: A scale to measure maladaptive symptoms of loss. *Psychiatry Research*, *59*(1 - 2), 65 - 79.

Prigerson, H. G. , Nader, K. , & Maciejewski, P. K. (2005). *Complicated Grief Assessment Interview (child version)- Short form.* Austin, TX: Two Suns.

Prigerson, H. G. , Shear, M. K. , Newsom, J. T. , Frank, E. , Reynolds III, C. F. , Maciejewski, P. K. , Houck, P. R. , Bierhals, A. J. , & Kupfer, D. J. (1996). Anxiety among widowed elders: Is it distinct from depression and grief? *Anxiety*, *2*(1), 1 - 12.

Prigerson, H. G. , Vanderwerker, L. C. , & Maciejewski, P. K. (2008). A case for inclusion of prolonged grief disorder in DSM - V. In M. S. Stroebe, R. O. Hansson, H. Schut, & W. Stroebe (Eds.), *Handbook of bereavement research and practice: Advances in theory and intervention* (pp. 165 - 186). Washington, DC: American Psychological Association.

Rando, T. (1984). *Grief, dying, and death: Clinical interventions for caregivers.* Champaign, IL: Research Press.

Rapa, E. , Dalton, L. , & Stein, A. (2020). Talking to children about illness and death of a loved one during the COVID - 19 pandemic. *The Lancet Child and Adolescent Health*, *4*(8), 560 - 562.

Ringsback-Weitoft, G. , Hjem, A. , Haglund, B. , & Rosen, M. (2003). Mortality, severe morbidity and injury in children living with single parents in Sweden: A population-based study. *Lancet*, *361*, 289 - 295.

Robbins, S. P. , Chatterjee, P. , & Canda, E. R. (2006). *Contemporary human behavior.* Boston: Pearson Education, Inc.

Rodriguez-JenKings, J. , & Marcenko, M. O. (2014). Parenting stress among child welfare involved families: Differences by child placement. *Children and Youth Services Review*, *46*, 19 - 27.

Rosen, E. J. (1988). Family therapy in cases of interminable grief for the loss of a child. *Omega-Journal of Death and Dying*, *19*(3), 187 - 202.

Rosner, R. , Kruse, J. , & Hagl, M. (2010). A meta-analysis of interventions for bereaved children and adolescents. *Death Studies*, *34*(2), 99 - 136.

Rubin, S. S. (1996). The wounded family: Bereaved parents and the impact of adult. In D. Klass, P. Silverman, & S. Nickman (Eds.), *Continuing bonds: New understandings of grief* (pp. 217 - 232). Washington, DC: Taylor & Francis.

Ruggiero, G. M. , Spada, M. M. , Caselli, G. , & Sandra, S. (2018). A historical and theoretical review of cognitive behavioral therapies: From structural self-knowledge to functional processes. *Journal of Rational-Emotive and Cognitive-Behavior Therapy*, *36*, 378 - 403.

Ryan, R. M. (2015). Nonresident fatherhood and adolescent sexual behavior: A comparison of siblings approach. *Developmental Psychology*, *51*(2), 211 - 223.

Saltzman, W. R. , Layne, C. M. , Pynoos, R. S. , Olafson, E. , Kaplow, J. B. , & Boat, B. (2017). *Trauma and grief component therapy for adolescents: A modular approach to treating traumatized and bereaved youth*. New York: Cambridge University Press.

Sandler, I. N. , Ayers, T. S. , Wolchik, S. A. , Tein, J.-Y. , Kwok, O. M. , & Haine, R. A. (2003). The Family Bereavement Program: Efficacy evaluation of a theory-based prevention program for parentally bereaved children and adolescents. *Journal of Consulting and Clinical Psychology*, *71*(3), 587 - 600.

Sandler, I. N. , Gunn, H. , Mazza, G. , Tein, J.-Y. , Wolchik, S. , Kim, H. , Ayers, T. S. , & Porter, M. (2018). Three perspectives on mental health problems of young adults and their parents at a 15 - year follow-up of the Family Bereavement Program. *Journal of Consulting and Clinical Psychology*, *86*(10), 845 - 855.

Sandler, I. N. , Tein, J.-Y. , Cham, H. , Wolchik, S. , & Ayers, T. S. (2016). Long-term effects of the Family Bereavement Program on spousally bereaved parents: Grief, mental health problems, alcohol problems, and coping efficacy. *Development and Psychopathology*, *28*(3), 801 - 818.

Sandler, I. N. , Tein, J.-Y. , Wolchik, S. , & Ayer, T. S. (2016). The effects of the family bereavement program to reduce suicide ideation and/or attempts of parentally bereaved children six and fifteen years later. *Suicide and Life-Threatening Behavior*, *46*(1), 32 - 38.

Sandler, I. N. , Ma, Y. , Tein, J.-Y. , Ayers, T. S. , Wolchik, S. , Kennedy, C. , & Millsap, R. (2010). Long-term effects of the Family Bereavement Program on multiple indicators of grief in parentally bereaved children and adolescents. *Journal of Consulting and Clinical Psychology*, *78*(2), 131 - 143.

Schachtel, E. G. (1959). *Metamorphosis*. New York: Basic Books.

Schaffer, D. , Gould, M. S. , Brasic, J. , Ambrosini, P. , Fisher, P. , Bird, H. , & Aluwahlia, S. (1983). A Children's Global Assessment Scale (CGAS). *Archives of General Psychiatry*, *40*(11), 1228 - 1231.

Scholtes, D. , & Browne, M. (2015). Internalized and externalized continuing bonds in bereaved parents: Their relationship with grief intensity and personal growth. *Death Studies*, *39*(2), 75 - 83.

Schwartzberg, S. S. , & Janoff-Bulman, R. (1991). Grief and the search for meaning: Exploring the assumptive worlds of bereaved college students. *Journal of Social and Clinical Psychology*, *10*(3), 270 - 288.

Scott, H. R. , Pitman, A. , Kozhuharova, P. , & Lloyd-Evans, B. (2020). A systematic review of studies describing the influence of informal social support on psychological wellbeing in people bereaved by sudden or violent causes of death. *BMC Psychiatry*, *20*(1), 265.

Sekowski, M. (2022). Attitude toward death from the perspective of Erik Erikson's theory of psychosocial ego development: An unused potential. *Omega-Journal of Death and Dying*, *84*(3), 935 - 957.

Shear, M. K. (2015). *Complicated grief: Instruction manual*. New York: Columbia Center for Complicated Grief, The Trustees of Columbia University in the City of New York.

Shear, M. K. (2016). Grief is a form of love. In R. A. Niemeyer (Ed.), *Techniques of grief therapy: Assessment and intervention* (pp. 14 - 18). New York: Routledg.

Shear, M. K. , Boelen, P. A. , & Neimeyer, R. A. (2011). Treating complicated grief. In R. A. Neimeyer, D. L. Harris, H. R. Winokuer, & G. F. Thornton (Eds.), *Grief and bereavement in contemporary society: Bridging research and practice* (pp. 139 - 162). New York: Routledge.

Siddaway, A. , Wood, A. M. , Schulz, J. , & Trickey, D. (2015). Evaluation of the CHUMS child bereavement group: A pilot study examining statistical and clinical change. *Death Studies*, *39*(2), 99 - 110.

Sigal, A. , Sandler, I. , Wolchik, S. , & Braver, S. (2011). Do parent education programs promote healthy post-divorce parenting? *Family Court Review*, *49*(1), 120 - 139.

Silvermen, P. R. , & Klass, D. (1996). Introduction: What's the problem. In D. Klass, P. R. Silvermen, & S. L. Nickman (Eds.), *Continuing bonds: New Understandings of grief* (pp. 1 - 25). Washington, DC: Taylor & Francis.

Silverman, P. R. , & Nickman, S. L. (1996). Children's construction of their dead parents. In D. Klass, P. R. Silverman, & S. L. Nickman (Eds.), *Continuing bonds: New understandings of grief* (pp. 73 - 86). Washington, DC: Taylor & Francis.

Sirrine, E. H. , Salloum, A. , & Boothroyd, R. (2018). Predictors of continuing bonds among bereaved adolescents. *Omega-Journal of Death and*

Dying, *76*(3), 237 – 255.

Social Security Administration. (2000). Intermediate Alternative Data from the 2000 Trustees Report. Retrieved from [Google Scholar]

Sofka, C. J. (2009). Adolescents, technology, and the internet: Coping with loss in the digital world. In D. E. Balk, & C. A. Corr (Eds.), *Adolescent encounters with death, bereavement, and coping* (pp. 155 – 173). New York: Springer Publishing Company.

Speece, M. W. (1995). Children's concepts of death. *Michigan Family Review*, *1*(1), 57 – 69.

Spuij, M. (2013). The effectiveness of grief-help, a cognitive behavioural treatment for prolonged grief in children: Study protocol for a randomised controlled trial. *Trials*, *14*, 395.

Spuij, M. , Londen-Huiberts, A. , & Boelen, P. A. (2013). Cognitive-behavioral therapy for prolonged grief in children: Feasibility and multiple baseline study. *Cognitive and Behavioral Practice*, *20*(3), 349 – 361.

Spuij, M. , Prinzie, P. , & Boelen, P. A. (2017). Psychometric properties of the Grief Cognitions Questionnaire for Children (GCQ – C). *Journal of Rational-Emotive and Cognitive-Behavior Therapy*, *35*(1), 60 – 77.

Spuij, M. , Reitz, E. , Prinzie, P. , Stikkelbroek, Y. , Roos, C. D. , & Boelen, P. A. (2012). Distinctiveness of symptoms of prolonged grief, depression, and post-traumatic stress in bereaved children and adolescents. *European Child and Adolescent Psychiatry*, *21*(12), 673 – 679.

Stark, V. (2016). *The divorce talk: How to tell the Kids: A parent's guide to breaking the news without breaking their hearts*. Montréal, QC: Green Light Press.

Steinberg, L. , Icenogle, G. , Shulman, E. P. , Breiner, K. , Chein, J. , Bacchini, D. , & Takash, H. M. (2017). Around the world, adolescence is a time of heightened sensation seeking and immature self-regulation. *Developmental Science*, *21*(2), e12532.

Stokes, J. , Reid, C. , & Cook, V. (2009). Life as an adolescent when a parent has died. In D. E. Balk, & C. A. Corr (Eds.), *Adolescent encounters with death, bereavement, and coping* (pp. 177 – 197). New York: Springer Publishing Company.

Stroebe, M. S. (1998). Culture and grief. *Bereavement Care*, *17*(1), 7 – 11.

Stroebe, M. S. (2001). Models of coping with bereavement: A review. In M. S. Stroebe, R. O. Hansson, W. Stroebe, & H. Schut (Eds.), *Handbook of bereavement research: Consequences, coping, and care*. Washington, DC: American Psychological Association.

Stroebe, M. S. (2017). Cautioning health-care professionals: Bereaved persons are misguided through the stages of grief. *Omega-Journal of Death and Dying*, 74(4), 455 – 473.

Stroebe, M. S., Abakoumkin, G., Stroebe, W., & Schut, H. (2012). Continuing bonds in adjustment to bereavement: Impact of abrupt versus gradual separation. *Personal Relationships*, 19, 255 – 266.

Stroebe, M. S., Gergen, M., Gergen, K., & Stroebe, W. (1996). Broken hearts or broken bonds. In D. Klass, P. R. Silverman, S. L. Nickman, & S. Nickman (Eds.), *Continuing bonds: New understandings of grief* (pp. 31 – 44). Washington, DC: Taylor & Francis.

Stroebe, M. S., Hensson, R. O., Schut, H., & Stroebe, W. (2011). Bereavement research: Comtemporary perspectives. In M. S. Stroebe, R. O. Stroebe, H. Schut, & W. Stroebe (Eds.), *Handbook of bereavement research and practice: Advance in theory and intervention* (pp. 3 – 25). Washington, DC: American Psychological Association.

Stroebe, M. S., & Schut, H. (1999). The dual process of model of coping with bereavement: Rationale and description. *Death Studies*, 23(3), 197 – 224.

Stroebe, M. S., & Schut, H. (2001). Meaning making in the dual process model of coping with bereavement. In R. A. Neimeyer (Ed.), *Meaning reconstruction and the experience of loss* (pp. 55 – 73). Washington, DC: American Psychological Association.

Stroebe, M. S., & Schut, H. (2008). The dual process model of coping with bereavement: Overview and update. *Grief Matters*, *Autumn*, 4 – 10.

Stroebe, M. S., & Schut, H. (2010). The dual process model of coping with bereavement: A decade on. *Omega-Journal of Death and Dying*, 61(4), 273 – 289.

Stroebe, M. S., & Schut, H. (2015). Family matters in bereavement: Toward an integrative intra-interpersonal coping model. *Perspectives on Psychological Science*, 10(6), 873 – 879.

Stroebe, M. S., & Schut, H. (2016). Overload: A missing link in the dual process model? *Omega-Journal of Death and Dying*, 74(1), 96 – 109.

Stroebe, M. S., Schut, H., & Boerner, K. (2010). Continuing bonds in adaptation to bereavement: Toward theoretical integration. *Clinical Psychology Review*, 30, 259 – 268.

Stroebe, M. S., Schut, H., & Stroebe, W. (2005). Attachment in coping with bereavement: A theoretical integration. *Review of General Psychology*, 9(1), 48 – 66.

Strohschein, L. (2005). Parental divorce and child mental health trajectories.

Journal of Marriage and Family, *22*, 7 - 54.

Stube, M. L. , Hovsepian, V. , & Mesrkhani, V. (2001). "What do we tell the children?": Understanding childhood grief. *Western Journal of Emergency Medicine*, *174*(3), 187 - 191.

Sussillo, M. V. (2005). Beyond the grave — adolescent parental loss: Letting go and holding on. *Psychoanalytic Dialogues*, *15*(4), 499 - 527.

Thomas, L. P. , Emily, A. , Meier, E. A. , & Irwin, S. A. (2014). Meaning-centered psychotherapy: A form of psychotherapy for patients with cancer. *Current Psychiatry Report*, *16*(10), 488.

Thompson, M. P. , & Light, L. S. (2011). Examining gender differences in risk factors for suicide attempts made 1 and 7 years later in a nationally representative sample. *Journal of Adolescent Health*, *48*, 391 - 397.

Trozzi, M. , & Massimini, K. (1999). *Talking with children about loss: Words, strategies, and wisdom to help children cope with death, divorce, and other difficult times.* New York: The Berkley Publishing Group.

Unterhitzenberger, J. , & Rosner, R. (2016). Preliminary evaluation of a Prolonged Grief Questionnaire for Adolescents. *Omega -Journal of Death and Dying*, *74*(1), 80 - 95.

Wagner, B. , Knaevelsrud, C. , & Maercker, A. (2006). Internet-based cognitive-behavioral therapy for complicated grief. *Death Studies*, *30*(5), 429 - 453.

Wallerstein, J. , Lewis, J. , & Rosenthal, S. P. (2013). Mothers and their children after divorce: Report from a 25 - year longitudinal study. *Psychoanalytic Psychology*, *30*(2), 167 - 184.

Walsh, F. , & McGoldrick, M. (1991). *Living beyond loss: Death in the family.* New York: W. W. Norton & Company.

Walsh, K. (2006). *Grief and loss: Theories and skills for the helping professions.* Upper Saddle River, NJ: Pearson Education, Inc.

Walsh, K. (2012). *Grief and loss: Theories and skills for the helping professions* (2nd Ed.). Upper Saddle River, NJ: Pearson Education, Inc.

Webb, N. B. (2010). *Helping bereaved children, third Edition: A handbook for practitioners.* New York: The Guilford Press.

Webb, N. B. (2011). Play therapy for bereaved children: Adapting strategies to community, school, and home settings. *School Psychology International*, *32*(2), 132 - 143 .

Weigel, D. J. (2007). Parental divorce and the types of commitment-related messages people gain from their families of origin. *Journal of Divorce and Remarriage*, *47*(1), 15 - 32.

Weller, R. A. , Weller, E. B. , Fristad, M. A. , & Bowes, J. M. (1991). Depression in recently bereaved prepubertal children. *The American Journal of Psychiatry*, *148*(11), 1536 – 1540.

Westberg, H. (2000). *Children's experience of parental divorce disclosure: A look at intrafamiliar differences*. Logan, UT: Utah State University.

Wilcox, H. C. , Kuramoto, S. J. , Lichtenstein, P. , Langstrom, N. , Brent, D. A. , & Runeson, B. (2010). Psychiatric morbidity, violent crime, and suicide among children and adolescents exposed to parental death. *Journal of the American Academy of Child and Adolescent Psychiatry*, *49*(5), 514 – 523.

Wolchik, S. S. (2009). The New Beginnings Program for divorcing and separating families: Moving from efficacy to effectiveness. *Family Court Review*, *47*(3), 416 – 435.

Wolfelt, A. (1996). *Healing the bereaved child: Grief gardening, growth through grief and other touchstones for caregivers*. Fort Collins, CO: Companipon Press.

Wong, F. K. C. (2013). Helping a child cope with loss by using grief therapy. *Discovery – SS Student E-Journal*, *2*, 195 – 215.

Wong, P. T. P. (1998b). *Meaning-centered counselling*. In P. T. P. Wong, & P. Fry (Eds.), *The human quest for meaning: A handbook of psychological research and clinical applications*. Mahwah: Erlbaum.

Wong, P. T. P. (1999). Towards an integrative model of meaning-centered counselling and therapy. *The International Forum for Logotherapy*, *22*(1), 47 – 55.

Wong, P. T. P. (2000). Meaning of life and meaning of death in successful aging. In A. Tomer(Ed.), *Death attitudes and the older adult*. New York: Brunner/Mazel.

Wong, P. T. P. (2008). Transformation of grief through meaning: Meaning-centered counseling for bereavement. In A. Tomer, G. T. Eliason, & P. T. P. Wong (Eds.), *Existential and spiritual issues in death attitudes* (pp. 375 – 396). New York, NY: Erlbaum.

Wong, P. T. P. (Ed.) (2012). *The human quest for meaning: Theories, research, and applications* (2nd Edition). New York: Routledge.

Worden, J. W. (1982). *Grief counseling and grief therapy : A handbook for the mental health practitioner*. New York: Springer Publishing Company.

Worden, J. W. (1996). *Children and grief: When a parent dies*. New York: The Guilford Press.

Worden, J. W. (2002). *Grief counseling and grief therapy: A handbook for* the mental health practitioner (Fourth Edition). New York: Springer Publishing Company.

Worden, J. W. (2018). *Grief counseling and grief therapy: A handbook for the mental health practitioner* (Fifth Edition). New York: Springer Publishing Company.

World Health Organization. (2018). *International statistical classification of diseases and related health problems 11th Edition* (ICD-11). Geneva, Switzerland: World Health Organization.

Yamamoto, K., Davis, O. L., Dylak, S., Whittaker, J., Marsh, C., & Westhuizen, P. C. (1996). Across six nations: Stressful events in the lives of children. *Child Psychiatry and Human Development*, *26*(3), 139-150.

You, C. L. (2014). *Case study analyses of cognitive behavioral interventions with bereaved anxious youth*. New Jersey: Rutgers, the State University of New Jersey.

Yu, Z., Liang, J., Guo, L., Jiang, L., Wang, J. Y., Ke, M., Shen, L., Zhou, N., Liu, X. (2022). Psychosocial intervention on the dual-process model for a group of COVID-19 bereaved individuals in Wuhan: A pilot study. *Omega-Journal of Death and Dying*, 1-17.

Zeck, E. (2016). The dual process model in grief therapy. In R. A. Neimeyer (Ed.), *Techniques of grief therapy: Assessment and intervention* (pp. 19-24). New York: Routledge.

Zisook, S., & Shear, M. K. (2009). Grief and bereavement: What psychiatrists need to know. *World Psychiatry*, *8*(2), 67-74.